COUNT DOWN:

生殖危機

How Our Modern World Is Threatening Sperm Counts, Altering Male and Female Reproductive Development, and Imperiling the Future of the Human Race

化学物質がヒトの生殖能力を奪う

Shanna H. Swan, PhD
with Stacey Colino

シャナ・H・スワン　ステイシー・コリーノ
野口正雄［訳］

原書房

生殖危機　化学物質がヒトの生殖能力を奪う

◉

目次

［……］は訳者による注記を示す。

†　巻末の用語集に掲載した語句に関しては文中に † を付した。

私たちの子供、そして孫たちのために

はじめに

今に始まったことではないが、人はいろいろなものごとをしばしば当たり前のことのように思いがちだ。生殖能力も例外ではない――自分にもそのような問題があると気づくまでは。生活必需品が手に入ることや一定の基本的自由が享受できることと同じように、多くの人は自分がしかるべき時期に赤ちゃんを作ることができ、人類として子孫を残せることを当然のことのように思っている。このような前提の裏側には常に、フォークシンガーでソングライターのジョニ・ミッチェルがヒットソング「ビッグ・イエロー・タクシー」で歌ったように、私たちは失うまで手にしているもののありがたみを理解できるとは限らないという考え方がある。

男性あるいは女性が、生殖障害や不妊†の問題に直面したときに、自分が子供を持てないかもしれないという現実を受け入れることはとても難しい。現在では問題はさらに大きくなっている。というのも、人類全体が愕然とするような生物学的現実に対処することを迫られているからである。西洋諸国では、私たち研究者が見出しているように、精子数†と男性のテストステロン値が過去四〇年間で劇的に低下しているのだ。また思春期†を早く迎える少女が増えつつあり、成人女性が良質の卵子を失う年齢がこれまでよりも早まっている。流産も増えている。ヒトの生殖に関していえば、当たり前の状況はもはや失われているのである。

他の生物種にも問題が生じている。ペニスが異常に小さなワニ、ヒョウ、ミンク、またオスとメス両方の生殖腺を持つ、つまり外性器異常の魚、カエル、鳥、カミツキガメの増加など、野生生物の間で生殖器の異常が増えつつあるのだ。一見すると、このような問題は奇妙な例外的事態あるいは母なる自然の残酷ないたずらのように思えるかもしれない——だがそれらはすべて、私たちの間でなにか非常に良くないことが生じていることの現れなのである。その正確な原因がなんなのかについては盛んに議論が続けられているが、その可能性の高い原因を指し示す証拠は着実に積み上がっているのだ。

次のことだけは明らかである。問題は、長い年月をかけて進化してきた人体に本質的な異常があるということではない。そうではなく、私たちを取り巻く環境中に存在する化学物質や現代世界の不健康な生活習慣が問題なのである。それらがホルモンバランスを狂わせてさまざまな生殖上の混乱を引き起こすことで、生殖能力の低下が起こり、また子供を作る年齢を過ぎた後でも生じる長期的な健康問題の原因となっているのだ。他の生物種でも同じような影響が生じており、生殖ショックの広がりに輪をかけている。シンプルにいえば、私たちは生殖上の報いを受ける時代に生きており、その報いの波及作用は地球全体に及んでいるのである。

このような驚くべき傾向がこのまま続くなら、一〇〇年後に世界がどのようになっているかを予測することは難しい。この精子数の劇的な減少は、現在の軌道をたどり続けるとするなら、なにを予告するのだろうか？　人類の終わりの始まり——つまり人類が絶滅の淵にいることを示すのか？　野生生物が環境の影響で去勢されていることは、この地球が以前よりはるかに住みにくい場所になっていることを示しているのだろうか？　私たちは地球規模の存続の危機を迎える瀬戸際にいるのだろうか？

これらはなかなかの難問であり、私たちはその明確な答えを、少なくとも現時点では持ち合わせていない。だがこれから本書で見ていくように、パズルのピースは集まりつつある。読者は、科学的研究に基づき、このような精子数や生殖機能の他の側面の気味の悪い低下の広がり、またヒトと他の生物種にこのような悪影響を引き起こしている可能性の高い要因について知ることになる。

次のことは明らかである。現状の生殖上の問題が続くなら、遠からず人類の存続は脅かされることになる。現時点の精子の数と濃度、また生殖能力の低下は、すでに西洋諸国の人々に、人間の生涯の始まりと終わりのいずれに対しても深刻な脅威をもたらしている。不妊は、長期的な出生数をもたらす一方で、男性と女性のいずれでも、ある種の病気や早死のリスク増加とも関係しているのだ。明らかに、これはホモ・サピエンスにとって（また、脅かされ絶滅の危機に瀕している他の生物種にとって）健全なシナリオではない。すでに、国民の年齢構成に問題を抱える一部の国では人口減少に四苦八苦しており、増えゆく高齢者を減りゆく若年者で支えなければならない事態が生じている。

見通しがかなり暗いことは私も認める。だがこれは知っておくべき重要な問題である。なぜなら、このような悪影響を元へと戻す対策を取らない限り、地球上のすべての生物種が重大な危機に瀕するからである。現時点で、この状況を改善できる可能性のある重要な対策は取られていない。二〇一七年に私が西洋諸国の精子数減少に関するメタアナリシスを発表すると、この問題は人々の知るところとなり、世界中でニュースの見出しを飾り、テレビで取り上げられた。だがこの研究結果を受けて、疑われる原因に対処し、人類全体の未来を守るべく、委員会が立ち上げられたり、環境政策が変更されたり、より安全な化学物質が製造されるようになったり、別の形で一致団結した取り組みが行われるようになったということはないのだ。

この問題の現実性と重大性を認めようとしない人もいれば、地球は人口が多すぎるからといって軽くあしらう人もいる。精子数が減少していることや、近い将来に世界人口が停滞したり、減少したりする可能性を認める人もいるが、彼らでさえ心配するくらいで、それ以上のことには関わろうとしない。精子数の減少は、いくつかの点で四〇年前に地球温暖化の問題が置かれていた状況——報告はされたが否定されたり、無視されたりしていた状況——に似ている。アカデミー賞に輝いた二〇〇六年のアル・ゴアのドキュメンタリー映画『不都合な真実』の封切りから現在に至るまでのどこかの時点で、気候危機は——少なくとも多くの人々に——現実の脅威として受け入れられたのである。私としては、人類に降りかかっている生殖上の混乱にも同じことが起こることを願っている。科学者の間ではこの脅威に関する合意が進みつつある。今度は、広く世の中にこの問題を真剣に受け止めてもらう必要があるのだ。

リプロダクティブヘルスと環境の分野で先頭に立つ研究者のひとりとして、私はこのような性発達と性機能の驚くべき変化に注意を引くことが自分の務めだと考えている。環境要因がリプロダクティブヘルスに及ぼす影響に私が初めて関心を持ったのは、一九八〇年代に、米国カリフォルニア州サンタクララ郡で、流産多発について調査を行っていたころのことである。この多発傾向は、最終的に半導体工場から地域社会の飲料水中に漏れ出ていた毒性廃棄物に結びつけられた。徐々に私は環境化学物質が男性、女性、そして子供の生殖発達、性発達、ジェンダーに関する発達に及ぼす潜在的影響の調査に深く関心を抱くようになっていった。そして過去三〇年にわたり、新生児の性器奇形の起源や生まれる前のストレスが子供の生殖発達に及ぼす影響から、長時間のテレビ視聴が精巣機能に及ぼす影響、フタル酸エステル類と呼ばれる化学物質に高濃度でさらされることと性的活動への関心の低さとの関わり、また他のリプロダクティブヘルスに関わる多くのテーマまで、あらゆることを研究してきた。

私たちが経験している生殖能力を損なうさまざまな影響を反転させるには、製造され、環境中に注ぎ込まれている化学物質の種類と量を一変させるぐらいの根本的変化が求められる。その実現のためには、かなりの政治的、経済的困難を克服しなければならないだろう。私の考えでは、それは非常に困難だが、早急に求められている変化である。それでも私は実現可能だと信じている。

ここに本書の意味がある。第1部ではヒトと他の生物種の生殖発達、性発達に生じつつある変化についてさらにくわしく知っていただく。第2部ではそのような変化の原因――すなわちこのような傾向を生み出している環境的、生活習慣的、社会的要因についてくわしくみていき、第3部ではこれらの変化が長期的に健康と生存に及ぼす波及作用について取り上げる。第4部では、あなた自身とあなたの未来の子供たちを守るための賢い方法、またヒトと動物種の両方を脅かしている要因を改善するのに役立つ他の対策を紹介する。このような憂慮すべき軌道を変更し、未来を取り戻す一歩を踏み出す時期が来ている。本書を、私たちの生殖能力、人類の運命、そして地球を守るために私たちすべてができることを行うよう求める呼びかけと考えていただきたい。

第1部　変化しつつある性と生殖能力の風景

第1章 生殖ショック

私たちの中で起こっているホルモンの大混乱

◉精子存亡の危機《スペルマゲドン》がもたらす恐怖

二〇一七年七月下旬、世界中のあらゆる報道機関がヒトの精子数の現状に取りつかれたかのようだった。サイコロジートゥデイ誌は「なくなる、なくなる、なくたった? ヒトの精子数が急減中」と叫び、BBCは「精子数の急減が人類を滅亡させるかもしれない」と言い放ち、フィナンシャル・タイムズ紙は「精子数急減により、男性の健康に『緊急の警鐘』が鳴りひびく」と報じた。一か月後には、ニューズウィーク誌がこのテーマについて「誰がアメリカの精子を殺しているのか?」と題した大型の特集記事を掲載した。

研究評価の指標であるオルトメトリクスの二〇一七年のレポートによれば、同年末にはこのような特集――さらに世界中の他の数百の特集――の引き金となった私の科学論文『精子数の時間的傾向：系統的レビューおよびメタ回帰分析（Temporal Trends in Sperm Count: A Systematic Review and Meta-Regression Analysis)』の影響度のランクが、世界中で発表され、参照された全科学論文中で二六位となった。

これはまさに急落する音が世界中にとどろいたということである。

このごろでは、私たちの知っている世界はワープする速度で変化しつつあるようにも感じられる。人類の置かれた状況についても同じことがいえるだろう。過去四〇年で精子数が五〇パーセントも急減したというだけではない。この驚くべき減少率は、その傾向が続くなら、人類が人口を維持できなくなるということでもあるのだ。共同研究者のハガイ・レヴィン医学博士が問うように、「将来なにが起こるのだろうか――精子数はゼロになるのだろうか？　この減少が人間という種の絶滅につながる可能性はあるのだろうか？　人間による環境破壊と結びつけられることも多いいくつもの生物種の絶滅を考えれば、確かにありうることである。そのようなシナリオの可能性が低いとしても、その恐ろしい意味あいを考えれば、減少を防ぐために私たちは全力を尽くさなければならない」。

西洋諸国で生じつつある精子数の減少に歯止めがかかっていないことから、このシナリオは特に気がかりである。その減少は急激で大幅かつ持続的であり、弱まる気配がない。デンマークの研究者で医師でもあるニルス・スキャケベク博士は、精子数減少に環境要因が果たす役割に科学界の目を向けさせた最初の人物だが、彼が語るように、「これは不都合なメッセージだが、人類という種は脅かされているのであり、これは私たち全員に対する警告ととらえるべきだ。この状態が一世代のうちに変化しなければ、私たちの孫、さらにその子供たちの社会は現在とは大きく異なったものになってしまう」。実際、この減少が同じペースで続くなら、二〇五〇年には多くのカップルが子供を作るために、生殖補助医療[†]、凍結受精卵、さらには研究室で他の細胞から作り出される卵子や精子（これは実際に行われている）などの技術に頼らなくてはならなくなるのだ。

●未来は暗黒？

私たちが作り話と考えてきた『侍女の物語』［斎藤英治訳／早川書房／二〇〇一年］や『人類の子供たち』［青木久恵訳／早川書房／一九九三年］などの物語の一部が急速に現実のものとなりつつある。二〇一七年の冬、私は「ワン・ヘルス、ワン・プラネット会議（One Health, One Planet）」で精子数減少に関する自らの研究成果について報告した。この会議は地球上のさまざまな生物種の健康が互いに関連しあっていること、人類による環境の無分別な「産業化」により生じつつあるダメージ、それがカエル、鳥、ホッキョクグマ、その他の生物種に及ぼしている壊滅的影響に重点的に取り組んでいる。分析結果について報告した後で、それも聴衆にとって十分に衝撃的なものだったのだが、私は初めて精子数の減少がホモサピエンスにとってどのような意味を持ちうるのかについて話した。その夜、私は夢から覚め、ふいに自分がまとめたシナリオの意味することを余すところなく悟って慄然とした――つまり、精子数とテストステロン値の低下と環境中に放出されているホルモン活性を持つ化学物質の増加を踏まえれば、実際に私たちは人類と地球上の生物の生殖能力についてすでに危険な状況に置かれているということである。

これは私にとってもはや科学的研究だけの問題ではなくなっていた。私はこのような知見に個人的に心底恐れを感じたのであり、それは今も変わっていない。

さらに深く掘り下げれば、いくつかの点で状況はさらに悪いように見える。なぜならこれは男性だけの問題ではないからだ。女性、子供、そして他の生物種も生殖発達と生殖機能を、うまく働かない方向へと奪い取られつつあるのだ。米国を含む世界中のいくつかの国で、人々の性欲や性的活動への関心が低下することで、性的な不活発さが広範囲に生じている。男性では、若年者を含め、勃起障害[†]の発生率も増加しつつある。動物では繁殖行動に変化が生じており、ある種の化学物質にさらされた後にオスのカメが同性のカメと交尾し、メスの魚やカエルがオス化したとの報告が増えている。

全体としてのこのような傾向を受けて、科学者や環境問題活動家たちは、なぜ、いかにしてこんなことが起こるのかと考えをめぐらせている。その答えは込み入っている。このような種を超えた異常はそれぞれが孤立した出来事のように見えるかもしれないが、実はいずれもその背後にはいくつかの同じ原因があるのだ。とりわけ、現代世界においてどこにでも存在し、密かに害を及ぼす化学物質が、人間と他の生物種の生殖発達と生殖機能を脅かしているのである。その中でも最悪の原因は、私たちの身体の天然のホルモンを混乱させる化学物質である。このような内分泌かく乱化学物質（ＥＤＣ）[†]が性発達や生殖発達の基本要素に大混乱を引き起こしているのだ。ＥＤＣは私たちの現代世界のあらゆるところに――そして私たちの体内にも――存在しており、このことがさまざまな局面で問題となる。

その理由は次の通りである。ホルモン――特にふたつの性ホルモン、エストロゲン[†]とテストステロン――は生殖機能を働かせるのに不可欠な物質である。それぞれのホルモンの量と両ホルモンの比率のいずれもが、男性にも女性にも重要である。その比率の最適な範囲はそれぞれの性で異なる。男性であるか女性であるかで変わってくるが、身体はエストロゲンとテストステロンについて、いずれも多すぎもせず、少なすぎもしない最適な量を必要とする。さらに複雑なことに、その放出のタイミングによっても生殖発達と生殖機能が変化してしまうことがあり、またホルモンの体内での輸送も問題となる――ホルモンが適切な時期に適切な場所に届かなければ、精子産生や排卵などのきわめて重要なプロセスが機能しないのだ。内分泌かく乱化学物質、また食事、身体活動、喫煙、飲酒、薬物使用などの生活習慣の要因は、このような条件を変化させ、これら必須ホルモンの濃度を不適切な方向に変えてしまうことがある。

◉俯瞰的《ふかんてき》な懸念

他に、同じく重要で複雑な疑問に、このような生殖能力の変化が人類の運命や地球の未来にとってどのような意味を持つのか、というものがある。それは存続の問題――人類が子孫を残し続けられるのか、あるいは『人類の子供たち』の筋書きのように死に絶えてしまうのか――であるだけではない。これらの問題は、もっと微妙で個人的な結果ももたらすのだ。精子数の減少を取り上げてみよう。統計的に、この現象は男性にとって、心血管疾患、糖尿病、早死のリスク増加といった他の多くの問題と密接な関わりがあるのである（このような後々生じる健康問題については第8章でくわしくみる）。

そしてやはりこれも男性だけの問題ではない。女性の生殖能力が影響を受けるというだけでなく、それほど明らか、または劇的というわけではないにしても、男児胎児が母親の胎内にいる間に生じる変化によって、精子の質が変化する可能性があるのだ。妊娠中、胎児は母親が行った選択や習慣の影響を受ける。つまり妊婦がルートとなって胎児が潜在的に有害な化学物質にさらされる可能性があるのである。これまで信じられてきたこととは裏腹に、子宮は胎児を化学物質の攻撃から守ってくれず、発達中の胎児には化学物質の侵入から身を守るすべがほとんどない。見方を変えれば、男性の人生で最も重要な出来事は、性発達や生殖発達という点では、まだ子宮内にいる間に生じるのだ。赤ちゃんや子供は大人よりもこのような化学物質の攻撃に弱いが、最も弱いのはまだ生まれていない胎児なのである。

精子数の減少はすべての人に影響を与える変化の兆しである。

一部の人口問題の専門家や科学者が指摘しているように、近い将来「人口動態的時限爆弾」が炸裂する可能性がある――現在の出生率の低下を踏まえれば、将来世代は増加し続ける高齢者や定年退職者の経済的、介護的なニーズを満たせなくなってしまうのだ。そして世界中で生じつつある性発達の変化には、ジェンダー流動性*の明らかな増加が伴っているとみられる。私の考えではこれはマイナスの変化ではない。重要なのは、人間のセクシュアリティと社会は絶え間なく流動しており、この流動性が私たちすべてに影響を及ぼしているということである。それはあたかもスノードーム［透明な容器内に液体とともにミニチュアや雪にみたてたものを入れた玩具］が振られ、中の生殖に関わる風景が変化するようなものである――ただしこれが現実で起こっているということだ。

＊　多くの国でジェンダーアイデンティティ、ジェンダー流動性、性別違和†に関する問題が増加している。性別違和とは、当人の男性または女性としての感情的、心理的アイデンティティが生物学的性別と一致しない感覚をいう（第4章でくわしく取り上げる）。

文化分野の表現としてよく使われるフレーズ「一パーセント効果」を目にしたとき、あなたならなにを思い浮かべるだろうか？　ほとんどの人は社会経済的地位、つまり米国の富裕者上位一パーセントのランキングを思うだろう。私の場合は違う。男性のいろいろな生殖能力の側面が年約一パーセントの割合で悪化しつつあることが思い浮かぶのだ。その側面には精子数の減少率、テストステロン値の低下率、精巣がんの増加率、世界的な勃起障害の有病率の予測増加率などが含まれる。女性の側についていえば、流産率も年約一パーセントで増加している。これは偶然の一致だろうか？　私はそうは思わない。

◉問題を疑う

あなたはこれらすべてを本当のことだろうかと疑うかもしれないが、それももっともなことである。私もそうだったのだから。科学者として訓練を受けたからか、生来の疑り深さによるものなのか、私はアルバート・アインシュタインの「権威への盲従は真実の最大の敵である」という意見を常に信奉してきた。この格言は、内分泌かく乱化学物質、水質汚染、医薬品の影響などの、環境がヒトの健康に及ぼす影響に関する私のあらゆる研究、また他の研究者の研究についての私の解釈のより所となってきた。このため一九九二年にブリティッシュ・メディカル・ジャーナル誌に、過去五〇年間で世界的に精子数が大幅に減少したと主張する研究が発表されたとき――これはかなりの爆弾ニュースだった――私はこの問題を興味深くは思ったものの、その結論の妥当性については大いに疑いを持ったものである。

カールセン論文――筆頭著者のエリザベス・カールセンにちなんだ名称――として知られることになるその論文を何度も読み返した後、私は方法論とサンプルの選択に疑問を投げかける懐疑派の列に加わり、分析結果を歪めたかもしれない多くの潜在的バイアスについて考えた。確かに私は決してひとりではなかった。多くの批評家や編集者が後に続いたからである。だがこの研究の知見は公衆衛生の観点から非常に重要なものであったため、当時私は飲料水に含まれる溶剤による先天異常や流産のリスクに関する研究で忙しかったにもかかわらず、その知見を心の中から追い払うことができなかった。この研究自体の結論については疑いを持っていたものの、ある種の環境化学物質が精子数を減少させる可能性があることを知っていたため、調べてみたいと思ったのである。それはちょっとした探偵仕事のように思えた。

一九九四年に私は米国科学アカデミーの「環境中のホルモン様作用物質に関する委員会（Committee on Hormonally Active Agents in the Environment）」のメンバーに任命され、その後まもなく同委員会にカールセン論文の結論が正しいかどうかについて述べるよう求められた。私は六か月にわたり文献を検索してこの論文に対し出されたあらゆる批判を見つけ出し、次にその批判を検証するために、カールセンチームが分析の対象とした六一の研究を再検討した。特に私が取り上げたのは以下の疑問である。早期の研究で対象とされた男性は、後の時代の研究の対象よりも健康で、若かったのではないか？後の時代の研究で対象となった男性に喫煙者や肥満者が多く、実際の状況を歪めて示すことになったのではないか？　過去五〇年で、精子数の計測法が近年の精子数が低く出る方向に変わっていなかったか？

この謎の真相に迫るために、ローラ・フェンスターとエリック・エルキンという同僚を見出すと、ふたりとも喜んで私を手伝ってくれた。得られた結果はまったく驚くべきものだった。六か月にわたりデータ処理を行い、潜在的バイアスと交絡因子［因果関係を歪める可能性のある因子］を考慮した後、私たちの全体的結論はカールセンチームのものとほぼ正確に一致したのである。さまざまな研究の地理的位置を考慮したことで、精子数が米国とヨーロッパで実際に減少していたことを私たちは突き止めた。だが世界の他の地域ではどうなのか？

一九九七年にこのような結果を発表した後、私は場所が異なれば精子数も異なるのかを調べる必要があると感じた。異なるのであれば、環境要因が作用している証拠となるからである。私はこれまでの二〇年間を、基本的にこの疑問に答えるために費やしてきた。精液の質、精子数の減少、関連因子についてさらに多くの研究を積み重ねた後に、私はその答を手にしたと感じている。私は、精子数の劇的減少が生じつつあるとの説について疑っていた状態から、完全に正しさを確信した状態へと立場を変えただけでなく、さまざまな生活習慣上の要因や環境曝露が連動して、あるいは累積的な形で、その減少の原因となっている可能性があることも見出したのだ。

時間を先送りして二〇一七年の夏、同僚のハガイ・レヴィンと他の五人の熱心な研究者たちと執筆したこのテーマについての私の最新論文はまたたくまに話題をさらっていった。

そのメタアナリシスで私が同僚とともに報告した新情報は次のとおりであった。一九七三年から二〇一一年までの間に、精子の濃度（精液一ミリリットルあたりの精子数）は西洋諸国の任意の男性において五二パーセント以上低下した。同時に、総精子数は五九パーセント以上減少した。私たちはこの三八年間に行われた男性四万二九三五名を対象とする一八五研究の結果を検討することでこの結論に至ったのである。次の点を明確にしておこう。対象とされた男性は生殖能力の状態に基づいて選択されたわけではなかった。どこにでもいる普通の男性たちだったのである。

この結果が主に西洋諸国に関するものであることを考えれば、これは西側先進工業諸国の問題のように思えるかもしれないが、そうではない。正確にいうなら、比較的若い年齢で子作りを始めることの多い社会では、環境化学物質や生活上のストレス因子が生殖能力に及ぼす悪影響を比較的受けにくいのではないかと私は考えている。私たちのメタアナリシスでは、南米、アジア、アフリカの男性の精子数に関するデータははるかに少なかった。だがさらに近年の研究の報告では、このような地域でも減少が生じているのである。

◉自分の問題としてとらえる

これらの事態を自分に引きつけて考えればどうなるだろうか？　人はこのような自分の生殖能力への脅威について耳にすると、自らの自我、性的有能感、そして家族、文化、生物種として自らを維持していくことができるという自信に対し大きな打撃を受けたように感じる。自分が作ることのできる子供の数が、祖父母の世代の半分弱であることを知るのは驚くべきことであり、恐ろしいことである。また世界の一部の地域で、現在の平均的な二〇代の女性の生殖能力が、その祖母の三五歳の時点の生殖能力に劣ることもショッキングである。

精子数の急減は「炭鉱のカナリア」的な状況の一例である。つまり、精子数の減少は母なる自然からの警告の現れであり、人類が自ら築いた世界と自然界に及ぼしてきた目に見えない被害に対し、注意を促すものなのかもしれない。

このことはこれらすべてにまつわる三番目の重大な疑問につながる。この問題について私たちにはなにができるのか？　個人としても、また社会としても、健康を維持し、性発達を守るために取れる対策はある。だがまず私たちに必要なことは、これらの問題の本質についてよく知ることである。科学界の外では、多くの人々はこの気がかりな傾向についてまったく気づいていない。リプロダクティブヘルスの問題の環境的原因を明らかにすることを専門とする研究者として、私はこのような傾向に関心を持ってもらうことを自らの責務だと考えている。

私たちの生活習慣によるものであれ、あるいは私たちが世界にまき散らした汚染化学物質によるものであれ、私たち人類は意図せずしてかかる問題を引き起こしてきたのである。事態が現状のペースで進む場合、自身を守り、私たちの日常生活に入り込んでいる化学物質を減らすために意識的に考え抜かれた対策を取らなければ、未来がどのような姿になるかを知ることは困難である。人類が自らの生殖能力を賭けてロシアン・ルーレットを遊ぶのを止める時期が来ているのだ。

第2章 男性性の低下

良い精子はどこへ行ってしまったのか？

◉精子提供と運命とのデート

米国フィラデルフィアにあるフェアファックス・クライオバンクでは、毎週月曜日はたいてい落ち着いた静かな日になる。だが金曜日はようすが大きく異なる。金曜日は、一八歳から三九歳までの男性がしばしば続けざまに二部屋ある個室（そこではポルノなどの「必要になりそうなものを持参してください」とのアドバイスがある）のどちらかに予約のうえ閉じこもり、精子提供の行為にふけるからだ。月曜日が閑散としているのには単純な理由がある。精子を提供する男性は、最適な精子サンプルが得られるように、七二時間は性的行為を控えるようアドバイスされるのだが――禁欲は精子サンプルの濃度と量に影響する――週末に控えようとする男性は多くないからである。「当社では質の良いサンプルを必要としており、だいたい七二時間禁欲すると、ほとんどの男性で運動性のある精子の割合が最大になります。最適になるときもあれば、そうでないときもあります。彼らは禁欲時間について常に私たちのアドバイスを守るわけではありませんからね」というのが同バンクの研究所長兼運営責任者であるミシェル・オッティ博士の説明である。

新たな生命を生み出すうえで果たす重要な役割により、精子は常に貴重なものとされてきた。一般的な精子数に比較的小幅な変化が生じても、不妊や低妊孕性《ていにんようせい》と分類される男性の割合には大きな影響が出る。だが問題は精子の数だけではない。運動パターンなどの、この小さな泳ぎ手たちのいくつかの性質も、くねりながら上流へとさかのぼって憧れの卵子に出会う能力には欠かせない。

男性は、青年期の初期に精子を作り始めてから、常にその泳ぎ手が危害を被るリスクにさらされる。このような脆弱性は残りの生涯にわたって続く。それは各精巣の大部分をなす精細管で生じる精子産生が、思春期初期（一〇～一二歳）に始まり、生涯続くからである。健康で生殖能力のある男性では、精巣は毎日二～三億の精細胞を作り出すが、そのうち生きた精子になるのは五〇パーセント程度に過ぎない。精子が成熟するには六五～七五日ほどかかり、約一六日ごとに精子産生の新たなサイクルが始まる。成熟すると、精子は精細管から出て、精巣に付着するコイル状の管状器官である精巣上体に入る。

ここで成熟精子は「泳ぎ方」を学び、その動きを微調整する。成熟精子は顕微鏡で見るとオタマジャクシに似ており、酵素に覆われた頭部、中片部、尾部、そして終末部と呼ばれるさらに細い尾を持つ。精巣上体内に入ると、成熟精子は膣内（あるいは他の場所）へと射精されるのを待つ。男性は射精するたびに平均して二～六ミリリットル（およそ小さじ一杯分）の精液を放出し、その中には一億もの精子が含まれている。精子は非常に健康で状態の良い場合でさえもやみくもな方向へと泳ぎ出す。正しい行先、つまり手招きする卵子へと向かって泳いでいく精子の割合はそれほど多くない。男性が射精しなければ、その精子は死んで体に再び吸収される。現実として、精子は生き急ぎ、若死にする傾向がある。

◉精子に関するイロハ

精子の研究はかなり奇妙な形で始まった。一六七七年にオランダの商人で、顕微鏡に魅了された独学の科学者アントニ・ファン・レーウェンフックが、妻との性交後に自分の精液を集め、顕微鏡で調べたのである。彼は無数の小さくのたうつものが精液の中を泳いでいるのを目にし、それを微小動物《アニマルキュール》と呼んだ。彼はひとつひとつの精子の中にあらかじめ形を成している小さな人間が入っており、それが女性の卵子により栄養を与えられて母親の体内でふくらんで発達すると考えた。

この説はいうまでもなくはるか昔に間違いであることが明らかにされている。だがレーウェンフックが顕微鏡で見たものは、今日の私たちが生殖能力のある男性から得た精液サンプルを拡大して見るものと同じである。健康な精細胞はＤＮＡ（デオキシリボ核酸）†を収める魚雷型の頭部、エネルギー源となるミトコンドリアが詰まった中片部、そして精子を前に進める比較的長い尾部からなる。それぞれの精子は非常に小さく（長さ〇・〇五ミリメートルほど）、小さすぎて肉眼では見えない。

科学の世界では、研究上の決まり事は長い間に変わっていくことが多いが、精子数の測定法については、世界保健機関が認めている方法は一九三〇年代から大きく変わっていない。精子はいまも一九〇二年にフランスの解剖学者ルイ＝シャルル・マラセーが発明し、当初は血球数の測定に用いられた血球計算盤で測定されている。この器具は長方形のくぼみのある厚いスライドガラスで、レーザーで正方形の目盛りが刻まれたくぼみが計算室をなしている。精子バンクなどの検査室で男性の精子濃度†を評価する場合、精液の滴をスライド上に垂らして顕微鏡で観察し、訓練を積んだ検査技師が目盛り面のひとつの正方形内にいくつ精子がいるかを数える。

ヒトでは、正常な精子濃度の範囲は*、精液一ミリリットルあたりの精子数で一五〇〇万から二〇〇〇万以上である。世界保健機関は公式に一ミリリットルあたり一五〇〇万未満の濃度を「低値」としている。だが広く引用されているデンマークの研究によれば、一ミリリットルあたり四〇〇〇万未満の精子濃度の男性は妊娠可能性に問題があるとみなされる(私自身の研究では、一九七三年の西洋諸国の平均的男性の精子濃度は一ミリリットルあたり九九〇〇万であったが、二〇一一年には四七一〇万まで低下していた。だがこの問題についてはすぐに改めて取り上げる)。

＊ 精子数は、精子濃度と総精子数の両方を指す包括的用語である。精子濃度は精液一ミリリットルあたりの精子数(単位:百万/ミリリットル)で表されるのに対し、総精子数は精子濃度に精液サンプルの容積を掛けた数値である(単位:百万)。

生殖能力で問題となるのは精子の数だけではない。精子の形と動き方も問題となる。つまり、未授精の卵子までたどり着き、中に入り込めそうな泳ぎ方ができるかということである。円を描くように泳ぐ(非前進運動と呼ばれる)のは良くない。それでは自動車のギアをニュートラルにしてエンジンをふかしているようなもので、どこにもたどり着けない。精子がまったく動いておらず、二日酔いのカウチポテト族のようにくつろいでいるのも問題である。そのような動きのなさは持続する傾向があるからである。動きがあまりに遅かったり、鈍かったりする精子──一秒あたりの前進距離が二五マイクロメートル未満──はそもそも目指す目標までたどり着くことがない。

運動性が正常あるいは許容可能とみなされるレベルは生物種によって大きく異なる。ヒトの場合は、前進運動性のある精子の全体に対する割合が五〇パーセント以上でなければ正常とはみなされない。

これに対し、繁殖能試験に合格するのに、種馬では六〇パーセントを超えていることが推奨され、イヌでは七〇パーセントを超えていなければならない。

顕微鏡で精子の質を評価するのに用いられるパラメーターには濃度（精液の単位容積あたりの精子の密度）、生存率（生存している精子の割合）、運動性（精子が運動する、または泳ぐ能力）、形態（精子の大きさと形）などがある。これらのパラメーターはいずれも重要であり、これらの要素について近年行われた評価に基づけば、ヒトの精子の「質」は量と同じく低下しつつある。

精子がまったく存在しない状態（無精子症*）を除けば、ひとつだけで男性が完全に不妊であることを予測できる精子のパラメーターはないが、これらのパラメーターはいずれも妊娠を成功させる可能性に関わっている。精液の質と生殖能力の評価には、通常標準となる「三大パラメーター」――精子の濃度、運動性、形態――が使われている。これまでの研究から、生殖医学を専門とする医師が約一五〇〇〇人の男性で精液の質についてこの三大パラメーターを調べたところ、これらのパラメーターに基づいて半数強が生殖能力あり、半数弱が不妊となり、不妊男性を特定するにあたり三大パラメーターすべてが関わっていたことが判明している。だが相加作用が認められている。つまりこれらのパラメーターのいずれかひとつが不妊範囲にあった男性は、いずれも不妊範囲になかった男性よりも不妊である可能性が約二倍高かった。いずれかふたつが不妊範囲にあった男性では不妊の可能性が六倍高く、三つすべてが不妊範囲にあった場合は一六倍高かったのである。

＊　無精子症†が生じるケースとして、精巣で精子がまったく作られないか、標準的な精子分析で検出されるほど作られない場合、あるいは精子は作られるものの、通過障害のために放出されない場合がある。

◉事務所での提供

男性が精子バンクに精子を提供する場合、その精子は一定の基準を満たす必要があり、精子の数はそのうちのひとつにすぎない。精子バンクは、もちろん生存精子を大量に集めることを専門としているのだが、このようなさまざまな基準について問題に直面することが増えてきている。二〇一六年に発表された、約五〇〇〇人の男性から得た九四二五の精液サンプルを対象とした研究で、ボストン地区の大学生あるいは最近大学を卒業した若年成人男性において、二〇〇三年から二〇一三年の間に精子の濃度、運動性、総数が大きく減少していたことが認められている。精子提供志望者のうち、基準を満たした割合は、二〇〇三年には六九パーセントであったのに対し、二〇一三年にはわずか四四パーセントしかなかった。近年の男性たちほど、飲酒者、喫煙者が少なく、体重も軽く、定期的に運動している人が増えているなどの生活習慣の指標が改善していたにもかかわらずである。

同様に、一九歳から三八歳までの、精子を提供する可能性のある米国中の男性を対象とした近年の研究では、十万件以上の精液サンプルが調べられ、二〇〇七年から二〇一七年の間に総精子数、精子濃度、運動性のある精子が減少していたことが判明している。減少傾向は他の国でも生じている。たとえば中国では、湖南省の精子バンクで精子提供に応募した若年男性で合格となった提供者の割合は、二〇〇一年の五六パーセントから二〇一五年には一八パーセントへと、三分の一に低下している。

このごろでは、いかなる基準に照らしても精子の状態は良くない。そしてほとんどの男性はこのことに気づいてさえいない。

フェアファックス・クライオバンクでは、募集の取り組みに力を入れることで近年は精子提供者が増加しているが、新たに提供される精子サンプルの精子数と運動性は低下している。提供された精子は、子宮内精子注入法（IUI）†や体外受精（IVF）†で使用できるように、しばしば遠心力を利用した洗浄プロセスにかけることが必要となる。その目的は卵子との大切なデートのために精子をつやつやに磨き上げるためではなく、精液から化学物質、粘液、泳げない精子を取り除き、精子を精漿《せいしょう》「精液の精子以外の液体部分」と分けるためだ。洗浄後、精子は小ビンに入れられる。「二〇〇六年にここで働き始めてから、精子サンプルあたりで得られる小ビンの数が約半分に減っています」とオッティ医師は語る。これが特に重大な問題となるのは、ほとんどの精子サンプルは後日用いるために凍結される――「精子はやがて文字通り凍らされます」――のだが、サンプルで採取され、凍結される健康で運動性のある精細胞の約五〇パーセントはこの凍結融解プロセスを生き延びることができないからである。その精子は死んでしまうのだ。

だが、世界の一部の地域で高品質の精子の供給量が減りつつある一方で、健康な生存精子に対する需要は増えている。精子が異常であったり、精液量が不十分であったりする率が増えつつあることが一因となっているのは確かだが、別の大きな要因として、これまでとは異なる人口層からの需要が増えている点がある。特に独身女性や同性カップルの間で子供が欲しいという人が増えている――そして彼らはその目的を実現するために高品質の精子を必要としているのである。親になろうとしている人々は友人や家族の精子を使用することもできる（しばしば非匿名ドナーと呼ばれる）――実際にそうしている人もいる――が、明らかな理由で、このやり方は感情的な問題をはらむ可能性がある。別の選択肢は、厳格にスクリーニングされた第三者（匿名ドナー）の精子を、精子バンクや不妊クリニックを通じて用いることである――そして需要が最も多いのはこの選択肢なのだ。二〇一八年の世界の精子バンク市場の評価額は四三億三〇〇〇万ドルだったが、二〇二五年には五四億五〇〇〇万ドルに達すると予測されている。よく引きあいに出される数字として、米国だけで精子提供により毎年三万人から六万人が妊娠しているとの推定値がある。

●不妊の原因のなすりあい

このような精子の需給関係に関するあれこれがなぜ問題になるのだろうか？　それは、ニュースの見出しを飾る破局的シナリオ以外に、不妊問題に対処する精神的、医学的負担が女性の肩にばかりかけられてきたからである。これは最も基本的なレベルで正しくない――妊娠を実現するには健康な卵子だけでなく生存している精子が必要である――だけでなく、不妊の原因がかなりの割合でこれまでより明確に男性側に求められる今の時代には特に間違っているのだ。

確かに、科学者や医療専門家が、生殖能力がどれほど男性と女性のパートナー双方の健康と環境、さらに両者の相互作用に左右されるかを正しく理解し始めたのはごく最近のことである。歴史的に、生殖能力は女性についてだけいう概念だった。その理由のひとつは、人口統計学者が伝統的に出生率を生殖可能な年齢の女性ひとりあたりの平均出生数と定義してきたからである。女性が歳を取るにつれて貴重な卵子を失うことは広く知られており、このためメディアなどには、女性の生物時計には時間切れのおそれがあることや妊娠しにくくなる生活習慣について注意を促す特集がたびたび登場する。多くの女性はこの現実に気づいており、一定の年齢になるまでに落ち着いて子供を作らないと、と考える女性もいる。だが男性はどうだろうか？　女性には及ばない。

この数十年で、不妊症例で男性の果たす役割がこれまでに考えられていたより大きいことがわかってくるにつれ、大きな視点の変化が、少なくとも科学界では生じている。現在、男性の生殖上の問題は、不妊症例の原因のおよそ四分の一から三分の一を占めていると考えられており、女性の生殖上の問題の割合と変わらないのである。残る症例の原因は男性と女性の要因の組み合わせによるものである——たとえば女性の生殖能力がわずかに低く（たとえば排卵パターンが不規則なため）、また男性パートナーも生殖能力が少し低い（精子の運動性[†]が低いため）ために、妊娠が生じにくいなどである。だがどちらかのパートナーに信じがたいほどの生殖能力があれば（確かにそういう人が実際にいる）、妊娠を生じることはそれほど難しくなくなる。

◉生殖能力リテラシーの格差

このような現実があるにもかかわらず、ほとんどの男性は自分の精子の質のせいでうまく妊娠が生じない場合があることを知らない。男性は精液を大量に射精すれば大丈夫だと考えるが、それは必ずしも正しくないのだ。二〇一六年のカナダの研究では、七〇一人の参加男性の大半が自分は男性の生殖と生殖能力について少なくともいくらかは知っていると考えていたが、多くは男性不妊と関連づけられている危険因子——肥満、糖尿病、飲酒、高コレステロール値など——を見分けることができなかった。

たいてい男性は妊娠については、わけはないという態度を取る。子供が欲しければ、パートナーをいとも簡単に妊娠させることができると単純に考えているのだ。だがそれは必ずしもそうとはいえないのだ。特にこの現代世界にあっては。

一例として、いずれも大学時代に選手として複数のスポーツをやっていた経験があり、現在も身体的に健康なミーガンとジェイムズを考えてみよう。彼らは子供を作る準備が整えば妊娠するのは簡単だろうと思っていた。だがそれが簡単ではなかった。ミーガンは三四歳の栄養コンサルタント、ジェイムズは三二歳の銀行員で、一年にわたって妊娠を試みたがうまくいかなかったため、ふたりとも女性側の生殖能力の状態に問題があるのではないかと考え始めた。このためミーガンは産婦人科を訪れ、さまざまな身体診察と血液検査を受けたが、どこにもなんの問題もないようだった。その後ジェイムズが総合検診を受けずに泌尿器科を訪れると、精子の数と運動率を示す数値がわずかに低く、また射精の前に精液が通る通路が狭くなっていることがわかったのである。ジェイムズはいつも自分が非常に健康で性的能力があると考えていたため、この知らせにことさら不意を突かれた思いがした。

泌尿器科医がジェイムズに生活習慣について尋ねたところ、大体においては問題なかったが、週四、五回、スカッシュやトレーニングの後に熱い風呂やサウナでくつろいでいることがわかった。医師はそのような高温の環境を避けるよう彼に助言した。過度の熱は精子にとって毒になることがわかっているからだ。数週間にわたり熱い場所を避けているうちに、夫婦は自然に妊娠した。当然のごとくふたりは喜んだが、ジェイムズには困惑が残った。長年にわたって精子の流れに関する問題を抱えていたのに気づかなかったのはなぜだろう? どうして頻繁に熱を浴びると精子に悪いと誰も教えてくれなかったのだろう? 「女性は子供を産むために体を整える方法について多くの情報を手に入れているのに、どうして男性はそうじゃないんだろう?」とジェイムズは思った。

ジェイムズが気づいたように、子供を作ろうとするまで男性が自分の精子やその輸送器官に問題があることをまったく知らないケースはめずらしくない。四〇歳のダニエルと三五歳の妻ローラの場合もそうだった。カップルは一年間妊娠しようとしたが果たせなかったため、ふたりで検査を受けたところ、ダニエルが不妊症と診断されたのである。精子の形態†に異常があり、すべての部分がそろった精子がほとんどなかったのだ。その原因の少なくとも一部は、陰嚢《いんのう》内で静脈が肥大する精索静脈《せいさくじょうみゃく》瘤《りゅう》†と呼ばれる疾患によるものだった。この疾患では精子の数が減少し、質が低下することがある。*「おそらく自分の子供を持つことはできないだろうと医師に告げられたときは打ちのめされました」と弁護士のダニエルは思い返していう。「こんな病気を持っていてそれに気づかないということがなぜ、どうして起こるのかいまだにわからないのです」。だが彼は望みを捨てることはなく、精索静脈瘤を治す手術を受けると、その後の六か月で精液と精子の質が改善した。今ではふたりには四歳になる双子の子供がいる。

＊ ところで、イスラエルで一三〇万人を超える一〇代の少年を対象に行われた研究で、精索静脈瘤の発生率が一九六七年から二〇一〇年の間に二倍以上増えたことが判明した。だがその理由はまだわかっていない。

●ノックアウトされて

西洋諸国で精子などの精子の質のパラメーターが悪化していることを考えれば、不妊症例で男性が原因となっている割合は増えている可能性がある。米国ニュージャージー州とスペインの不妊治療クリニックを受診した患者を対象とした近年の研究で、運動性のある総精子数が一ミリリットルあたり一五〇〇万以上の男性の割合が、二〇〇二年から二〇一七年の間に約一〇パーセント低下していたことが判明したが、これは「低妊孕性の男性」の間でさえ精子数が顕著に減少していることを示すものである。これは不運なリスクのダブルパンチであり、低妊孕性の男性の生殖能力がさらに低下しつつあるかもしれないということである。

体外受精法全体に占める卵細胞内精子注入法（ＩＣＳＩ[†]：生きた精子を直接ヒト卵子に注入する方法）の割合は多くの国で増えつつある。デンマークの研究者のニルス・スキャケベク医師によれば、この増加は男性因子による不妊が増加しつつあることを示している可能性があるとのことである。一九九一年に実用化されたＩＣＳＩの実施件数は、米国での新鮮な体外受精サイクルで、一九九六年から二〇一二年の間に二倍以上に増えた。ＩＣＳＩがもたらした大きな恩恵のひとつは、男性因子による不妊を明るみに出し、「男らしさの問題」ではなく、医学的問題として治療できるようにしたことである。

その一方で、生殖能力――すなわち男性とパートナーが一年以内に妊娠を得られる状態――に相当する世界保健機関の最低精子濃度の基準値は過去三〇年間で低下している。医師が男性に総合的な妊孕性検査を受けてもらうかどうかを判断する場合、この基準値をカットオフ値として用いることが多い。つまり、私たちが「良好」と考える精子濃度が実際に下がっているということである。その濃度はかつては一ミリリットルあたり四〇〇〇万だったが、ＷＨＯ[†]により一九八〇年に二〇〇〇万に、二〇一〇年には一五〇〇万に引き下げられている。比較のためにいえば、一九四〇年代には六〇〇〇万が十分な精子数とされていた。

このような変更によって思わぬ影響が生じている可能性がある。良い面では、カットオフ値を低くすることで不妊治療クリニックの負担が減り、（以前の基準で）精子濃度が比較的低い男性の気が楽になるかもしれない。だが、男性の生殖能力という点では良いことはなにもない。また、もし精子濃度に問題はないと男性がいわれたら、さらに年齢が高くなるまで女性パートナーを妊娠させるのを遅らせるケースが増えるだろうし、高齢になることで妊娠を成功させるのがさらに難しくなる可能性がある。*あまり知られていないが、加齢によって生殖能力が低下するのは女性だけではないのだ。年齢が上がると精子のパラメーターのいくつかが低下するが、その中でも顕著な変化は精子量の減少、運動性の低下、DNA断片化の増加、精子内の異常な遺伝物質の出現である。基本的に、男性が高齢化するにつれ、精子の質と量の両方が低下することで生殖能力のあらゆる側面が悪化してしまう。

＊ 男性の生殖機能も、年齢とともに生殖能力を損なう形で低下する。男性の年齢が上がるにつれ、自然にテストステロン値と精子数が減少し、また勃起障害や射精機能不全が増える。いずれも妊娠を成功させるうえで、男性側の役割を果たすのが難しくなる問題である。

近年、WHOは精子の運動性、量、生存率、形態についても同様に基準値を下げている。このようなパラメーターはいずれも生殖能力に関わってくる。精子の数が少ないと、精子がうまく泳げなかったり、形態が適切ではなかったりする可能性が高まる。そして、ベストケース、つまり一回の射精で数千万の精子を出す健康な成人男性でも、卵子と結合できる精子はごく少数――おそらくは一〇〇万にわずかひとつ――であることを心にとどめておいていただきたい。やはり精子の量や質がわずかに低下しても、妊娠する確率が低くなる可能性があるのだ。

◉不運な出来事の多発

男性不妊の全体像で見逃されがちな隠れた要因がある。テストステロン値の低さだ。これまでに述べたように、テストステロン値は低下し続けている。米国とヨーロッパの数か国の研究によれば、一九八二年以降年一パーセントの割合で低下している。男性の生殖能力低下の全体像の中で、この低下はつじつまが合う。健康な精子を作り出すには十分な量のテストステロンが必要であり、また精子数を減少させる要因の多くが男性ホルモンの値にも影響を及ぼす可能性があるからだ。これらの現象は同じかく乱原因の影響がいろいろな形で現れたものなのだ。

このテストステロン値の低下を考えれば、過去一〇年でテストステロン補充療法の実施件数が一八歳から四五歳の男性で四倍、それより高齢の男性で三倍増えていることも驚くにあたらない。結局、多くの男性はテストステロン値の低さが筋肉量の減少、腹部脂肪の増加、骨の弱化、記憶力、気分、気力の問題のきっかけとなることを知っているのだ。いずれも多くの男性がなんとしても避けたいと思う症状である。だが、テストステロン値の低さがしばしば精子数の少なさと関係していることについては知らない男性が多い。驚くべき、直観に反する人生の事実をお知らせしよう。テストステロン補充療法にはそれ自体に副作用があり、その中には……驚くなかれ……精子数の減少もあるのだ！

そのからくりはこうである。男性がテストステロンを含むパッチを貼ったり、ジェルを塗ったりすると、ホルモンは血流内に入り込み、テストステロン値が上昇する。ここまでは結構なことである。だが男性の脳はこの上昇を、テストステロンがふんだんにある証拠とみなし、精巣にそれ以上作らないようにシグナルを送ってしまうのだ。これが今度は精子産生数の減少の原因となる。その結果、一種の悪循環が生じ得る。テストステロン値が低く、精子の質も低い男性がテストステロン補充療法を選択すると、精子の質がさらに悪化してしまうのである。実のところ、テストステロン補充療法は避妊の方法として研究されてきたのである。なぜならテストステロンの投与を受けている間、九〇パーセントの男性で精子数がゼロまで急減することがあるからだ。

◉悪癖栄えれば、なにが衰える?

このような性的フラストレーションに加え、長らく高齢男性の悩みとされてきた問題に四苦八苦する若い男性が増えている。勃起障害（ＥＤ）である。まさかと思うかもしれないが、なんらかのＥＤ症状のために受診する男性の二六パーセントは、いまや四〇歳未満なのである。勃起障害のために初めて受診した約八〇〇人の男性を対象とした研究で、治療を求める男性の平均年齢が二〇〇五年から二〇一七年の間に七歳低下したことが判明している。

原因が、喫煙、過度の飲酒または薬物使用などの不健康な生活習慣因子、不安体験の多さ、あるいはポルノ視聴の増加（過剰な刺激のためにドーパミンの蓄えが枯渇することがある）のいずれであれ、同じ結果が生じうる。つまり、実際の性交時に勃起したりその状態を維持したりすることが困難になるのである。さらに、農薬や溶剤、さらに井戸水に含まれるヒ素などのある種の環境物質にさらされることで勃起機能が損なわれる可能性があることが予備的証拠から示されている。現代世界の性的リスク因子のリストにこれらの項目を追加しよう!

◉厳しい現実、つらい感情

精子数の減少は、男性とカップルのいずれにとっても手ごわい脅威であるにもかかわらず、男性と女性がそのことに気づいていても、その現実を受け入れることにはしばしばためらいが生じる。つまり、問題があるのを知ることとそれを受け入れようとすることの間には往々にして隔たりがあるのだ。たとえば、イェール大学人類学・国際問題教授のマルシア・C・インホーン博士が指摘するところでは、多くの国で、「男性不妊はいまも隠され、非常に不名誉な問題――劣等感を伴い、しばしば空砲撃ちなどと軽蔑的に語られる――であり、去勢されたように感じる」ことが研究から示されているという。これはいささかも驚くべきことではない。というのも歴史的に男性の精力は男らしさの欠くべからざる部分とみなされてきたからである。だが「多くの人々は、男性不妊が男性の性的不能とは別ものであることをまったく知らないのです」と博士は付け加える。

三〇年にわたり、インホーン博士は中東で男性不妊の研究を行ってきた。世界のこの地域では、特定の遺伝的な精子の欠陥と男性因子による不妊問題がよくみられ、遺伝性であることが多い。だが、夫に生殖能力がないことが確認されても、夫婦の不妊について女性が責められることが多く、ときには自分に非があるとして夫の顔を立てようとする女性もいると博士は指摘する。「それは愛情によることが多いのです。そうするのは、男性パートナーが恥をかかされるのを望まないからです」。

確かに、自分に思っていたような生殖能力がないという現実と男性が折りあいをつけることは、それが事実だという証拠を示された場合でさえ、なかなかできるものではない。英国のある研究で、研究者が不妊に悩む男性に自分が経験している思いや感情について話してくれるよう求めた。全員が自らの子供を作りたいという欲求を「当たり前の期待」であり、「人間であることの一部」だと表現し、このため生殖上の問題について支援を求めるだけでも「弱さ」の現れととらえられ、不名誉や困惑を感じる原因となっていた。不妊、低妊孕性、または欠陥精子との診断を受けた後、男性たちは次のように語った。「ほとんど自分が男ではないかのように感じました。生き物として当然のことができないのです」、「男であることの一部は子供を作る能力にあります……それができない、精液に問題があると告げられたときは……男らしさの一部をはぎ取られたように感じました」。あるいは「自分のせいなのはわかっています。私側の問題であり、パートナーは他の誰かと子供を作ることができたのです……彼女には選択肢がありましたが、私にはなかったのです」。

医療ソーシャルワーカー（MSW）のシャロン・コヴィントンはリプロダクティブメンタルヘルスの分野で三五年のキャリアを持ち、グレーターワシントンDC地区で個人とカップルに対する専門の不妊カウンセリングを行ってきた。『不妊カウンセリング：臨床ガイドとケーススタディ Fertility Counseling: Clinical Guide and Case Studies』と題する書籍の編者であるコヴィントンは、全米中に三二か所のクリニックを持つ米国最大の不妊医療機関であるシェイディ・グローヴ・ファーティリティ（Shady Glove Fertility）の心理的支援サービスの責任者でもあり、不妊問題による感情的ストレスを抱えている男女のカウンセリングを日々行っている。この種の知らせは男女のどちらにとっても受け入れるのは難しいものだが、「男性は、自分の精子数が少ない、あるいは他の男性因子による不妊問題があると知ったときには本当にショックを受けます」とコヴィントンはいう。驚きの原因の一部は、男性は定期的に受診して自分の生殖機能の検査や出生前妊孕性検査を受けることがなく、女性パートナーを妊娠させられない場合に初めて自分の生殖能力に問題があるのかもしれないと気づくためである。*

＊　ラトガース大学の政治学教授シンシア・ダニエルズ博士が自著『男性を明るみに出す Exposing Men』に記しているように、「政治的に、男性は傷つくことはないという神話を補強する必要性から、男性のリプロダクティブヘルスの問題に対する無関心が生じてきた」。明らかに、このことは全体的な構図から見れば男性に大きなあだをなしている。

女性は不妊問題に直面するとすぐに支援を求めることが多いのに対し、男性はその残念な知らせを自分の胸の内だけにしまい込んでしまいがちである。「男性としてはロッカールームで、あるいはビールを飲みながら仲間と話すようなことではないのです。非常に個人的で、孤独を募らせる体験になります」とコヴィントンはいう。驚くにはあたらないが、自らの不妊についてまわりに打ち明けられなければ、その男性がうつ状態に陥るリスクが高まる。また生殖能力の問題を抱える男性は、問題のない男性よりも性生活の質が大幅に低いが、そのことの支援にもつながらないことが研究から判明している。

モントリオールの研究者が、生殖能力の問題を抱える男性が集まるネット掲示板の書き込みを調べたところ、掲示板に書き込んでいる男性がさまざまな種類の社会的支援（感情的なもの、情報的なものを含む）を求め、それが提供されていることが判明した。子供を授からない原因が男性因子による不妊の場合、当事者は次のような書き込みをしていた。「本当にがっかりした〔そして妻が〕自分を責めているように感じる」。別の男性の書き込み。「いちばん嫌なのは人が言葉をかけてくるときに、彼らがどう思っているか考えてしまうことだ。かわいそう？……逆の立場なら、自分も同じように感じるだろうからなんとも複雑な気持ちになる」。

◉待機戦術のリスク

男性の生殖能力の問題の増加を複雑にしているのは、現在西洋諸国で三〇代になるまで子供を作らないカップルが増えている事実である。つまり、自分たちのいずれかまたは双方に生殖能力の問題があると気づいたときには、体外受精などの生殖補助医療（ＡＲＴ）を利用できる可能性が狭まっているかもしれないのだ。低妊孕性の男性が精子を作る力を高める治療法はないため、カップルが受けられる有効な選択肢はARTしかなく、これは費用がかかるだけでなく、女性の身体にも負担がかかる。*ショッキングな情報をお伝えしよう。男性因子による不妊は、男性側の問題の治療のために女性パートナーに痛みを伴う処置を行わなければならない唯一の病状なのである。

＊　二〇一八年のプロスペクト誌の記事が示すように、「ハイテクによる問題解決」法が登場する可能性がある。「精巣で生存精子を作ることがまったくできない場合でも、男性が生物学的につながりのある子供を作る妨げにはならない日が来るかもしれない。二〇一六年に、京都大学の生物学者が成体のマウスの皮膚細胞をリプログラミングすることで『人工精子』を作り出したことを報告している」。

他にも潜在的な問題がある。男性の年齢が上がるにつれ、特に四〇歳を超えるころに、精子に変異が生じやすくなり、子供が自閉症、統合失調症、ダウン症候群などの障害を持って生まれるリスクが高まることが多数の研究から説得力をもって示されているのだ。男性の年齢は女性パートナーの流産リスクにも影響する。男性パートナーが四〇歳以上の場合、三〇歳未満の場合と比べ、女性が流産するリスクが六〇パーセント高まることを研究が示している。このリスクは妊娠第一期の流産で高いようであり、この時期の流産は染色体異常によるものであることが多い。そうなのだ――パートナーの精子に問題があると、妊婦は流産しやすくなるのだが、男女ともこのことに気づいていない可能性があるのだ。

残念ながら、妊娠してそれを維持するという点では、高齢化した精子の問題をたやすく解決する方法はない。生殖補助技術がそれに近いかもしれないが、それも万能とはいえない。*

＊　ひとつには、生殖補助医療、特に卵細胞内精子注入法（ICSI）により受精した子供では自閉症スペクトラム症†や知的障害のリスクが高い。

近年、精子数が減少しているという懸念——そして男性因子が原因の不妊については予防のためのスクリーニング法がないという問題——を受けて、自宅用の精子検査法がいくつか開発されている。これは男性が自宅でプライバシーを守った状態で精液サンプルを採取し、専用の精子回転装置にセットして精子数を読み取るというものである。だがこの検査法は非常に新しいため、その精度や信頼性はまだ確実なものとはいえない——また運動性や形態などの他のパラメーターは評価できない。一方で、レガシー社などの精子凍結保存サービスにより、卵子凍結サービスで女性がやっているように、若い男性が将来子供を作りたくなった場合に備え、生殖力のある精子を預けられるようになってきている。

世の中の認識に反して、生殖能力の障害は両性で機会均等な問題なのであり、女性だけの問題ではないのだ。そして現代世界で生じている精子の数と質の低下は事態をさらに悪化させているのである。そもそもタンゴや社交ダンスを踊るには——つまり妊娠して胎児を成長させ、健康な子供を産むには——男女ふたりが必要なのだ。違いは、男性にも時間の影響があるのだが、生物学的タイムリミットが迫る音が聞こえないという点である。

第3章

男性だけで話は終わらない

女性の側の問題

マーガレット・アトウッドの小説『侍女の物語』が一九八五年に最初に出版されたときに人々が反応したのは、主にフェミニストの悪夢とでもいえそうな暮らしをしている女性たちに関する心穏やかではない描写だった。その世界では、女性たちは厳格な家父長的な社会の管理下に置かれ、仕事についたり、お金を所有することを禁じられ、さまざまな階級に割り当てられる。その階級には子供のいない貞潔な妻、女中、そして住まわせてもらっている家の男に妊娠させられ、その男の「道徳的に適性のある」妻に赤ちゃんを引きわたす生殖用の侍女がいる。当時は、この本で描かれたように、出生率の破局的低下が大気や水に含まれる有害化学物質と関係していることがあるなどとは誰も思わなかった。なんとなく、そのような関係は筆者の作劇上の道具立てのように思われていた。だがいまではこの小説とそれに続くシリーズは不穏なまでに予言的に思える。

西洋諸国で生じている精子数と出生率の急減とともに、『侍女の物語』で描かれたシナリオの合意版である、代理出産が着実に増加している――その率、一九九九年から二〇一三年の間に年約一パーセントである。この傾向は生殖能力の低下を反映している。精子数の劇的減少が世界の多くの地域で起こっている生殖能力低下の重要因子である一方で、女性にも生殖機能の変化が生じつつある。そしてその変化の多くには、男性の生殖能力を低下させているのと同じ生活習慣や環境中の原因が関わっているのだ。

その話をする前に、全体像を示すためにデータをいくつか挙げてみよう。世界の出生率は一九六〇年から二〇一五年にかけて五〇パーセント低下しており、国によってはさらに大きく低下しているところがある。たとえば、デンマークの合計出生率は、一九〇一年から二〇一四年の間に女性ひとりあたり四・一人から一・八人まで低下した。一見して、この低下の原因を、女性が第一子を妊娠する年齢の上昇やカップルが希望する子供の数の減少といった社会の流れに求めることはたやすい。そのような流れがこの変化に寄与していることは間違いない。だがことはそう単純ではない。なぜなら出生率はこの同じ期間中にあらゆる年齢層で低下しているからである。そして驚くべきことに、妊娠し、出産予定日まで維持する能力の低下（いわゆる生殖能力障害）は、実は女性の年齢が若いほど顕著だったのだ。* そして本当にショッキングなのは次の点である。一九〇一年からの一〇年間のデンマークの三〇歳以上の女性の出生率は、一九四九年から二〇一四年の間の三〇歳未満の女性より高かったのである。見方を変えれば、現在のデンマークの平均的な二〇代の女性の生殖能力は、その祖母が三五歳だったときよりも低いのだ。まったくもってよくない！

＊ 同僚と一九八二年から一九九五年にかけて女性の年齢別の生殖能力障害の変化を調べたところ、一四～二四歳の最も若い年齢層で障害が四二パーセント増加する一方で、三五～四四歳では六パーセントしか増加していないことを知って驚いた。このことは。加齢や出産年齢の高年齢化以外に、生殖能力に影響を及ぼしている要因があることを示唆している。

米国でも状況はほぼ同様に厳しく、一九六〇年から二〇一六年の間に女性の合計出生率は五〇パーセント以上低下している。このような出生数減少のどれほどが経済的、教育的、社会的、環境的要因によるものなのかは定かではないが、次のことだけは明白である。二〇一七年の米国女性の合計出生率は、長期的に国の人口を維持するのに必要とされる数値を一六パーセント下まわっていたのである。これは明らかに懸念の種である――この状況は二〇一七年のことだったが、現在のコロナ禍の時代でも同じである。ウィリアム・シェイクスピアのせりふを借りるなら、このような傾向は、デンマーク、米国、その他の国ではなにかが腐っている［『ハムレット』の一節「このデンマークではなにかが腐っている」から］（あるいは少なくとも問題が生じている）ことを示唆しているのだ。

実際に、卵巣予備能低下（DOR：女性の卵子の数と質がその生物学的年齢から予想されるより低下している状態）の発生率がこれまでの世代よりも増えており、流産（妊娠二〇週未満［日本では二二週未満］の妊娠喪失）のリスクがあらゆる年齢層の女性で増加しつつあることを示す説得力のある証拠が存在する。

近年の女性の生殖機能の問題の増加については、男性の場合ほど劇的ではないかもしれないが、現実に起こっていることの全体像を私たちがとらえそこなっている可能性もある。ひとつには男性の生殖機能に関する研究のほうが多い点がある。これは一部には、つまり、男性を対象に行われる医学研究のほうが多いためである――終わり（そう、現代世界の賃金平等、雇用機会、ドライクリーニング料金などの側面だけでなく、医学研究にも男女差があるのだ）。リプロダクティブヘルスに関する研究に限れば、とりわけある現実的な要因が関わっていることが考えられる。つまり男性器はすべて表に出ていて、精子サンプルは射精により得ることができ、大した努力や苦労もなく男性から提供されるという点である。

これに対し、女性の場合は体液を提供してもらって生殖能力やその限界を明らかにするというわけにはいかない。女性の生殖能力に関わる内部構造は男性より複雑であり、見えないところに隠れている。たとえば、女性が予備に蓄えている卵子の数を簡単に数える方法はない。* また、女性にたくさんの卵子が残っており、規則的に排卵していても、卵管がふさがっているかどうか、子宮が受精卵にとって適した環境なのかどうか、あるいは適切なホルモンが適切なタイミングと量で放出されることで胎児のために安全な場所となるかどうかを知る方法はない——妊娠を試みるまではわからないのだ。このため一見健康そうな女性が子供を作れる可能性を推測することは、男性の場合よりも難しくなる。

＊　卵巣予備能を推定する場合、医師は卵胞刺激ホルモン（FSH）†、エストラジオール、インヒビンB†、抗ミュラー管ホルモン（AMH）†の血中濃度を測定することが多い——だがこれらは信頼性の高い指標とはみなされていない。つまりその結果によって誤った希望を抱いたり、いらぬ心配をしたりしてしまう場合があるということである。

◉生物学はよくわからない

女性の身体は赤ちゃんの最初の住みかとなるにもかかわらず、多くの女性はリプロダクティブヘルスのさまざまな点について、人が思うほどの知識を持っていない。これは教育上の問題というだけではない。生殖を成功させるうえで紛れもなく現実的な影響があるのだ。いくつもの研究で、女性の生殖能力についての知識が驚くほど乏しいことが判明している。不妊の原因と有病率に関する問いに対する女性の正答率は、平均で五〇パーセントである。医学生でもほんの少しましなだけで、かろうじて及第点という場合が多い。米国の一八歳から四〇歳の女性一〇〇〇人を対象とした研究では、参加者の四〇パーセントが自分の妊娠能力について不安を口にしていたが、三分の一は性的感染症、肥満、月経不順が生殖能力を低下させる場合があることを知らなかった。さらに驚くべきは次の点である。四〇パーセントが、受精が生じる唯一の時期である、月経周期中の排卵期についてよく知らなかったのである。

　排卵については混乱がみられるので、ここで簡単に確認をしておきたい。排卵は二八日間の月経周期の一四日目あたりで生じ（一日目が月経の初日になる）、このとき黄体化ホルモン（LH）値が急上昇することで卵巣のひとつが成熟卵子を放出する（月経周期の平均は二八日間だが、二一日から四五日までは正常とみなされ、正常な月経は二～八日間続く）。女性が排卵直前の時期を知るためにチェックできる項目はいくつかある。まず頸管粘液の変化である。この粘液は排卵直前には卵の白身のように水っぽく、透明でぬるぬるした状態となる。また基礎体温（朝一番にベッドから出る前に計測する）を継続的に測る方法もある。排卵が生じるときには約〇・五度上昇するからである。あるいは排卵日予測検査キットが使える。これは尿をスティックにかけることで排卵を一二～二四時間前に予測するものである（この方法は避妊法としては完全にはほど遠く、どちらかといえば妊娠を目指しているカップル向けであることに注意）。

　卵子は放出された後、近いほうの卵管を下ってゆっくり子宮へと向かう。子宮の内膜はホルモンであるプロゲステロン[†]値の上昇により妊娠可能な状態に準備されている。健康な精子が膣から上向きに泳いで子宮頸部を経て卵管内までたどり着いている場合は、そこで自らの使命を果たし、卵子を受精させることができる（驚くべきことに、性交後に精子は女性の生殖器系内で少なくとも五日間生存でき、特に豊かな頸部粘液により守られている場合はその可能性が高まる。つまりカップルは妊娠を成功させるために、避妊をしないセックスを女性が排卵する当日に行う必要があるわけではないのだ。排卵までの約三日間の間なら可能性がある）。受精すると、卵子は子宮へと移動し、すべてが順調に進めば子宮内膜に着床する。受精しなかった場合、未授精卵は月経中に体内から排出される。

これが女性の生殖機能の基礎的事実である——そして時代が移り変わってもこの事実に変わりはない。だがこれまでの数十年間で女性の生殖発達、リプロダクティブヘルス、生殖能力になんらかの困惑するような変化が生じているのだ。中でも、先に述べたように、あらゆる年齢層の男女で性欲が低下している。性欲低下は中年女性で最も多い性の悩み事であり、ある研究によれば四〇歳以上の女性の六九パーセントにみられる。不運のダブルパンチになるが、閉経後女性の性欲低下はしばしば男性パートナーの勃起障害と結びついている。このような性欲急減の原因がストレス、薬剤の使用、化学物質への曝露*、あるいは他の要因のいずれであれ、それが寝室での失望につながることは否めない。

＊　興味深いことに、私が関わった研究で、フタル酸ジ-2-エチルヘキシル（ＤＥＨＰ）† 代謝物の尿中濃度が最高度であった（化学物質の可塑《かそ》剤にさらされたことによる）閉経前女性では、性的行為にいつもまたはしばしば興味がないと申告する場合が二・五倍多いことが認められている。これはＤＥＨＰのようなフタル酸エステル類が、よく知られているように抗アンドロゲン†作用を持ち、男女の性欲で重要な役割を果たすテストステロン値を低下させるためと考えられる。またこの種の物質が女性のエストロゲン産生を妨げ、このため女性の性欲が抑えられる可能性もある。

◉早まった予定

予想外の事態の展開だが、米国を含む世界の一部の地域で少女たちの成熟が早まっており、いわゆる思春期早発が生じている。つまり、彼女らはこれまでよりも早く胸がふくらみ始めたり、初潮を迎えたりしており、それが八歳未満で生じているケースもあるのだ。この問題に初めて警鐘が鳴らされたのは一九九七年のことで、ある研究で七歳までにアフリカ系米国人の少女の二七パーセント、白人系少女の七パーセントが胸のふくらみや陰毛発生の徴候を示していることが明らかにされたのである。研究者が確認したところでは、平均してアフリカ系米国人の少女は八歳から九歳の間に、白人系少女では一〇歳までに思春期を迎えていた。これはそれまでの研究で調査対象とされた少女たちより六か月から一年早かった。

二〇〇六年には、デンマークの少女たちは、一九九一年に同じ地域で生まれた少女たちよりも丸一年早く乳腺組織（思春期を示す顕著な特徴）の発達を生じていた。同様に少女が初潮を迎える年齢も低下しており、デンマークの研究では母親世代より三・五か月早かった。日本では初潮年齢は一九三〇年代生まれの一三・八歳から一九五〇年代生まれでは一二・八歳、一九七〇年代および一九八〇年代生まれでは一二・二歳へと変化していた。*

＊　女性の生殖に関する指標の傾向は世界中で変化し続けている。一〇か国の五〇万人以上の女性を対象としたメタアナリシスで、一九七〇年から一九八四年に生まれた女性は、初潮を迎える時期が一九三〇年以前に生まれた女性より丸一年早いことが認められた。他にも特筆すべき変化がある。一度も出産しない（未経産と呼ばれる）女性の率が、一九四〇年から一九四九年に生まれた女性の一四パー

セントから一九七〇年から、一九八四年に生まれた女性では二二パーセントへと増加していたのである。

このような変化は劇的な違いにはみえないかもしれないが、その変化の当事者である少女たちにとっては重大な問題である。キャラクターの描かれたリュックサックにタンポンや生理用ナプキンを入れなければならないことになってうれしく思う小学生の少女は多くはない。思春期を早く迎えた少女はクラスメートより早く気分の大きなむらが生じる可能性があり、このため社会的に孤立したり、うつ症状を経験したり、アルコールやレクリエーショナルドラッグなどの違法物質に手を出したりする場合がある。また彼女らはしばしば実際よりも上の年齢に見えるため、感情的に対処できるようになる前に性的関心を向けられる可能性がある。いずれも性的経験を早めてしまう事態になりかねない変化である。

このような早熟化がどれほど少女を悩ませるかには大きな個人差があるが、思春期の変化が早く訪れることはしばしば居心地の悪い経験となる。ケイトはそのことを嫌というほど覚えている。ケイトの胸が九歳でふくらみ、一〇歳で初潮を迎えた後、彼女は学校で男の子たちから絶え間なくからかわれるようになった。男の子たちはケイトの胸が大きくグラマーになった姿を指してしばしば「ブレンダ・スター［米国のコミックのグラマラスな登場人物］」だとか「デカパイ」などと呼んだ。「男の子たちからの注目は確実に増えましたね。男の子のことばかり考えていたので良かったこともありましたが、そうでないこともありました。特につねられたり、悪口をいわれたときは」と四五歳になった彼女は思い出す。彼女の娘も早く思春期を迎えている。「私にとって最悪だったのは一〇歳の夏に四・五キロも太って、感情の起伏が激しくなったことです」。ケイトにとって唯一良かったことは、彼女に遅れて初潮を迎え、ブラジャーをつけるようになった友達が彼女にアドバイスを求めるようになり、月経について先輩の役割を果たすようになったことだった。

早い思春期は、それを経験しているときも大変だが、それに劣らず、大人になってからも精神的苦痛や身体イメージの問題が生じる頻度が高いなどの、持続的な波及作用がみられることが多い。また女性の身体的健康に及ぼす長期的な影響もある。最も注目すべきなのは、初潮年齢の低さに乳がんや子宮内膜がんのリスク増加との関連が認められていることである。この種のがんのリスクが、女性が生涯に経験する月経周期の回数に応じて高まるためだ。

◉不妊診療科での女性の問題

他にも女性にとって心配すべき変化が生殖の領域で生じつつある。数年、ことによると数十年にわたり妊娠しないようにしてきた後でも、子供が欲しくなったら、時期を選んで避妊せずにセックスすればすぐに妊娠できると女性は思っているかもしれない。だが誰でもそれがうまくいくとは限らない。ことに近年はそうなのだ。実のところヒトの生殖は、特に大多数の哺乳類の種と比べれば非常に効率が悪い。ある月経周期中に、ヒトが時期を見計らって避妊をせずにセックスをすることで妊娠する確率は、年齢にもよるが、せいぜい三〇パーセント程度しかない*。

＊これに対し、ネズミが妊娠する確率は九五パーセント、ウサギでは九六パーセントである。彼らはラッキーだ！

生殖能力があるという場合、女性には正常に機能している卵巣、健康な卵子の蓄え、健康な卵管、健康な子宮が揃っている必要がある。これらの器官に影響を与える病気があれば、いずれも女性不妊症を生じる可能性がある。そのような病気のひとつに、内分泌疾患であり代謝疾患である多嚢胞性卵《たのうほうせいらん》

女性不妊症の主な原因

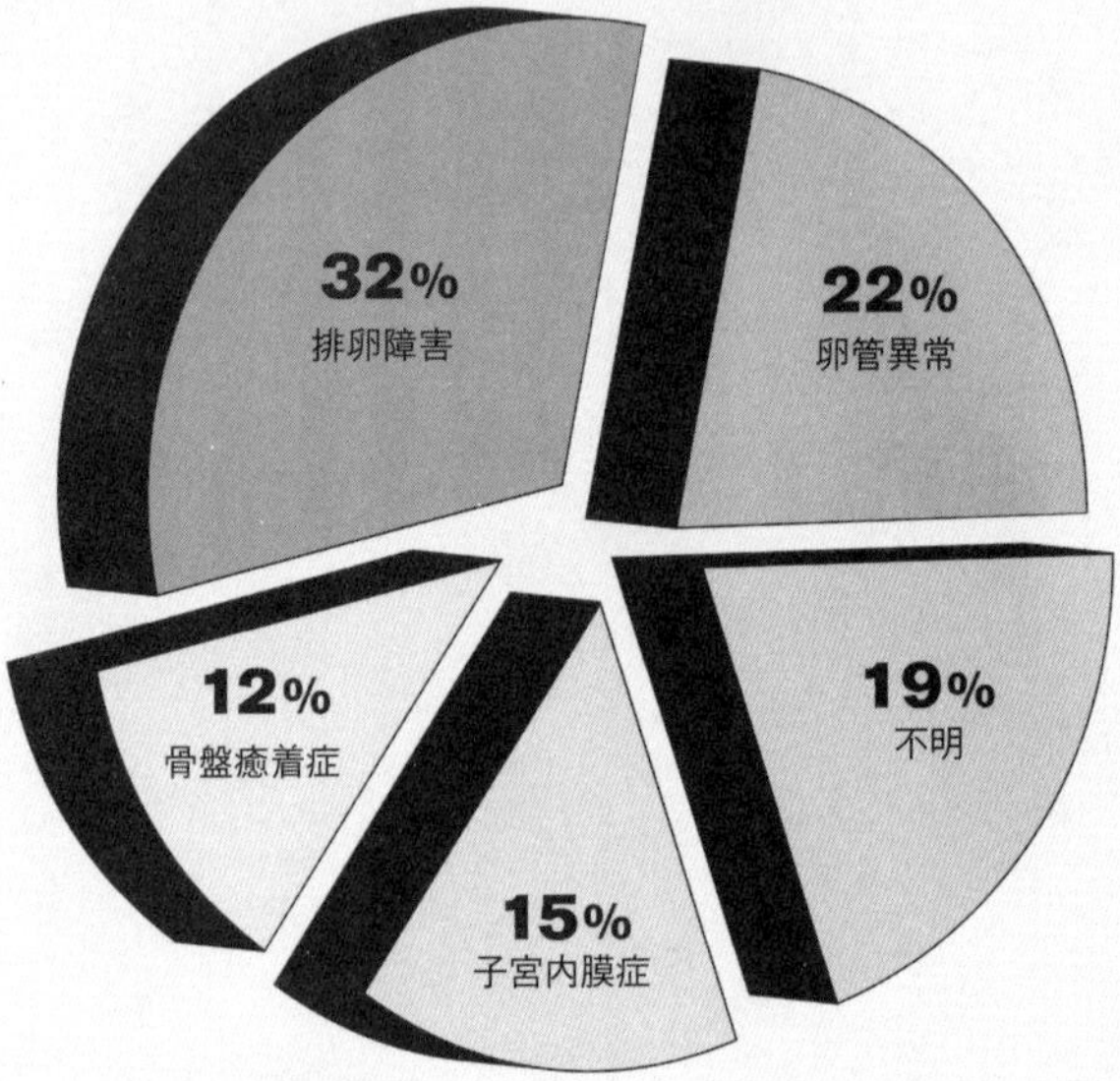

出典：BARBIERI, RL. FEMALE INFERTILITY, IN: YEN AND JAFFE, REPRODUCTIVE ENDOCRINOLOGY, 8TH ED. 2019.

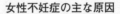

巣症候群《そうしょうこうぐん》（PCOS）†がある。この病気は月経不順、顔と体の多毛、にきび、体重増加が生じ、卵巣に複数の嚢胞が形成されるのが特徴である。卵管がふさがったり、瘢痕化したりすることもある。他にも生殖能力を低下させる病気に子宮内膜症†がある。この病気はしばしば痛みを伴い、通常なら子宮の内側を覆う組織が子宮外に移動して成長する。子宮筋腫は子宮内に筋組織や線維組織が増殖する良性の腫瘍で、やはり女性が妊娠しにくくなることがある。そしてこのような生殖障害がいずれも増えつつあるという証拠があるのだ。

たとえばカナダで約七〇〇〇人を対象とした後ろ向き研究で、一九九六年から二〇〇八年の間に、一八歳から二四歳で新たに子宮内膜症の診断を受けた女性の数が三倍以上増えたことがわかった。一見したところ、このような診断数の増加が病気の発生頻度が実際に増えていることによるものなのか、単に医師たちの症状を見つける能力が向上し、正しい判断を下せるようになったためなのかについては判断が難しい。私としてはどちらもある程度当てはまるのではないかと思っている。

ニューヨーク市の三二歳のスクールソーシャルワーカーのイザベルは、一年にわたり妊娠しようと努力したのにうまくいかなかった後で、思いがけなく自分が最も重症度の高いⅣ期の子宮内膜症であることを知った。妊娠できない理由を調べるためにCTと試験開腹手術を受けるまで、子宮内膜症は見つからなかったのである。その手術の際に、外科医は本来とは異なる部位にある子宮内膜組織を見つけられる限り切除し、また損傷した卵管も切除した。その後、イザベルは体外受精により妊娠することができ、現在では二歳の息子がいる。

彼女はなぜ、どのようにして自分が子宮内膜症を患ってしまったのか考え続けている。近親者に同じ病気になった人はいないからだ。「最近不妊治療を受けた女性一〇人と話しあっているのですが、よく、これほど多くの不妊問題が起こっているなんてまわりの環境になにか起こってるんじゃないの？　という話になります。ことによれば、飲み水や食べものに問題があるのかもしれませんね。きょうび、健康なものなんてなにもないように思えます」と彼女は話す。

◉砕かれた卵子への期待

生殖能力を損なう可能性のあるあらゆる要因の中で、排卵障害は女性の不妊の原因のうち最大の割合を占めており、そこには加齢が大きく関わっている。驚くべきことに、女性は将来分すべての卵子——約一〇〇万〜二〇〇万個——を持って生まれるが、その数は必要分よりはるかに多い。女児が思春期を迎えるころには約三〇万個が残っており、どの月でもひとつを除けばすべて休眠状態にある（普通、排卵時に放出される卵子はひとつだけだが、排卵誘発剤を使うと卵巣を刺激して複数の卵子が放出されることがあり、これが排卵誘発剤で多子出産が生じることの多い理由である）。

数十年が経つうちに女性が蓄えている卵子の数は着実に減少していき、三七歳時点では平均二万五〇〇〇個まで減り、その後はさらに激減して五一歳（米国での平均閉経年齢）では一〇〇〇個になる。だが精子と同じく、数だけが問題になるわけではない。このように年齢に応じて女性の持つ卵子の数が減ることに加え、四〇歳に近づくにつれて体内の健康な生存卵子の質も大きく低下するのだ。

これまでも女性が高齢化すれば妊娠することは難しかった。だがかつては女性は若い年齢で子供を産んでいたため、そのことはそれほど問題にはならなかった。現在では女性は子供を作る時期を遅らせる一方である。これは社会的観点からは良いことかもしれないが、生殖的観点からはそうとはいえない。女性が妊娠、出産することが生物学的に一番容易な時期に、多くの女性に子供を作るつもりがないのは皮肉なことである。残念ながら、母なる自然は、子作り分野での女性の希望の変化と歩調を合わせて、生殖寿命を延ばしているわけではないのだ。

確かに、遺伝的、環境的、生活習慣的要因によって、女性が蓄えている卵子が減少する率、あるいは質を維持する率には大きな幅がある。女性の年齢が上がるにつれて単に直線的に減っていくわけではないのだ。そのことは昔から変わっていないが、環境分野と生活習慣分野に登場した新たな要因がこの率に影響を及ぼしている可能性がある。この点についてはまもなく触れる。

まず、興味深いことに、先行世代と比べて平均閉経年齢が低下していない一方で、卵巣予備能低下(DOR)[†]が高頻度で生じているという証拠が存在する。米国で生殖補助医療(ART)を求めた女性においてDORが生じている割合は、二〇〇四年から二〇一一年の間に一九パーセントから二六パーセントへと増加した。わずか七年で三七パーセントの増加である。DORを生じた女性が自然に妊娠することもあるが、健康な女性よりはるかに妊娠しにくく、また多くの女性は妊娠しにくさを感じるまで自分の卵巣予備能が低下していることに気づかない。

ときにこの種の問題に不意打ちを食らわされたように感じることがある。たとえば、エリッサはランニングでしばしば一〇キロを走るスマートな弁護士で、三一歳までに三歳違いでふたりの健康な男の子を産んでいた。三四歳になった時点で彼女と夫は三人目を作ることにし、上のふたりのときのように簡単にできるだろうと考えた。だができなかったのである。九か月にわたり妊娠を試みたあとでエリッサが妊孕性評価を受けると、「卵子が古くなっている」と告げられた。簡単にいえば、彼女の卵子は通常より早く年を取っており、残っている卵子の質も彼女の生物学的年齢を考えればあまり良い状態ではなかったのである。先にふたり子供を作っていたことの幸運に気づき、エリッサは自分の

「だめになった卵」などと軽口を叩いてはみたが、「内心ではショックを受けていた」という。なぜ自分にこんなことが起こったのか、彼女にはわからなかった。

チャンスを増やすためにふたりは体外受精を受けることにし、二度のサイクルは失敗に終わったものの、三度目に妊娠することができた。残念なことに、エリッサは妊娠一一週目に流産してしまい、そこから自分が妊娠を危険にさらすようなことをなにかしただろうかと考え始めた。

これはめずらしいことではないというのは、ベス・イスラエル・ディーコネス医療センターのボストンIVFセンターの主任心理学者で、『妊婦のためのやすらぎを見つける *Finding Calm for the Expectant Mom*』の著者であるアリス・ドマー博士である。流産した後に、女性が近況を振り返ってなにが悪かったのか突き止めようとするのはめずらしいことではない。「人は理由を見つける必要があるのです。なにかひどいことができまかせに我が身に起こるのは耐えがたいことだからです」と博士はいう。だが女性がなにかをしたために流産が起こることはまれである。* たいていは染色体異常が関わっているのだ。

＊　流産に終わった妊娠の五〇～六六パーセントは染色体異常であったことが研究から判明している。女性が妊娠したことすら気づいていない、より早期の妊娠喪失では、染色体異常の率はおそらくさらに高いはずである。高校の生物学で教わるように、染色体とは各細胞の核内にある遺伝子を含む構造体である。ヒトでは各細胞に通常は二三対の染色体を持つ。受精の際に卵子と精子が融合すると、二セットの染色体（男性と女性から一セットずつ）が結びつく。受精卵の持つ染色体数に異常がある場合――つまり染色体が重複していたり、失われていたり、不完全だったりする場合――は胚の着床に問題が生じたり、早期に流産したりすることがある。

女性の年齢別確率：月あたりの妊娠率、流産率、ダウン症候群のリスク

女性の年齢が上がるにつれ、健康な赤ちゃんを妊娠、
出産することは難しくなる。

女性の年齢	月あたりの妊娠率	流産率	ダウン症候群のリスク
25–35	25–30%	10%	1/900
35	20%	25%	1/300
37	15%	30%	1/200
40	10%	40%	1/100
45	5%	50%	1/50
50	1%	60%	1/10

出典：HTTP://MARINFERTILITYCENTER.COM/NEW-GETTING-STARTED/INFERTILITY-BASICS

◉時間が敵になるとき

実際のところ、健康な妊娠をしたりそれを維持したりすることに関しては、年齢は女性に味方してくれない。年齢が上がるにつれ、女性は三重苦に見舞われることが多くなる。互いに関連しあう三つの生殖上の不幸な結末――不妊、流産、染色体異常（二一番染色体のコピーが三本存在する、ダウン症候群としても知られる二一トリソミーなど）――のリスク増加である。このことを大局的にみるために、次のように考えてみる。二五歳から三五歳までの女性の場合、いずれかの月に時期を選んで避妊せずにセックスすることで妊娠する確率は二五～三〇パーセント、流産のリスクは一〇パーセント、ダウン症候群の赤ちゃんが生まれる確率は九〇〇分の一である。これに対し、四〇歳の女性では同じようにセックスしても妊娠する確率は一〇パーセント、流産のリスクは四〇パーセント、ダウン症候群の赤ちゃんが生まれる確率は一〇〇分の一になってしまう。確率は

いくつもの点で高齢女性にとって不利なのだ。

妊娠初期は全流産のうちの八〇パーセントが生じる時期であるため、一二週ルールを守り、第二期［米国では一三〜二六週］になるまで妊娠を人に知らせない女性もいる。第二期まで来ると、危険がまったくなくなるわけではないものの、妊娠喪失のリスクは低下する。だが例外がある。女性の年齢が上がれば、リスク曲線全体も上がり続けるのだ。

女性の年齢が上がるほど、判明する女性不妊の原因が、気づかれなかった妊娠喪失である割合が増える――つまり女性は妊娠していることに気づくことすらなく胎児を失ってしまう。このような早期の妊娠喪失の原因は主に受精卵の染色体異常（男性、女性、またはパートナー両方が原因の場合がある）である。自分が妊娠していることを女性が知る唯一の方法は、尿検査でヒト絨毛性《じゅうもうせい》ゴナドトロピン（hCG）[†]というホルモン値の上昇を調べることだが、このホルモンは受胎後六、七日しないと尿中で検出されない。だが多くの女性は月経が一回飛んでしまうまで妊娠検査をせず、その時点では、特に四〇歳を超えている場合は、すでに妊娠喪失している可能性があるのだ。これがおそらく、スペインのバルセロナ大学の産婦人科医ファン・バラッシュが、男性の生殖能力の有効期限が四五〜五〇歳（ときにはそれ以上）まで延びるのに対し、女性の生殖能力の「『賞味有効期限』は三五歳」だとする理由のひとつである。

◉流産の謎

年齢を問わず、女性がうまく妊娠できた場合でも、このごろではその妊娠が脅かされるケースが増えてきているようである。近年、米国の流産率は、妊婦の年齢に関係なく上昇している。米国疾病管理予防センターの二〇一八年の研究によれば、一九九〇年から二〇一一年にかけて、米国の妊婦の流産リスクは年一パーセントの割合で増加していた。この率が西洋諸国での精子数や合計出生率の低下率と同じであることは注目に値する。これら生殖能力に関わるさまざまな率がいずれもほぼ同じペースで悪化しつつあるのだ――この新たな一パーセント効果は事実かつ憂慮すべきもので、収入とはなんの関係もないのだ！

もっともなことだが、流産した女性の多くはその後抑うつや不安を経験している。ドマー博士によれば、「女性が妊娠したことを知った瞬間、その赤ちゃんは自分のものなのです――彼女は名前と子供部屋について思いをはせます。だから流産してしまうと、それが死と受け止められる可能性があり、悲嘆のプロセスが強くなることもあります」。気を取り直すためのエピソードを述べるなら、かつての米大統領夫人ミシェル・オバマが回想録『マイ・ストーリー』〔長尾莉紗・柴田さとみ訳／集英社／二〇一九年〕で明らかにしたように、彼女は「孤独でつらく、ほとんど細胞レベルでやる気をくじかれる」流産の後、オバマ大統領とIVFに期待をかけてマリアとサーシャを授かっている。彼女が記すように「妊娠は勝ち取るものではない」のだ。

女性の身体は赤ちゃんを産むようにできているという考えで育てられてきたため、流産した女性はしばしば自分の身体に裏切られたように感じる。赤ちゃんを作れない場合、「自分の身体にはなんらかの欠陥があるように感じることが多く、それが自己イメージ、身体イメージ、自尊心に深刻な影響を及ぼすことがある」とシェイディ・グローヴ・ファーティリティの心理支援サービス責任者のシャロン・コヴィントンは記している。幸運にも再び妊娠した女性でさえ、健康な赤ちゃんを産んだあとの一か月間はうつ状態に陥りやすくなることがある。流産を何度も経験している女性では、精神的ダメージが深くなり、長びくことがある。同様に、生殖上の問題が続いているとカップルの仲だけでなく、女性の精神状態と性的幸福にも大きな影響が及ぶ可能性がある。

二度の流産を経験したあと、四〇歳になるダイアンは、新たな妊娠が一六週目まで順調に進んだことを喜んだ。自分の年齢と赤ちゃんがダウン症候群などの染色体異常を持って生まれるリスクの高さを考え、彼女は羊水穿刺《せんし》の予約を入れた。これは出生前検査のひとつで、子宮から少量の羊水を採取し、染色体の状態や胎児の感染症の有無を調べるものである（羊水穿刺は三五歳以上の妊婦では慣例的に行われる）。ダイアンの胎盤が子宮の前壁についていたため、検査担当医師は羊水を抜き取るのに苦労し、適切な羊水のサンプルを得るために針を何度か刺し直さなければならなかった。検査を終えた後、ダイアンは心穏やかではなかった。だが、健康な女の赤ちゃんがお腹の中にいるとの知らせを受けるとその気持ちも吹き飛んだ。彼女は夫と赤ちゃんをエラ・ローズと名づけ、暖かなワンジーを着せて抱いているところを想像した。ダイアンが前の夫ともうけたふたりの子供のときもそうしたのである。

次の出生前検査で、担当の産婦人科医は胎児の心拍を確認することができなかった。その後の超音波検査で、エラ・ローザが子宮の中で死んでいるという衝撃的な事実が確認された。医師による誘発分娩では過剰な出血が生じる恐れがあったため、ダイアンは亡くなった赤ちゃんを自然分娩できるようになるまで待たなければならなかった。「私の人生で一番長い三週間でした」と彼女は思い返す。流産の原因がダイアンの年齢によるものなのか、羊水穿刺――この検査では〇・一～〇・三パーセントの流産リスクがある――によるものなのかは判断がつかなかったが、彼女は深く心を乱された。「夫の子供を産めなければどうしようと思いました。夫はとても子供を欲しがっていたので、産めないと結婚が危うくなると思ったのです。自分が不完全な人間に思えました」とダイアンはいう。

その後何年も経ってから彼女が知ったことだが、彼女の習慣流産（妊娠二〇週未満［日本では妊娠二二週未満］の流産を三回以上繰り返すこと）の原因は、彼女の問題ではなく夫の問題だったかもしれないのである。

実際、習慣流産に悩むカップルの男性では、パートナーの女性が流産を繰り返したことのない男性と比べ、精子のDNA断片化の程度が二倍高く、また精子のDNA損傷の原因となる精液中の活性酸素値が四倍高いことが近年の研究で認められている。また習慣流産を経験しているカップルの男性は、そうでない男性と比べて精子の動きが悪く、形も悪かった。精液の質が下がれば、これまでに述べたように欠陥のある精子が増えていくため、流産リスクは高まる。そして、胎児を宿しているのが女性で、流産に男性が果たす役割が知られていないことから、往々にして感情的苦痛をまともに引き受けるのは女性なのである。習慣流産を生じた女性がその理由を突き止めるために生殖評価に回されるのはよくあることである。だが最新の知見によれば、男性パートナーも検査を受けるべきなのだ。*

＊　近年、ヘンリー八世の数人の妻（うちふたりは王に処刑されたことで有名）が何度も流産した原因は王自身にあったのではないかとの説が出されている。

また習慣流産が増加している可能性を示すデータも存在する。二〇〇三年から二〇一二年にかけて、スウェーデンの一八歳から四二歳の女性六八五二人の集団で習慣流産の発生率は七四パーセント増加していた。わずか九年という期間で急激に増加しているのだ！　あまりに急激なため、研究者らは、増加の理由の少なくとも一部は環境要因なのではないかと考えたが、彼らはそれがどの要因なのかまではあえて推測していない。

◉セレブ妊婦が与える偽りの希望

マスコミは四〇代で子供を作った有名人のママ（レイチェル・ワイズ、ジャネット・ジャクソン、ニコール・キッドマン、ハル・ベリーら）をよく取り上げる――そして彼女らは、大したことじゃないわ、ハリウッドでのいつものハッピーな一日よ、とでもいうような顔をする。彼女らにとっては結構なことだが、それでは普通の女性の判断を誤らせてしまいかねない。なぜなら彼女ら有名人が不妊クリニックの治療を受けたかどうかなどほとんど伝えられないからだ。有名女性の中には排卵誘発剤を服用したり、IVFを受けたり、あるいは卵子の提供を受けたりした人もいる――しかしそんな裏話がいつも語られるわけではない。確かにそれは公にするような話ではないが、その部分を省くことで、若い女性たちが自分も四〇代になるまで子供を作るのを延ばしても大丈夫と思いかねないのだ。

女性はあらゆる年齢で妊娠可能性を大幅に過大評価している。米国とヨーロッパで約二一〇〇人の女性を対象とした調査で、米国の女性の八三パーセントが妊娠するまでにかかる期間を過小評価していたことが明らかになった。同様に、妊娠可能年齢の女性は生殖能力や妊娠に対する加齢の影響についての知識がほとんどなく、多くは不妊治療の成功率や流産リスクの高さについて知らなかった。ノースウェスタン大学の研究では、二〇歳から五〇歳の女性三〇〇人に、五つの年齢（二五歳、三〇歳、三五歳、四〇歳、四五歳）での自然妊娠と生殖補助医療技術による妊娠の確率がどれくらいだと思うかを尋ねた。三五歳を境に、女性の推定値は大きく外れ出した。たとえば四〇歳での生殖補助医療を用いない場合の妊娠確率について彼女らが答えた数値は、研究で報告されている数値よりも約五〇パーセント高かった。

環境要因と加齢は、女性が妊娠し、出産予定日まで維持できる可能性に影響を及ぼし続けるため、女性はこの領域でどんなことが可能なのかについて現実を見ることが重要である。サイコロを振って勝ちを望んでいるだけでは痛ましい結果になりかねない。知識を持ち、妥当な期待を持つことで、現在女性と男性が直面している生殖上の問題のいくつかを軽減できる可能性がある。残念ながら、これらの問題について知識を得る労は女性自身がとらなければならないようである。なぜなら産科や婦人科の研修医ですら年齢に応じた生殖問題についてよく知らないからだ。彼らは女性の生殖能力が低下する年齢を実際より高く考えたり、ARTが成功する可能性を過大評価したりする傾向がある。デューク大学の女子大学院生を対象とした研究では、七〇パーセントの院生が、マスコミは四〇歳以降でも子供を産むことはできるとの印象を与えていると考えていることがわかった。それができる場合もあるが、できない場合もあるのだ。

近年、若い女性の中にはこのような不都合な現実に気づき始めた人々もおり、いざというときのためのヒト卵子の凍結保存が増えている――この方法を使えば女性が子供を持つのを遅らせる自由度が高まるのだ。卵子の凍結保存は生殖上の保険をかけるようなものである。だがここでも年齢がやはり問題となる。卵子を凍結保存する女性の年齢が若いほど、有効性は高まるのである。最適な期限は三五歳未満であり、その時点では生殖能力はなおもピーク付近にある。だが多くの女性は四〇歳に近づくまで、あるいはその節目を超えるまでこの方法を考えることがなく、その時点で卵子はすでに劣化してしまっている。つまり、出産は競争ではないのだが、女性が子供を作ったり、卵子を凍らせたりするチャンスには時間の制約があるということである。

理由を問わず、近年は生殖補助医療を利用する女性が増えている。二〇〇〇年から二〇一〇年までに、米国中の不妊治療施設でのIVF用の卵子提供は、年間一万八〇一件から一万八三〇六件へと約八〇パーセント増加した。二〇一七年の世界のARTの市場価値は二一〇億米ドル相当と推定されており、二〇二五年まで年間一〇パーセントずつ増加するとの予測がある。過去数十年で、不妊治療の「高齢化《グレイング》」と呼ばれる流れすら生じており、子供を作るという問題を解決するのに役立つはずとの希望を抱いてIVFを受ける四〇歳以降の女性が増えているのだ。だが技術であらゆる女性の不妊問題が解決できるわけではない。女性の年齢が上がるにつれ、妊娠へと進んだARTサイクル（新鮮非ドナー卵子による新鮮胚を用いる）で生児の出産までたどり着く可能性は低くなる。これは妊娠が流産に終わる割合が高まるためである。[*]

＊　さらに、胎児発育遅延、高血圧、早産などの妊娠合併症の確率も妊婦の年齢が上がるとともに増加する。そしてカップルの年齢が高いほど、生まれた子供に統合失調症や自閉症スペクトラム症などの神経発達障害が生じるリスクが高くなる。

先端的な不妊治療――アルファベットだらけのART、IVF、IUI、ICSIなど――が存在する素晴らしい新世界にあってさえ、科学の力をもってしても、不健康な生活習慣や、増加中の環境ホルモンによる乗っ取りや、加齢のために傷んだ卵子や損傷した卵管を埋め合わせることのできないタイムリミットが存在しうるのだ。年齢や生活習慣で変わらないものもある。それは不妊治療の費用と苦痛である。

確かに、女性の生殖能力は『侍女の物語』で描かれているほどのひどい苦境にはない。ともかくそこまでは至っていない。だが思春期早発、子宮内膜症、PCOS、流産、卵巣予備能低下が増えていることは確実にやっかいな問題であり、おそらくは不吉な未来を暗示している。女性において、リプロダクティブヘルスと全般的な健康リスクのつながりを示す証拠が増えてきているため、生殖能力の状態を脈拍数や体温にならぶ六番目のバイタルサインとみなそうという動きさえ出てきている。なにしろ、通常より卵子喪失や閉経が早いことと、将来の心血管疾患の発症リスク増加に関連が認められているのである。またPCOSには糖尿病や心血管疾患の罹患リスク増加との強い関連性があり、排卵障害の病歴があれば子宮がんになりやすく、子宮内膜症と卵管が原因の不妊は卵巣がんリスク増加の危険信号になっている。このような生殖障害は、いずれも増加しているとみられるが、将来の大きな健康問題の予測因子になっているのだ。

第4章 ジェンダー流動性

男女を超えて

　著名な生物学者にして性の研究者であるアルフレッド・C・キンゼイが一九四八年に記したように、「生物界はそれぞれの、そしてすべての要素において連続体なのである。このやっかいなヒトの性行動について学ぶのが早いほど、私たちは性の現実の健全な理解へと早くたどり着くはずである」。この文章はこれ以上ないほどの真実だが、性行動、性表現、ジェンダーアイデンティティの現実はますます複雑化している。

　ある人を男性、女性、ノンバイナリー、またはストレート、ゲイ、バイセクシュアル、アセクシュアルとするものがなんなのかという科学的問いは複雑かつ緊張をはらみ、魅力的である――そして容易に答えることができない。人々は昔からジェンダーアイデンティティや性的志向が遺伝的に決定されるのか、環境の影響を受けるのか――氏《うじ》か育ちかという問題――について考えてきた。治療では、「ゲイの患者はほぼ必ずなぜ自分がゲイなのかという問いを抱えています。ヘテロセクシュアルの患者は自分がなぜヘテロセクシュアルなのかとの疑問を抱いて受診することはありません」とコロンビア大学臨床精神医学教授ジャック・ドレシャー博士は述べる。教授は米国精神医学会のDSM第五版の性障害および性同一性障害に関する作業部会委員も務めている。

「ゲイ遺伝子」が存在するのかという問題は数十年にわたり激しく議論されてきた。その答えは、それほど簡単ではないというものである。シッダールタ・ムカジー医学博士が『遺伝子――親密なる人類史』〔仲野徹監修／田中文訳／早川書房／二〇一八年〕で記しているように、「一〇年近くにわたる集中的な探求ののちに遺伝学者たちが見つけたのは『ゲイの遺伝子』ではなく、数か所の〔ある染色体領域の〕『ゲイの遺伝子の位置』だった……『ゲイ遺伝子』は、少なくとも従来の意味における遺伝子ですらないのかもしれない。近くに存在する遺伝子を調節したり、遠くに存在する遺伝子に影響を与えたりするDNA領域なのかもしれない」。言い換えるなら、込み入っているのである。しかし、だからといって遺伝的要因が性的指向にまったく影響を及ぼしていないというわけではない。及ぼしていることは間違いない。

二〇一一年にレディ・ガガの曲「ボーン・ディス・ウェイ」が発売されると、またたくまにチャートのトップまで駆け上がり、すぐにさまざまなセクシュアリティの人々に支持された。一部には曲がゲイの権利と文化的受容をうたったこと、一部にはノリの良いディスコ調のビートによるものである。だがLGBTQ（レズビアン、ゲイ、バイセクシュアル、トランスジェンダー†、クエスチョニングまたはクィア）コミュニティの人々の中には、「このように生まれついた（ボーン・ディス・ウェイ）」という表現を認めない人々もいた。その主な理由は、それがセクシュアリティやジェンダーが流動的な人々には必ずしも当てはまらないからであり、そのような人々は増え続けているのである。二〇一七年の米国の三四万人以上の成人を対象としたギャラップ調査によれば、この増加は主に一九八〇年から一九九九年に生まれたミレニアル世代によるものであり、二〇一七年には同世代の八・一パーセントが自らをＬＧＢＴと考えていた。これに対し二〇一二年にはその割合は五・八パーセントだった。

◉セクシュアリティとジェンダーアイデンティティの違い

セクシュアリティが連続体のどこかに位置する――つまり多くの人々はいずれかの性にだけ引きつけられるわけではなく、その指向はどちらかという枠組みにとらわれず存在し、対象が変わる場合もある――ことが理解されてきたように、ジェンダーについても同じことがいえる。誤解のないようにいうと、ジェンダーと性別は同じものではないが、人々はこのふたつの概念をしばしばいっしょくたにしてしまう。ある人の性別は生物学的に決まる（一定の染色体、ホルモン、出生時の生殖器の存在に基づく）のに対し、ジェンダーは当人の根本的な内面の自己感覚、またその感覚に伴う感情、行動、態度に基づくものである。このごろでは、ジェンダーアイデンティティについて、男性と女性という両極の間にかなりのバリエーションが存在しうることが広く受け入れられるようになっている。だが専門家の中には、ジェンダー連続体という概念を批判し、この概念は人が個人的ジェンダーを確立するうえでの無数の可能性を考慮していないと指摘する人もいる。著書『生まれついたジェンダー、育まれたジェンダー *Gender Born, Gender Made*』の中で、ダイアン・エーレンサフト博士は、「横方向と縦方向の三次元の中で複雑微妙な経路をとりうるジェンダー・ウェブ」という言葉を好んで使っている。

確かに、トランスジェンダーの人々の中には、ジェンダーの点で一貫したアイデンティティを経験しない人もいる。そのようなひとり、ロサンゼルス在住のジェンダー・ノンコフォーミングのライターでプロデューサーであるジェイコブ・トビアは回想録『めめしい少年：ジェンダー物語の始まり *Sis-*

sy: A Coming of Gender Story』に次のように記している。「自分について常に変わらずわかっていることはたくさんあったが、自分のジェンダーはそうではなかった。自分が少女なのかわからなかった……が、自分が少年ではないとの確信も持てなかった」。トビアは「自分のジェンダーはタマネギのようなものだと思う」ようになった――いくつもの層があるが、はっきりした芯がないのだ。

一般に、ジェンダー流動性とは、人間は文化的に男性性とされているものと女性性とされているものが入り混じった存在なのだという感覚を反映している。この流動性の程度は人によって異なる場合がある。「ある人にとってはこの流動性は、自分のジェンダーが一生のうちに変化することをいうのに対し、別の人にとってはもっと頻繁に、ひょっとしたら日ごとあるいは時間ごとに変化することをいうのです」とコーネル大学の発達心理学名誉教授で『だいたいはストレート：男性における性的流動性 Mostly Straight: Sexual Fluidity among Men』の著者であるリッチ・サヴィン＝ウィリアムズ博士は述べる。朝目覚めると男みたいに感じることもあれば女みたいに感じることもあるとか、なにかが起こって突然男っぽく、あるいは女っぽく感じることがあるとかいう人がいるが、なにが原因でそのような変化が生じているのかはよくわかっていない。それは生物学的な要因、心理学的な要因、環境的な要因、あるいはそれらが組み合わさったものなのだろうか？

自らをジェンダー流動性があると自認する人の数が増えている印象があるが、それが実際にそうなのか、あるいは「現在ではジェンダー流動性という概念が知られるようになったために、人々が流動的であることを認めやすくなっている」だけなのかは明らかではないと博士はいう。だがこのようなアイデンティティの問題を受け入れるのが必ずしも容易ではない人もいる。性別違和と呼ばれる状態の人々は、自分の男性または女性としての感情的、心理的アイデンティティが出生時の性別と一致していない、またはつながっていないと感じ、強い苦痛を経験している。この状態が幼児期に始まることもあり、その場合はしばしば早発性性別違和と呼ばれる。子供によっては、性別違和が思春期ごろに始まることもある。女の子として生まれた子供が、間違ったジェンダーの身体に生まれついてしまった――本当は男の子であるはずだった――と常に感じていることもあれば、胸がふくらみ、陰毛が生え始め、他にも思春期に伴う変化を経験するころにこのように感じ始めることもあるということである。

ジェンダーアイデンティティと性的指向はしばしば混同されるが、両者はまったく別のものである。人によっては、自らのジェンダーアイデンティティが変化することがあっても、性的に引きつけられるジェンダーが変化するわけではないのに対し、ジェンダーアイデンティティと性的に引きつけられるジェンダーがいずれも変化する人もいる。一方で、自らをバイナリー――明確に男か女のいずれか――と自認する人の中にも一貫して異性または同性に引きつけられる人もいれば、両性に引きつけられる人もいる（バイセクシュアルの場合）。ある意味で、ジェンダーアイデンティティと性的指向は異質なものの組み合わせの問題で、多様なパターンを取ることがあり、しかも長期的に変化する可能性があるのだ。

ある人のジェンダーを指すために使われる言葉はたくさんあって複雑であり、その語彙は変化し続けている。[*]私はこの問題の専門家ではないが、性発達と生殖発達がいかに環境要因に影響を受けるのかについての専門家である。これからこの分野についてお話ししたい。

＊ ジェンダーアイデンティティは非常に複雑化しており、人づきあいの中で失敗が非常に起こりやすくなっているため、カリフォルニア大学ロサンゼルス校の社会学・ジェンダー研究のふたりの教授は、先ごろ「ジェンダー中立的代名詞を標準として使い、長期的目標としてあらゆる人について『彼ら（they/

them)』という代名詞を使う」ことを提案している。だがxe/xemやze/hirなどの、新代名詞とも呼ばれる言葉を使おうという人もいる。このような好みや提案に同意するかどうかはさておき、このような表現はまさに私たちの世界でジェンダーの概念が社会的、言語的にいかに変化しつつあるかを示すものである。現在では、どのような代名詞で呼ばれたいのか相手に尋ねたり、三人称で呼ぶ場合でも、シンプルに名前を使ったり（「ジュリアンがいうには……」）するほうが安全である。

◉ジェンダーがぼやけている背景にはなにがあるのか？

ジェンダーアイデンティティの問題について、科学者やメンタルヘルスの専門家が考察している問いの中には以下のものがある。人々が心の奥深くの自分らしさを生きる権利について社会の側の態度が変化し、広く受け入れられるようになってきたことが、見かけ上の増加に影響しているのではないだろうか？　生物学的要因がなんらかの役割を果たしているのだろうか？　環境中の未知の化学物質が人のセクシュアリティやジェンダーアイデンティティの発達に影響を与えている可能性はないのだろうか？

二〇一九年にサイコロジー・トゥデイ誌に掲載された論文で、ジョージタウン大学医学部臨床精神医学教授のロバート・ヘダヤ医学博士が次のように記している。「数十万年という人類の歴史を経て、ヒトのジェンダーの根本的事実がぼやけつつあることはまったく驚くべきことである。これには多くの理由があるが、そのひとつは、可能性の高い原因として取り沙汰されているのを目にしたことはないが、内分泌かく乱化学物質（ＥＤＣ）の影響である」。

他の多くの医師や研究者もこのことを不思議に思っている。私たちの身近にある化学物質がジェンダーアイデンティティに影響を及ぼしているかどうかという問題は触れてはいけないタブーのようになっている――明らかであり、重大だが取り組むのはやっかいで困難なのである。ある科学的な説は、子宮内でＥＤＣ、特に胎児がさらされるテストステロン量を減らす可能性のあるフタル酸エステル類に曝露されることが、なんらかの原因となっている可能性を指摘している。このような化学物質には、男性の自閉症スペクトラム症（ＡＳＤ）のリスク増加との関連性も認められている。興味深いことに、ＡＳＤと性別違和は、一見関係のない疾患同士に思えるが、予想以上に併発することが多いのだ。別の説は、ＥＤＣが脳内の複雑な生化学的経路を混乱させ、人が出生時の生理学的性別になじんだり、行動を通じて自分のジェンダーを表現したりする仕組みに影響を及ぼしているのではないかというものであり、いずれの場合も性別違和を生じる可能性がある。

　現在ではアセトアミノフェン（タイレノール）にも抗アンドロゲン作用（テストステロン値を低下させるなど）があることがわかっている。発達学的にいうなら脳の基本型は女性であり、妊婦が妊娠中に抗アンドロゲン作用を持つ化学物質にさらされると、私たちの研究で示したように、生まれた男児の脳はそれほど「男児に典型的」なものとならず、男児に典型的な行動を示さなくなる可能性が高まる。近年、妊娠中にホルモン模倣化学物質にさらされることで、男児と女児の間でしばしば認められる、脳が関わる性差の一部が弱まる可能性があることを私たちは発見した。通常は生後三〇か月の時点では、言葉の遅れ――わかる言葉が五〇語未満――のみられる男児は女児より約二倍多い。妊娠中にフタル酸ジブチル（ＤＢＰ）[†]と呼ばれる抗アンドロゲン作用のあるフタル酸エステル類にあまり曝露されていない場合や、タイレノールを服用していない場合は、生まれた子供の言葉の遅れの性差は大きい。これに対し、妊娠中にＤＢＰやタイレノールに多量に曝露された場合は、男児と女児の間の言語獲得の差はほとんどみられない。簡単にいえば、性別間の言語発達の差はこのような化学物質にさらされることであいまいになるということである。他の多くの性質もそうなのではないかと私は考えている。

実際問題としては、EDCがジェンダーアイデンティティに影響を及ぼしているかどうかの真相を探ることは困難である。まず動物実験に頼ることができない点がある。多くの実験が、環境化学物質にさらされることで性行動（たとえば同性間の交尾を生じるなど）や生物学的特徴（オスとメス両方の特徴を持つ「間性《かんせい》」のカエルや魚の出現）が変化することを示しているものの、このような結果はいずれもジェンダーアイデンティティを反映しているわけではないからだ。少数の例外（チンパンジー、ゾウ、イルカなど）を除き、ほとんどの動物には自己意識がなく、それぞれが別々の個体であるという自己感覚がなければ、ジェンダーアイデンティティという概念も成り立たない。

人間には自己意識がある――ともかく私たちのほとんどには――ため、事情は違ってくる。だが人間では、ランダム化比較対照臨床試験で、たとえば遺伝子の特徴がほぼ同じ一卵性双生児を乳幼児期に故意に大量のEDCに曝露させ、セクシュアリティやジェンダーアイデンティティにどのような影響が出るかを調べることはほぼ不可能だろうし、まったく非倫理的であることはいうまでもない。もし可能であっても、そのような研究の結果から、セクシュアリティとジェンダーアイデンティティの発達の臨界期が妊娠中にあるかどうかについて、あまり情報が得られることはないだろう。だが妊娠中は性器と脳が発達する時期であることからその可能性は高い（この点については第5章でくわしく取り上げる）。

次に、どのような評価項目を生後どの時期（何歳）に測定すればよいのかという問題がある。たとえば、脳の機能、社会的行動、自己概念のいずれかを測定すべきなのか？　あるいは他のものか？　調査では二値的項目（男性か女性か）を用いることが多く、またジェンダーアイデンティティの問題は非常に個別差が大きいため、答えはさらにわかりにくくなる。

　このような理由から、人々のジェンダーアイデンティティを評価するにあたり、女性性と男性性の程度を測定する尺度を用いることを提唱している研究者もいる。スタンフォード大学の研究者がジェンダーアイデンティティ（自己認識と他者の見方に基づく）について一五〇〇人以上の成人を対象とした全国調査を実施したところ、自分の性別（出生時の性別）についてのアイデンティティ尺度で自分を最大値と評価した人は、回答者の三分の一に満たないことが判明した。そして非常に意外なことに、回答者の七六パーセントが女性性と男性性の特徴が混じったジェンダー特性を示したのである。回答者に自らの回答について自由回答形式でコメントを書いてもらったところ、自分の男性性または女性性についての全般的な感覚を示すにあたり、彼らが、外見、性格特性、職業、趣味などのさまざまな要素を考慮していたことが明らかとなった。たとえばあるシスジェンダー†の男性（つまり男性として生まれ、男性と自認している）は自らを女性性尺度で六段階のうち二、男性性尺度で六段階のうち五と評価し、「自分はメトロセクシュアル［ファッション、ショッピングなどにも関心を持つ都会的男性をいう］なグループに属していると思う。女が好きな男で、多くの友人より少しばかり肌、衣服、外見にこだわりがある」と述べている。

　研究著者のひとりとして、スタンフォード大学社会学准教授のアリヤ・サパースタイン博士は、後に同大学の貧困と不平等研究センターの二〇一八年のジェンダーアイデンティティに関する年次報告で、次のように記している。「ジェンダーの多様性は女性と男性の区分の中、またシスジェンダーとトランスジェンダーの区分の中にも存在する。ちょうど民主党と共和党という所属政党の中でも、リベラルから保守にわたるイデオロギー的立場にばらつきがあるのと同じように、同じジェンダー区分を自認している人々も——自認と他者による認識として——女性性と男性性にばらつきを示すのだ」。言葉を変えれば、私たちの多くは男性性と女性性の両極の間のどこかに位置している——そして正確な位置は日によって変わることもあるのだ。

◉両ジェンダーのはざま

基本的な解剖学的違いを超えて、ある人を男性または女性とするものはなにかという問いには、生物学的にいっても、今なお確実な答えがない。一定の生殖器が存在し、もう一方の生殖器が存在しないことだろうか？　声が低くなり、体毛や筋肉量が増えるなどの第二次性徴がみられることだろうか？　あるいはその人の持つエストロゲンとテストステロンの比率に関係しているのだろうか？　一般にエストロゲンは女性ホルモンとされ、テストステロンは男性ホルモンとされているが、いずれの性別の身体にも、比率は異なるものの、両方のホルモンが存在する。ある女性の身体が、たとえば遺伝的異常のために、ほとんどの女性の身体よりも多くのテストステロンを作り出す場合、あるいは細胞のテストステロン感受性が著しく高い場合、その女性は筋肉の増大、顔毛と体毛の増加、そして場合によってはクリトリスの肥大などの男性的第二次性徴を生じる可能性が高くなる。

このことは長年にわたり、特にトップレベルのスポーツ界で繰り返しやっかいな問題となってきた。トップレベルの女子競技スポーツ選手の中には、一部の男性でも他の男性よりテストステロン値が高い場合があるのと同様、生まれつきテストステロン値が平均的女性より高く、筋肉量も多い人がいる。

だが競技スポーツに関わる有力団体はしばしば性別確認検査を選んできた。染色体検査（口腔粘膜検体採取法により選手の口内から細胞を採取し、女性に特有のXX染色体パターンの存在を調べる）は一九六八年の夏季オリンピックの際に国際オリンピック委員会により採用された。この染色体検査はそれまでの性別確認法からの大幅な進歩とみなされた。それまでは、女子選手は医師団の前を裸で進み、規定の性器チェックを受けるか、仰向けに寝て膝を胸の部分で抱えた状態で医師の詳細な確認を受けなければならなかった。*

＊　このような検査では、「目的は女子競技で男性が女性のふりをするのを防ぎ、また性発達障害†を持って生まれた女子アスリートの『不公平な男性的』優位性に対する懸念を抑えることにあった」とスポーツにおける性別／ジェンダー確認方針に関する国際ワークグループの共同創設メンバーであるアリソン・カールソンは説明する。この問題は、二〇世紀中ごろに、多くは東欧圏諸国の多くの女子アスリートが筋肉がつきすぎていたり、外見が女性らしくないように見え、競技で圧倒していた時期にまでさかのぼる。

染色体検査は常に議論の的となっており、遺伝学者や内分泌学者の中にはこの検査を好まない人たちもいた。ある人の性別は、ひとつの因子だけでなく、遺伝的、ホルモン的、生理学的因子が重なることで決まるというのが彼らの主張だった。男性が自らの男性性の証明や確認のためにこのような検査を受けさせられることがなかったことは注目に値する。だが重要な点は、解剖学的構造、各種ホルモン値、体組成、その他の生理学的因子については、男性と女性のいずれにもかなりの個人差があるということである。このため、スポーツ界のこの決定で危ぶまれる懸念のひとつは、生まれつきテストステロンを作り出す量が多い女性が女子の競技大会への出場を禁止されるのなら、それがきっかけとなって、他の生理学的な例外を持つ選手についても、なし崩し的に出場が禁止されることになりはしないだろうか、ということである。*

＊　南アフリカの中距離走選手でオリンピックで二度金メダルを獲得したキャスター・セメンヤは、女性として競技し、世界トップクラスの女子アスリートとしての自身の立場を守る権利を求めて長年にわたり闘っている。出生時には法的に女性とされたセメンヤは、アンドロゲン過剰症（彼女の身体はほとんどの女性よりも多くのテストステロンを作り出す）であるために、自身のジェンダーが絶え間なく吟味の対象とされる状況を経験してきた。同様に、インドのトップ短距離走選手デュティ・チャンドは、ライバル選手やコーチらが国際陸上競技連盟に彼女の体格が男性的ではないかと告発したことで、女性としては元来テストステロン値が高いことが判明した。二〇一四年に女性として競技に出場することを禁じられ、医学的にテストステロン値を減らせば競技に戻れると告げられたが、彼女は拒否した。

複数の観点からみて、これはきわめて複雑に入り組んだ問題である。ジェンダーアイデンティティだけでなく、人権、プライバシー権、生まれついた体の状態で競技する権利なども関わってくる。究極のところ、エリートのプロスポーツ選手や競技スポーツ選手ともなれば、生来、おそらくは遺伝的に、競技上の優位性をもたらす属性が備わっているものである。オリンピックで八個の金メダルを獲得したジャマイカの短距離走選手ウサイン・ボルトの並外れて長い脚、あるいは二八個のメダルを獲得してオリンピック史上最高の選手となった競泳のマイケル・フェルプスの信じがたいほど長い指極（両腕を広げたときの指先から指先までの幅が二〇一センチメートルある）を考えてみて欲しい。彼らのような人々が、その生まれつきの生物学的優位性のために競技への参加を禁じられるべきだろうか？　男性のテストステロン値が並外れて高い、または低いからといって競技資格を奪われるべきだろうか？　競技スポーツではどこにジェンダーの線を引くべきなのだろうか？　これは実に難しい問題である。

◉自己発見の時代

解剖学的構造や生物学的特徴は別として、ヒトのジェンダーアイデンティティの感覚は普通は幼児期に、しばしば三歳までに発達する。赤ちゃんは一歳になるまでに男女を見分けられることが研究からわかっているが、性差をそれと認識し、理解する能力は生後一八か月から二四か月あたりまで現れない。その後、幼児はジェンダーと身体的外見や活動に関する具体的な結びつけを発達させ始める。

興味深い典型例をみてみよう。数年前、トレーシーは三歳になる息子のエイドゥンから弟が欲しいから赤ちゃんを作ってとせがまれた。二〇一五年にバリーが誕生すると、エイドゥンの願いはかなったようにみえた。だが三歳の誕生日を迎える少し前に、バリーはママの服で着飾ることがお気に入りになり、ピンク色にこだわりを見せ、普通の男児用玩具ではなく人形で遊びたがるようになった。ある日、バリーはトレーシーに「私はママみたいに女の子だよ！」と言い放った。バリーは自分の身体の形に大きな不安を感じており、ふたりで風呂に入ると、ママのおちんちんはどこにあるのか尋ねるのだった。「バリーは私がおちんちんをなくしたから、一緒に探しにいかなくちゃ、と言い張ったものです」と在宅でグラフィックデザイナーの仕事をしている三四歳のトレーシーは振り返る。ある日、トレーシーがバリーを着替えさせていると、彼は自分のペニスをつかんで叫んだ。「おちんちんいらない！　おちんちんいらない！」――これは身体嫌悪の現れであり、母親を大いにあわてさせたのだった。

その後まもなく、バリーは自分を女の子として認め、扱うように言い張り、ピンク色やあからさまに女児的な服しか着なくなった。バリーの両親はこのような要求を受け入れ、バリーを「彼女」と呼び始めたが、名前はまだ変えていない。エイドゥンもバリーを妹と紹介している。「彼女はまったくの小さな女の子なのです――腰から下はすべて完全に男の子であることを除けば。女の子の服を着るようになると、彼女は別人になりました。言葉遣いが変わり、よくしゃべるようになったんです。写真用にポーズをとるときは、お尻を突き出します。踊れば女の子のような動きで手をひらひらさせます。それまでよりハッピーになったんです」とトレーシーは語る。四歳になったバリーは引っ込み思案ではなくなり、保育園に通い、友達と遊び、お茶の会をすることを楽しんでいる。「彼女がどんな子であろうが、私たちは一〇〇パーセント彼女を受け入れています。でもこのことが自分の子供に起こって欲しくはなかったですね。彼女がこれから世の中でぶつかるだろう困難を思えば」とトレーシーは語る。

バリーの早発性性別違和とは対照的に、医師たちは近年一〇代の子供たちが思春期中や思春期後に初めて突然に、つまり急速発症性の性別違和（ROGDとも呼ばれる）を経験する現象に気づいている。良い面では、ソーシャルメディアが登場することで、自らのジェンダーアイデンティティや性別違和の問題に悩んでいるティーンエイジャーは、気のあう同志や支援を見つける方法を手に入れられるようになった。悪い面としては、一部の専門家の懸念として、このようなオンラインの影響のために違和感を煽られている人もいる可能性がある。

二〇一八年に行われたあるオンライン調査が物議をかもしている。この調査は三つのウェブサイトで、急速発症性性別違和†の気配を見せているらしい子供を持つ親二五六人を募集し、九〇の質問に答えることで自分たちの考えを伝えてもらうよう呼びかけたものである。親たちによれば、このサンプルの子供のうち八三パーセントは女性として生まれ、四一パーセントは別のジェンダーと自認するまえに非異性愛者であることをカミングアウトしており、六三パーセントは性別違和が認められるまでに少なくともひとつの精神疾患（不安症、うつ病、摂食障害など）または神経発達障害（注意欠陥多動性障害や自閉症スペクトラム症など）の診断を受けていたとのことだった。

この調査は議論を巻き起こした。質問を尋ねたのが子供ではなく親だったためであり、またなんらかの社会的感染［不安や恐怖が生み出す嫌悪・差別・偏見のこと］の要素が働いていた可能性があったためである。だが他にも不快感の原因となった点があった。それは、精神疾患、性やジェンダーに関わる心的外傷、自分の感情や厳しい現実から逃れたいという願望、親の離婚や死などの大きな家族ストレス、あるいは強い親子間の葛藤などの他の要因が、性別違和の一因として関わっているとみられると研究者が結論づけたことである。

二〇一九年にブラウン大学の博士課程学生でトランスジェンダーの権利運動の活動家であるアージー・ジャヴェラナ・レスターが、『アーカイヴス・オブ・セクシュアル・ビヘイヴィアー（The Archives of Sexual Behavior）』に掲載されたこの研究についての批評で記しているように、「方法論的問題と研究デザイン上の問題のほとんどは、この現象を病理化の枠組みと病理学的用語を使って、感染症（「性別違和の集団発生」）や障害（「摂食障害や神経性やせ症」）と同じものととらえ、記述し、理論化したことから生じている」のだ。トランスジェンダー活動家の多くはレスターの見解に同意しており、この調査の方法と分析のために、性に関する従来の固定観念に従うことを拒むジェンダー・ノンコンフォーミング†な若者の体験にさらなる汚名が着せられていると考える活動家もいる。

他にもちょっとした問題がある。トランスジェンダーとして受診する思春期前の子供の中には、青年期に達したときには性別違和ではなくなっており、後にシスジェンダーと自認するケースがある。これはデシスタンス（離脱）† と呼ばれ、このような子供が社会的あるいはホルモン的にジェンダーの移行へと進むのを思いとどまらせる根拠としてしばしば用いられる。これもやはり含みを持つ言葉である。というもの犯罪学の分野では、デシスタンスは攻撃的あるいは反社会的な行動をとらなくなることを意味するからだ。興味深いことに、ホルモン治療に進み、社会的に別のジェンダーに移行する子供は、自分のトランスジェンダーアイデンティティについて、「持続性《パーシスタンス》」（あるいは永続性）を示す傾向が強いとペンシルベニア州立大学の心理学・小児科学教授のシェリ・ベレンバウム博士は指摘している。だがその持続性が、そのような行動を取ることで子供が本当の自分になることができるためなのか、どちらかのアイデンティティを引き受けることで本質的にひとつの筋道を選ぶよう自らを急き立てているためなのかは不明である。

ベンは、自らのジェンダーアイデンティティと折りあいをつけられるまでに長い時間がかかった。女性に生まれたものの、彼はいつも女性であることに違和感を感じ、なじもうと四苦八苦していたという――子供のころは木登り、バレーボール、工作道具セット遊びを好んだ。人形も持っていたが、それで遊ぶよりも分解してどのような仕組みになっているのかを調べるほうが面白かった。

一九歳で結婚し、二五歳で夫とともに妊娠を試みたが果たせなかった。結婚は失敗に終わり、離婚後、ベンは立て続けに男性と関係を持ち、三人の女性とも短い恋をした。その時点で彼がセラピーを受け始めると、ついに自らのいう「やっかいなジェンダー問題の箱が開いた」のである。自分の中に力を感じようと彼は武術やボクシングを始めた。だがなにも役に立たなかった。ベンの月経はいつも長くて痛みがあり、また感情的につらいものでもあったことから、セラピストは月経から休暇を取るようアドバイスした。このためベンは月経を調整しようと、三か月に一度注射するプロゲステロン製剤のデポ・プロベラを使用し始めたが、この薬を使うと体調が一層悪くなるように感じられた。そこでその副作用を抑える目的で低用量のテストステロンの注射を受け始めた。テストステロンを注射すると「温かい風呂に入っているようで——自分の身体に合った化学物質のように感じました」とのこと。それまでは「体の中がエストロゲン中毒になっていたような気がします」。

この身体的変化は、彼が扱いに苦労してきたあらゆる感情とあいまって、自分がトランスジェンダーであることに気づくのに役立った。彼は三九歳でテストステロン療法を受け、最終的には乳房と子宮の切除手術を受けている。最近では、彼は自分をゲイの男性と自認し、ゲイの男性として長年生きてきたエドと幸せな結婚生活を送っている。現在五六歳になったベンはニューヨーク市のカウンセラー、教育者であり、「この遍歴を切り抜けられたことは幸運だったと思うし、いまではこの人生と身体に満足し、安らかな気持ちでいます」と語る。

◉バイナリーな境界のぼやけ

ジェンダーとセクシュアリティを疑問の余地なく定義することは複雑な難題である。そこには多くの微妙な差異や側面が存在し、その一部は身体的なものである。一部の研究者によれば、外性器異常を持って生まれる魚、カエル、爬虫類がいることに加えて、外性器異常を含むさまざまな間性《かんせい》の特徴を持って生まれる子供の数が増えているという。半陰陽《ふたなり》という言葉を用いると侮蔑的に聞こえるため、間性が言い換えとして使われるようになった。さらに近年では、性発達障害（ＤＳＤ：disorders of sex development）が望ましい医学用語となっている。

とはいえ、さまざまな間性の有病率については信頼性の高い統計数値を得にくい。これは研究者の間でヒトの間性の定義について必ずしも意見が一致しているわけではないことも一因である。この言葉は一般に、生まれたときの生殖器や外性器の解剖学的構造が、一般的な男性または女性の定義に当てはまらないさまざまな状態を示すために使われる。簡単そうだと思われるだろうか？　それが必ずしも簡単ではないのだ。なぜならこのような異常には、外性器の異常、体内の生殖器の異常、外性器と体内の生殖器の不一致、性染色体異常、その他の異常な状態が含まれるからである。

たとえば、解剖学的に典型的な男性と女性の中間と思われる性器を持って生まれた子供——たとえばクリトリスが並外れて大きかったり、膣開口部のない「女児」、あるいはペニスが非常に小さかったり、陰嚢に陰唇に似た割れ目がある「男児」——は間性とみなせるだろう。同じことが、外見は女児に見えるが体内に主に男性の解剖学的構造を持っている赤ちゃん、またＸＸ染色体の細胞とＸＹ染色体の細胞をあわせ持つ赤ちゃんなどにもいえるのだ。間性には先天性副腎過形成（ＣＡＨ）†を持って生まれた子供も含まれる。この遺伝性疾患ではストレスホルモンのコルチゾール†値が低く、アンドロゲン（男性ホルモン）値が高くなり、女児では外性器が男性化し、男児と女児のいずれでも思春期が早まる。思春期になって初めて、あるいは不妊であることが判明して初めて体のつくりが間性であることがわかる人もいる。そして、北米インターセックス協会（Intersex Society of North America）によれば、「自分が間性の身体であることを（自分を含めて）誰にも知られることなく生きて死ぬ人もいる」という。

間性の定義にはかなりの困難が伴い、その有病率を明らかにすることはなおさらである。病院で医師が明らかに普通ではない性器を持つ赤ちゃんの分娩を扱う事例から判断するなら、間性の赤ちゃんの発生率は出生一五〇〇例あたり約一例と推定される。だが他にさらに微妙なタイプの構造の生殖器を持って生まれてくる赤ちゃんも多く、それが診断されないままとなっている可能性もある。実際、米国のチルドレンズ・ナショナル・ヘルス・システム（Children's National Health System）の専門家は、なんらかのタイプのDSDは新生児一〇〇人におよそひとりの割合で生じていると主張している。現時点で、このような状態がどれほど多いかを見極めようとしても当てっこをするようなものである。

それでも、一部の研究者は、環境中のEDCなどの化学物質がいろいろな形の間性に影響を及ぼしているのではないかと考えている。なんといっても、出生前に多量のEDCに曝露されたこと――たとえば、親が仕事で農薬やフタル酸エステル類に曝露していたなど――と男児新生児の外性器形成異常のリスク増加との間に関連性があることが、研究で認められているのだ。またノーステキサス大学の研究者は、EDCがヒトの性分化に影響を及ぼす可能性のある生理学的経路を探っている。

先に述べたように、Y染色体を持つ胎児は、妊娠中の適切な時期にその精巣で十分な量のアンドロゲンが作られることで、表現型として、つまり姿かたちとして男児となる。もし内分泌かく乱化学物質によってこの過程が妨げられると、胎児は実質的に女児（生物学的にいえば基本的性別である）へと発達するか、外性器異常（すなわち、男性と女性両方の生殖器の要素を持つ）を生じる。ノーステキサス大学の研究者が指摘しているように、このような化学物質によって脳内の複雑な生化学的経路がうまく働かず、そのために「人が自分の生理学的性別にどのように結びつき、自分のジェンダーを行動のうえでどのように体現するか」に影響が生じる可能性があるのだ。

動物研究から、子宮内でのホルモン曝露が性に関わる身体的、神経的発達に影響を及ぼす仕組みに関わる証拠が得られている。たとえば、げっ歯類の性行動が、子宮内ですぐそばにいた胎仔《たいし》の性別によって変わることが示されている。子宮内でメスの胎仔が二匹のオスの胎仔とともに成長した場合、隣りあったオスの胎仔それぞれからわずかに余分な量のテストステロンを浴びる。その結果、メスの胎仔の性器はいくぶんオス化し、性的に活動的になったときに他のメスにマウントしやすくなり、オスに引きつけられにくくなる。別の研究では、子宮内でビスフェノールA（BPA）にさらされたオスザルが、出生後、母ザルへのしがみつきと社会探索行動などの、よりメスらしい行動を示すことが認められている。原則的に、子宮内のホルモン源がどこなのか——化学物質なのか天然のホルモンなのか——は関係がない。いずれでも外性器の発達と性差特有の行動に同じ変化が生じうる。

ヒトでは、子宮内で特定の化学物質に曝露されることが、成長したときのジェンダーアイデンティティに影響を及ぼすかどうかについてはなおも不明な点が多い。だが次のことについては確かにわかっている。出生前に内分泌かく乱化学物質にさらされることで男児の遊び方に影響が生じるらしいのである。私が行ったある研究で、お母さんたちに、四歳から七歳の子供がどのような遊び方をしたか、標準的な「遊び行動」の質問票を使って尋ねたところ、子宮内で、胎児期のテストステロン値を低下させることのある強力な化学物質であるフタル酸ジ-2-エチルヘキシル（DEHP）の曝露量が多かった男児では、「男性性尺度」のスコアが確実に低い——つまり人形で遊ぶことが多く、トラックや銃ではあまり遊ばなかった——ことが判明したのである。同様に、二〇一四年のオランダの研究では、同じ遊び行動の質問票を使い、ダイオキシン類とPCB類への曝露が男児では女児らしい遊び行動と関連している一方、女児では女児らしくない遊び行動と関連していることが認められている。

一方で、幼児期に多量のアンドロゲンへの曝露が生じるCAHを持って生まれた女児を対象とした研究では、その子が女の子として育てられた場合でも、より男児的な行動を示す場合が多いことがわかっている。彼女らは「典型的な」男児のように男児的ではないが、「典型的な」女児よりは男児的なのである。自由に遊んでもらったところ、二歳半から一二歳までのCAHの女児は、CAHではない女児よりも男児用玩具、とりわけトラックで遊ぶことが多く、CAHではない女児よりも典型的な女児用玩具（人形など）に興味を示すことが少なかった。また彼女らは性別違和を示すことや、あまり女性らしくないと自認することがわずかに多いとベレンバウム博士は語る。「でもCAHの女児の圧倒的多数は女の子と自認します」。

ではこれらのことはまとめて本書の文脈ではなにを意味するのだろうか？　簡単にいえば、環境化学物質には、生殖発達への生理学的影響に加え、ジェンダーアイデンティティや性別に関する好みにも影響を及ぼす可能性があるということである。このようなタイプの流動性はそれ自体が良いわけでも悪いわけでもないが、希望の兆しを示しているのかもしれない。ほぼ間違いなくこのような傾向が増加しつつあることを受けて、私たちは、ジェンダーという点でどのように自らを表現し、自認しているかにかかわらず人々を受容する偏見のない社会へと徐々に変わりつつある。私たちが素晴らしい包括的《インクルーシヴ》なノンバイナリーの新世界を作り出す方向へと向かっている中で、これは議論の余地なく良いことである。

第2部　このような変化の原因とタイミング

第5章

脆弱性が生じる時期

タイミングがすべて

◉規則に従う

顕微鏡でしか見えない大きさではあるが、精子は力強く快活な泳ぎ手である。このオタマジャクシに似た細胞は周囲の多様な攻撃を受けても立ち直り、さまざまな障害物（やあ、頸管粘膜！）をかいくぐって進み、男女の生殖管を通り抜ける厳しい旅を生き延び、発生中の胚に強力な遺伝的影響を及ぼすことができる。だが、精子は驚くほどもろくもあり、とりわけ男児の発達の臨界期には脆弱性が高まる。

この繊細で勤勉な「微小動物《アニマルキュール》」（アントニ・ファン・レーウェンフックが一六七七年に顕微鏡で精子を初めて観察した際にそう呼んだ）に対するダメージは男性の生涯のいかなる時点でも生じうるが、とりわけ男性が精子を失ったり、精子にダメージを受けたりしやすい時期がある。そのような危険性の高い時期とは、生殖細胞（精子へと成熟する始原生殖細胞）、あるいは精子自体が急速に分裂、増殖、または分化している時期である。生殖器系発生で最も敏感な期間は妊娠第一期で、この時期には性器、また精子を生み出す生殖細胞が形成される――この時期は生殖プログラミング作動期間と呼ばれる。生後二か月から四か月までの期間は、テストステロンを含むアンドロゲンの生後早期の急増が生じることから、しばしば小思春期と呼ばれ、やはり外界の影響因子に対する感受性が高いと考えられている。興味深いことに、テストステロン値は小思春期の終わりにピークに達し、生後六か月で最小値にまで低下する。その後は本来の思春期の直前まで低い値のままとなる。

生殖プログラミング作動期間は発達中の胎児の性分化に不可欠である。胎児の生物学的な性別は、受胎時に存在する染色体の特定の組み合わせ（女性はXX、男性はXY）に基づいて決まる。妊娠第一期の初期では、胎児の生殖器は男児であろうが女児であろうが外見は同じで、組織が長く隆起した形をしている。この生殖腺原基は作業指示――男性器または女性器のいずれに発達するかを伝える化学的メッセージ――を待っている。受胎から約八週後に、このようなどちらの性でもない生殖腺は大きく変化し始め、ホルモン産生に応じ、構造と機能において男性または女性へと徐々に変化していく。体内では、胎児の生殖腺は卵巣または精巣になる。体外では、胎児はクリトリスを発達させるか、組織が伸びてペニスになり、生殖褶《せいしょくしゅう》は陰唇または陰嚢になる。性器がどちらに（またどれほど完全に）発達するかはテストステロンがこの時期に存在するかどうか、またどれだけ存在するかによって決まる。Y染色体を持つ胎児では、テストステロンが作用し、男性に特有の生殖器が発達する。テストステロンが存在しなければ、女性の生殖器が形成される。

見方を変えれば女性はヒトの基本となる性別なのである。それは、ある種のホルモンによりスイッチが入って生殖器と脳が男性化しない限り、生物学的に身体がたどり着く性別なのだ。男性になるには、それまでどちらの性でもなかった生殖器が精巣、陰嚢、ペニス、その他の男性器へと発達する必要があるのである。その間、精巣は、身体が男性化する道のりを最後までたどり着くために、適切な時期に十分な量のテストステロンを作らなければならない。妊娠二か月目以降に男児胎児に存在するテストステロンの量が、出生時のペニスなどの生殖器の大きさを決定する主要因子となる。妊娠二二週目までに精巣は腹腔内に形成され、すでに未成熟な精子を含んでいる。まもなく精巣は陰嚢へと徐々に下がり始め、妊娠後期に、男児によっては出生後に、最終目的地までたどり着く。

　このような生殖器の発達中に、なんらかの影響により主要ホルモンが作られる量が変化すると、重大で永続的な解剖学的変化が生じる。決まった形でスケジュールされているプログラムがこのように妨害されることで、精子数減少、外性器異常、肛門生殖突起間距離（ＡＧＤ）†の短縮、停留精巣†などの性器の出生異常といった影響が生じことがあるのだ。この段階でこれらの部分すべてが正常に発達するには、綿密に組み立てられた一連のイベントを、精密に的確な動きで、適切なタイミングにより進行させる必要がある。これはバレエのようなものである。群舞の踊り手たちは、プリンシパル・ダンサーとぶつからないように適切なタイミングで舞台に出なければならない。振り付け、あるいはその実行に間違いがあると、プリンシパル・ダンサーがパートナーに受け止められるのを期待して空中高く飛び上がっても、パートナーが適切なタイミングで登場しなければ、受け止めてもらえずにけがをしてしまうだろう。胎児の生殖器の発達中の振り付けも同じように複雑なのだ。非常に多くの因子が関わっているため、その過程がうまく進行すること自体が驚異なのである。

●マスタースイッチ

性発達や生殖発達についていえば、ホルモンは裏舞台に控える偉大で強力な魔法使いのようなもの

**生涯で男性と女性の生殖ホルモン値は
どのように異なるか**

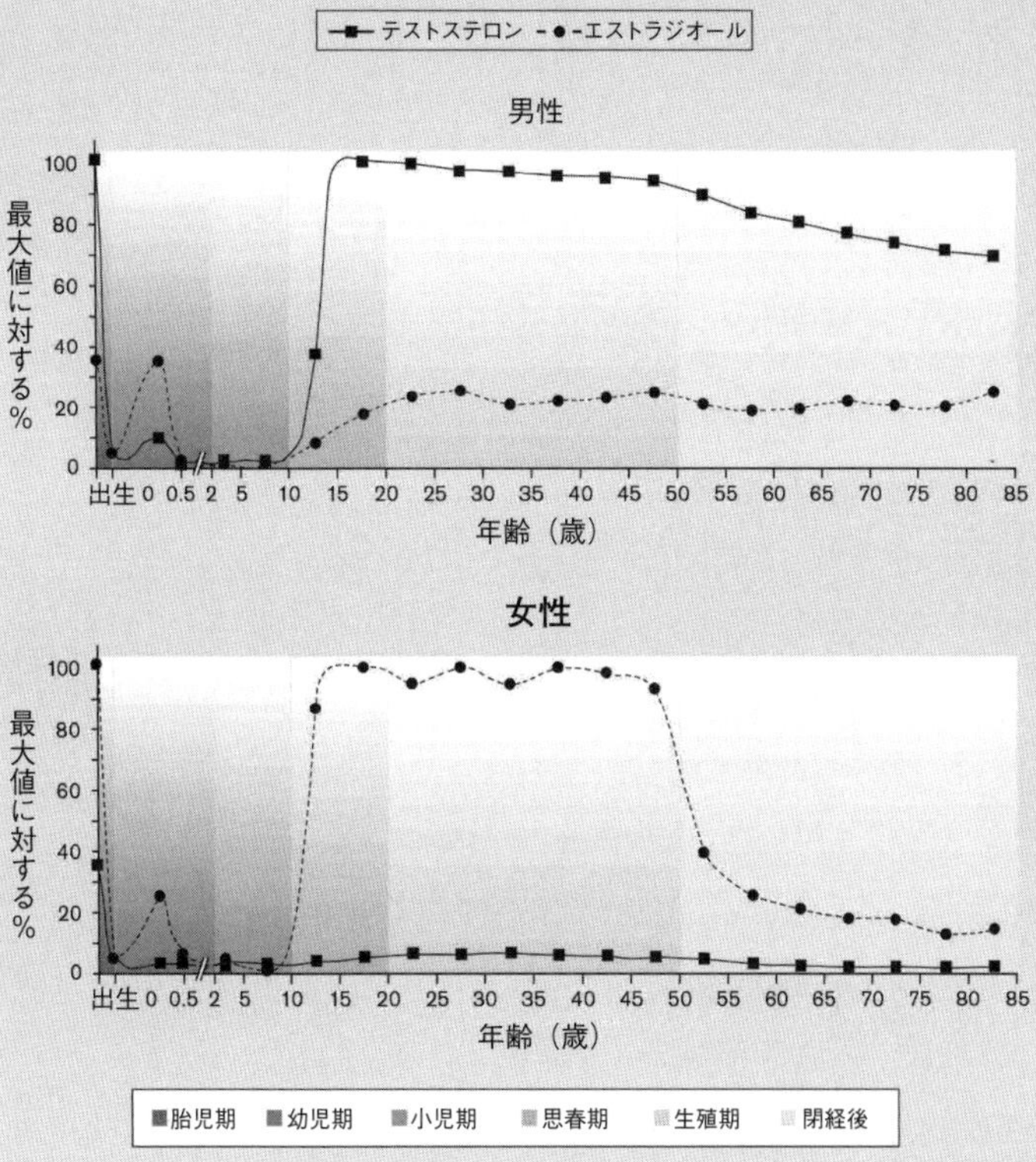

出典：NATURE REVIEWS | GENETICS

である。姿は見えねど強大なのだ。さまざまな器官だけでなく、身体のほぼあらゆる細胞に影響を与えることを考えれば、ホルモンは身体を操る達人なのである。男性の生殖器系全体が、その細胞や器官の活動を刺激したり、調節したりするのに主要ホルモンに依存しているのだ。男性の生殖にとって重要なホルモンは卵胞刺激ホルモン（FSH）、黄体化ホルモン（LH）、テストステロンである。影響を受ける器官には精巣、ペニス、陰嚢、尿道（尿を膀胱から体外へと運び、オルガズム時には精子を排出する管）、さまざまな腺（前立腺など）などがある。発達の臨界期にこれらのホルモンが作られるタイミングと量を乱す要素はなんであれ、生殖器やその機能の発達を混乱させる可能性があるのだ。

女性の生殖器系も同じようにホルモンに依存しており、特に注目すべきものはエストロゲン、プロゲステロン、テストステロンである（そう、女児や女性も男性ホルモンであるテストステロンを作っている［男性では精巣で作られるのに対し、女性では卵巣で作られる］が、その量は男性よりはるかに少ない）。子宮にいる間、女児胎児も男児胎児も胎盤が作るエストロゲンを浴びる。女児が生まれた後、その卵巣は基本的に卵子の倉庫となる。女児にも、生後二か月から四か月の間にホルモン量の急増を特徴とする小思春期があるが、その性ホルモン値は男児の場合よりはるかに低い。本来の思春期が始まると、脳下垂体からの刺激により卵巣がエストロゲンとプロゲステロンを作り始め、これにより月経と性的成熟が始まる。

先に述べたように、女児は卵巣内の体液に満たされた袋（卵胞）に一生分すべての卵子（約一〇〇万～二〇〇万個の未成熟卵子）が入った状態で生まれる。驚くほどの数に思えるかもしれないし、確かにひとりの女性が必要とする数よりも多いが、その出発点でさえ下降線の途上にある。というのも女児胎児が子宮の中にいる間は、六〇〇〇万〜七〇〇〇万個もの卵子を持っていた可能性があるからだ。これは男性の生殖体験とは著しい対照をなす。精子産生は出生前発達の初期からいくつもの段階を経て生じ、成人期を通じて続き、健康な男性は毎月少なくとも一〇億の精子を作り出す。

本人の生活習慣、また現代世界のいたるところに存在するある種の化学物質は、人生のさまざまな時点でヒトのホルモン系を乗っ取ることがある。これが胎児が子宮内にいる間に起これば、その曝露のために時限爆弾が生まれ、それが爆発して生殖器の異常、生後の人生での生殖能力の問題、その他の病気の原因となる可能性があるのだ。たとえば、女性が妊娠第一期（いわゆる生殖プログラミング作動期間中）にアンドロゲンの作用を妨げる化学物質にさらされると、男児胎児の生殖発達に種々の形で影響が出ることがある。そのひとつが肛門生殖突起間距離（ＡＧＤ）つまり肛門からペニスの付け根までの長さの短縮化である。この距離の短さが精子数の少なさやペニスの小ささと関わることが研究で示されているため、このことは重大な意味を持つ。さらに、男性ホルモン系が出生前にかく乱されることでテストステロン値が低下し、男児の出生時に停留精巣や特定のタイプのペニスの形成異常（尿道下裂†）が生じるリスクが高まる。

いくつかの西洋諸国では、精子数の減少と並行して、男性器の異常の発生率が増加している。英国では停留精巣の発生率が一九五〇年代から二〇〇〇年代前半にかけておよそ二倍に増えたことが研究から示されており、デンマークでは一九五九年から二〇〇一年にかけて四倍以上に増えている。同様に、スウェーデンでは一九九〇年から一九九九年にかけて、ペニスの尿道口が異常な位置に開く尿道下裂の発生が、明らかな理由もなく増加し、デンマークでは一九七七年から二〇〇五年までの間にその有病率が二倍以上に増えている。このような異常を持って生まれた男児が成長して成人になると、根本で生じているホルモンの混乱のために、精巣がん、不妊、精子数減少のリスクが増加する可能性がある——ほとんどの母親がなんとしても息子には与えたくないと願う遺産だ。

教育専門家のサマンサとその夫は、二〇一八年に息子のイーサンが生まれて以来、このような心配に向かいあってきた。妊娠中の待望の節目となる二〇週目の超音波検査で、イーサンの腎臓が通常よりも大きいことが判明した。生まれてから四日目に、イーサンはひどい腎臓感染症のためにおむつに出血し、抗生物質の点滴を打つために一〇日間入院しなければならなくなった。小児泌尿器科医は両親に、イーサンの精巣がしかるべき形で下がっておらず、このため将来的に生殖能力の問題と精巣がんが生じるリスクが高まることを告げた——親になったばかりの人にとっては例外なく衝撃的な知らせである。

幸いなことに、一方の精巣はやがて自然に下りてきた。生後七か月の時点でイーサンにはもう一方の精巣を下げる手術が必要になった。その精巣はしかるべき位置から一センチメートルずれたところにあった。どちらの家系にも停留精巣だった人はおらず、サマンサは妊娠中は「清潔な生活習慣を続け」、「ヘルシーでオーガニックな食品にこだわり、いつもHEPAフィルター付きの掃除機を使っていたという。だからこの問題についていろいろ調べた後でも、なぜこんなことが息子に起こったのか彼女にはいまだにわからないままだ。「ただひとつ考えられるのは、空気が悪く、身のまわりに毒素や化学物質が満ちているカリフォルニア州のセントラル・バレーで暮らしていることです。赤ちゃんのころに治してもらった小さな問題のために、息子が子供を作りたいと思ったときにそれができないかもしれないと思うととても悲しくなります」と二四歳でイーサンを産んだサマンサは語る。

子宮の中にいる間、女児胎児の発達中の生殖器は男児胎児のものほど脆弱ではない。だが、だからといって問題が起こらないわけではない。子宮内での男性器の発達に影響を及ぼすことのある化学物質のいくつかが、女児でも思春期を迎える時期に影響し、とりわけ陰毛の発生、胸のふくらみ、また初潮の早期化につながる場合があることを示す証拠がある。加えて、このような原因化学物質のいくつかに子宮内で曝露されることで、女児胎児の卵巣機能に悪影響が生じ、成人してから卵子が枯渇する時期や閉経年齢が早まる可能性があるのだ。

いずれにせよ、子宮内で起こることは子宮内にとどまらないのである。このような曝露により、男性でも女性でも生殖発達や性発達に対する長期的影響が生じる可能性があるのだ。

◉敏感な男性

ジェンダーの公平性に関する限り、子宮は公平な機会を提供しない。これは、発達中の男児と女児の胎児、また胎児の生存自体に対する潜在的脅威について当てはまる。まず、重度の胎盤機能不全は男児胎児の妊娠時のほうが生じやすく、これが男児胎児で早期妊娠喪失リスクが高いことの一因となっているようである。

女性の身体は、ストレスのかかる時期に男児胎児を自然流産[†]させることが多いという証拠がある。たとえば、二〇〇一年から二〇一二年の間に世界で起こった五件のテロ攻撃の三～五か月後に、女児に対する男児の出生比が低下しているのだ。男児胎児が染色体的にどれほどの脆弱性を持っているのか、あるいは他の理由により環境化学物質によるダメージを受けやすいのかはまだ明らかにされていない。

別の要因もある。男児胎児は子宮内での成長が速く、このため栄養不足が生じるリスクが高まる。

胎児の栄養が不足すると、低出生体重となる場合がある。また早産リスクも男児のほうが高い。問題は、低体重や早産で生まれた男児は、同じ体重や週数で生まれた女児より生存可能性が低いということである。

◉胎内は無害なわけではない

胎内とはもちろん子宮であり、妊娠中にその子宮の壁に付着するのが胎盤である。この生命に必須だが一時的な器官は、胎児にとっての生命維持装置のように機能し、酸素、ホルモン、栄養をもたらし、胎児の血液から老廃物を取り除く。だが、意外なことに胎盤は一般に考えられているほどよく理解されてはいないのだ。

たとえば、妊婦の血液循環を胎児の血液循環から隔てる膜である胎盤関門は、胎児を細菌、化学物質、その他の潜在的脅威から守る壁や堀のようなものと長らく考えられてきた。この考えは過去に妊婦に勧められた健康上のアドバイスの根拠ともなった――一九四〇年代と一九五〇年代には、「神経を鎮め」たり体重増加を抑えるために妊婦には喫煙することがしばしば推奨され、またつわりを治療し、リラックスする助けとしてシャンペンやワインが処方されたのである。このようなアドバイスははるか昔に廃れている。

幸いなことに、胎盤の機能についての理解は進んできている。現在では、胎盤関門はなにも通さないというにはほど遠く、ニコチン、アルコール、その他、メチル水銀（ある種の魚を食べることによる）などの有害化学物質が通り抜けたり、関門を損傷したりして、発達中の胎児に害を及ぼすことがわかっている。妊婦はふたり分を食べているというだけではない。飲み込むもの、吸い込むものすべてが胎児に影響を及ぼす可能性があるのだ。

このことは、一九四七年から一九七一年まで、流産などの妊娠合併症の予防のために、合成エストロゲンの一種であるジエチルスチルベストロール（DES）が妊婦に処方されたあとに悲劇的な形で発見された。のちに、妊娠中にDESを服用した女性に生まれた娘が、青年期になって、まれな腟がんや子宮頸がんを発症するリスクが高まることがわかったのである。いずれもそれまでは若い女性では決してみられなかったがんだ。またその娘たちでは、生殖能力の問題、流産、早産、また子宮外（卵管）妊娠（胎児が成長できず、母体の命にも関わる）の発生率も高かった。DESは内分泌かく乱化学物質として長らく認識されており、一九七一年以降は妊娠中に使う形では処方されなくなっている。

生殖発達に悪影響が生じるはっきりしたタイミングを明らかにすることは難しく、特にヒトでは困難である。実験動物ではかなり容易となる。たとえば、ある種の環境化学物質、特にテストステロン値を低下させることのある物質に出生前に曝露されることで、生殖器の発達にどのような影響が出るかが明らかになると、科学者たちは妊娠中の動物がそのような化学物質に曝露される時期を意図的に変えることで、そのタイミングがオスの生殖器の発達にどのように影響を与えるかを調べることができるようになった。ラットでは、妊娠中の母体が交尾の一八〜二一日のちにフタル酸エステル類（人間の食品、プラスチック、その他の日用品中に含まれる内分泌かく乱化学物質）に曝露された場合に、オスの子供のラットのテストステロン値が低下し、オスの生殖器が正常に発達しないことが認められた（このような変化が発見された際に、非常に重要なことと考えられたため、フタル酸症候群という特別な名称がつけられた）。だがここからものごとは込み入ってくる。フタル酸エステル類への曝露が一八日目以前または二一日目以降だけだった場合は、この症候群は生じないのだ。つまりこの種の化学物質が子宮内でダメージをもたらすタイミングの幅は比較的狭いということである。*

＊　ラットの妊娠期間と生殖発達期間はヒトのものとは大きく異なることに注意。ラットの仔は子宮内で二〇日過ごしてから生まれるのに対し、ヒトの赤ちゃんは子宮内で平均二八〇日過ごす。出生後のラットの身体の発達の度合いは、生殖器を含め、ヒトの赤ちゃんのものよりかなり低い。さらなる発達上の大きな違いは、ラットでは生後約四〇日で思春期を迎えるのに対し、ヒトではこの発達上の節目に至るまで一般的に一一～一二年かかることである。

妊娠中の女性を有害かもしれない化学物質にわざと曝露させる研究は倫理的に許されないので、ヒトの妊娠中でフタル酸エステル類の曝露に感受性のあるタイミングを突きとめるために、私たちは別の手法を用いる必要があった。一九九九年から二〇〇九年にかけて私が同僚と行った研究では、妊婦がフタル酸エステル類に偶発的に曝露された場合に、男児の生殖発達にどのような影響が出るかを調べることにした。その方法として、妊娠のさまざまな段階で妊婦の尿中の化学物質の値を測定することで影響を調べた。フタル酸症候群と男性生殖器発達のプログラミング作動期間について探ると、妊娠第一期の後半、特に妊娠八～一二週目に作動期間があることがわかった。その期間に曝露された男児を出生後に調べたところ、ある種のフタル酸エステル類への曝露量が少なかった母親から生まれた大きさが同じ男児で予想されるよりも、肛門生殖突起間距離が短く、ペニスが小さいことが認められたのである。

　これまでに述べたように、主要男性ホルモンであるテストステロンは、男児胎児のペニスの形成を引き起こすのと同時に、男児のＡＧＤの距離を延ばす。私の研究チームが二〇〇五年に初めて明らかにしたように、この重要な時期に十分な量のテストステロンが存在しなければ、男児は短いＡＧＤ、小さいペニス、下がり切らない精巣を持って生まれる可能性があるのだ。男性が、性器については大きさが重要だというのは、彼らが考える以外の意味でも正しいのだ。生殖能力についてはＡＧＤの距離はさらに重要である。なぜならＡＧＤの短さはペニスの小ささと精子数の少なさに関わっているからである。この研究が発表されたあと、自分のＡＧＤが十分な長さなのかと問う男性、また妊娠中にフタル酸エステル類を含む化粧品を使用していたことが息子のＡＧＤや性発達に影響を及ぼしたのかどうかを問う女性からの電子メールが私の元に殺到した。なるべく力になろうとはしたが、ひとつの事例で生殖発達と特定の原因候補の間に因果関係があるという結論を引き出すことは、特に後から考える場合には、困難である。このケースでは、後からは事態を正確に見通すことはできない。

ＡＧＤはリプロダクティブヘルスや内分泌かく乱に関する情報をもたらす非常に重要な指標であることから、すべての乳児で計測すべきと考えられる。だがヒトではまだそうなっておらず、研究の対象となっていない。ＡＧＤはヤヌス神に少し似ていると私は思っている。ヤヌス神とは、ひとつが未来を、もうひとつが過去を見ているふたつの顔を持つ存在として描かれる、始まりと移行を表す古代ローマ神だ。赤ちゃんのＡＧＤの長さから、胎児のときに子宮内でどのような化学物質の影響にさらされていたのか、また当人のリプロダクティブヘルスと生殖能力にどのような未来が待ち受けているかがわかるのだ。このように、ＡＧＤからは過去を知り、将来の健康を予測する視点が得られるのである。

だが誰もＡＧＤに注意を払っていないことが私には以前から不思議でならない。確かにこれは改まった場では口にしにくい事がらではある。

ＡＧＤは両性間で長さが最も異なる身体部分である。男女の身体の大きさの違いを調整した後でも、一般に男性では女性より五〇～一〇〇パーセント長い。女性では、AGDは肛門の中心部からクリトリスの先端までの距離のことである――そしてこれは女児でもなんらかの意味を持つ。女児胎児が子宮内でさらされるテストステロンの量が多すぎると（たとえば母親が多嚢胞性卵巣症候群［PCOS］である場合）、その女児は女性としては通常より長いAGDを持って生まれる。別の言い方をすれば、AGDは出生前のアンドロゲン活性の生物学的指標と考えることができ、女児において通常より長いAGDとPCOSにつながりがあることを考えれば、PCOSは子宮内で始まっている可能性があるとみられる。

ある種の化学物質に、曝露されることで体内でアンドロゲン作用を生じさせるものがあるが、アンドロゲン量を低下させる化学物質に比べればその数はきわめて少ない。パルプ工場や製紙工場から出る液体廃棄物がアンドロゲン活性を示すことが研究で認められており、米国環境保護庁によれば「しばしばメスの魚をオス化したり性別を反転させたりするほどの効力がある」とのことである。SFに出てきそうな芸当だが、多くの魚の種は、成魚の時期に生殖巣や、色素または体形などの第二次性徴を変える能力を持っている。これは自然に、あるいはでたらめに起こるわけではなく、野生生物に影響を与える水温の変化などの環境刺激やホルモン値を変化させる医薬品の存在（くわしくは第9章で扱う）に反応して生じる。

◉曝露の要点

先に述べたように、発達中の胎児に生じた生殖器系の変化は文字通り生涯続くことがある。たとえば、母親――あるいは父親――の喫煙により男性生殖細胞の数が減少すると、息子が成人になってからの精液の質に影響が出ることがある。これに対し、その後の人生で化学物質にさらされた場合は、その変化は元に戻すことが可能だ。喫煙者の成人男性では精子数が一般に一五パーセント減少するが、この影響は禁煙すれば元に戻すことができる。しかし妊婦が喫煙する場合、生まれた息子が成長したときにその精子数にかなり劇的な減少（最大四〇パーセント）が生じる可能性があり、この場合は元に戻らない。悪影響を及ぼす可能性があるのは化学物質だけではない。男児胎児の妊娠中の早期に妊婦が生活上の重大なストレス――失業、離婚、大切な人の死や病気など――を受けると、生まれた息子には、二〇歳時点での精子数の減少、前進運動精子数の減少、テストステロン値の低下のリスクが高まることが新たな研究から示唆されている。

科学者はこのような影響の種類を区別するために、形成作用と活性作用という用語を用いる。形成作用は個人の生涯の早期に生じ、細胞、組織、器官の構造と機能に永久的な変化をもたらす。これに対し、活性作用は成人期に生じ、通常は急速に起こるが、その影響は一過性である。簡単なことだと思うだろうか？　それが、事態をややこしくすることに、性ホルモンや内分泌かく乱化学物質の中には、いつ曝露されるかにより、ひとつで胚、胎児、子供、成人に対して形成作用と活性作用の両方を及ぼすものがあるのだ。

直感的には、化学物質は高用量の場合にだけ問題となるように思えるかもしれない。だが実際には胎児は低用量の環境化学物質に敏感なのだ。これは胎児が小さく、速い速度で細胞分裂を生じているためである。ここで問題にしているのは、オリンピック用競泳プールにベビーオイルを一滴垂らすほどの量――ほとんど取るに足らない量――である。それでも、妊娠中の女性――そしてお腹の中の発達中の赤ちゃん――が、胎児の生殖器系や神経（脳）が形成される敏感な時期に、ある種の化学物質に低用量で曝露されると、その影響は大きく、永久的なものになる可能性がある。そうなのだ——影響を受けるのは生殖器官だけではないのだ。性ホルモンが胎児の脳に形成作用を及ぼす発達期間に、妊婦が内分泌かく乱化学物質にさらされると、将来その子が伝統的に男性または女性とされる行動パターンをどのように取るかに影響が出るかもしれないのである。

動物での興味深い例がある。ラットでの実験で、研究者がオスとメスのラットをPCBと呼ばれる種類の内分泌かく乱化学物質に、子宮内にいるときと、生後の若齢期のときの二回曝露させた。PCBの用量は人間が現実に受ける曝露量に相当する量とし、ラットが成熟していく中でその発達を追跡した。研究者は、PCBの曝露の時期が出生前と若齢期のいずれの場合でも、ラットの不安や攻撃性の表現、また性行動やリスクテイキング行動に大きな影響を与えることを発見した。興味深いことに、若齢期に曝露されることで、出生前の曝露が不安関連行動へ及ぼした影響が強まったのである——つまりラットが両方の時期に曝露された場合、その変化がさらに顕著になったのだ。相加作用が生じたのである。

このような作用は、病気の発症に関するいわゆるツーヒットモデルと一致するものである。簡単にいえば、がんの場合でいうなら、このモデルはDNAに対し二回「ヒット」が生じることががんの発症に必要であることを示唆している。最初のヒットが遺伝子変異により起こることもあれば、次のヒットが環境曝露などの遺伝以外の要因により起こることもある。生殖器系と脳の発達の場合は、初回のヒットが子宮内で生じ、二回目あるいは三回目のヒットが生後すぐの期間、思春期、さらには成人期にも生じうることが現在では認められている。ツーヒットモデルは発達上の泣きっ面に蜂状況である。毒物の影響が生殖上の発達と機能に次第に累積的な作用を及ぼし、男性や女性が子作りを考えるはるか以前に、生殖能力の潜在的問題や他の健康上の問題の原因となる可能性があるのだ。
思春期の子供がしばしば危険を冒す行動に出ることはよく知られている。一〇代の子供たちが曝露される物質や化学物質は、脳や生殖器系の発達に影響を及ぼすことがあるため、彼らの健康に持続的な影響が出る可能性がある。これは少なくとも一部は、思春期がホルモンの形成作用に対して神経が持続的に感度を示す時期であるためである。青年期の、たとえば一〇代の子供は飲酒や喫煙の影響にとりわけ敏感であり、早い時期に（たとえば六年生で）飲酒することで思春期の発達が遅れる場合があることが研究から明らかとなっている。女児の発達中の乳房組織は、ある種のフタル酸エステル類の作用を受けやすく、乳房密度が高まる。男児で胸がふくらむ思春期女性化乳房についても、ある種のフタル酸エステル類の血中濃度の高さとの関わりが指摘されている。ベルトより下の影響に関する限り、精子は思春期中に作られ続け、多くの因子の悪影響を受けやすく、その中には、ともに作用して精子を作る、若年男性のホルモンや複雑な生理学的過程を変えてしまう化学物質も含まれる。

発達的な観点で、胎児の人生の危険を伴う時期について俯瞰的《ふかんてき》に知っていただいたわけだが、驚くべきは次の点である。このような脆弱性のある期間は新しく生じたわけではないのだ。それは常に存在していたのである。子供の性発達や生殖発達が、子宮内にいる間の親の生活習慣や化学物質への曝露により、あるいは当人の幼児期や青年期の曝露によりどれほど影響を受ける可能性があるのかについては、比較的近年に至るまでわかっていなかったのである。

受精についてはタイミングがすべてであるように、子供の生殖発達においてもタイミングが最も重要である。例として次のことを考えてみて欲しい。ある研究グループが体外受精を受ける女性から取り出した卵子の数を調べ、それを女性の子宮内のＤＩＮＣＨと呼ばれる非フタル酸系可塑剤の量と比較したところ、この化学物質の値が高い女性ほど、取り出された卵子の数が少なかったのである。興味深いのは、取り出された卵子の数の低下幅が、三七歳を超える女性ではそれより若い女性よりも大きかったことである。このことは、女性とそのパートナーの年齢が上がるにつれ、その身体の有害化学物質の影響に対する抵抗力が弱まる可能性があることを示唆している。高齢出産希望者向けのチェックリストに新たな項目を追加しなければならなくなった！

つまり、生殖発達に関しては、問題はなにを摂取するかだけではなく、いつ摂取するかでもあるのだ。あなたが男性で受精前に喫煙しているなら、それは危険なやり方である。あなたが妊婦なら、妊娠第一期は特に、胎児の生殖器の発達にとってデリケートな時期である――そしてその影響は生まれた息子の精子数が減少したり、娘のアンドロゲン値が高くなったりする可能性にとどまらない。あなたの将来の息子や娘の性的、生殖的未来に対する潜在的波及作用は、後の章でみるようにかなりのものなのだ。

第6章 くわしく知る

生殖能力を損なう生活習慣

◉基準を満たす難しさ

男性が精子を提供しようと精子バンクを訪れても、ある種の生活習慣を持っているとすぐに拒否リストに載せられてしまう。違法薬物の使用はまさにそのような習慣である。提供志望者がほぼ種類を問わず日常的に薬剤を服用している場合、また性的感染症（ＳＴＤ）に濃厚接触したり、感染したりしている場合も同様である。多くの精子バンクでは最近発熱を伴う疾患にかかったことがないかも尋ねる。発熱に精子の質の低下との関わりが指摘されているためだが、これは永久に提供できなくなるというわけではなく、一時的な条件である。他にも精子の質に悪影響を及ぼすために不合格となってしまう生活習慣がある。たとえばある種の職業上、環境上の危険物質への曝露、喫煙、過度の飲酒、栄養不足、過度の熱を浴びること、一般的なカウチポテト的習慣などがある。

このような問題に先立ってチェックされる基本的な適格性要件があり、これは精子バンクによって少しずつ異なる。たとえばカリフォルニア・クライオバンクでは、提供志望者は身長一七二・七センチメートル以上*、年齢一九～三八歳、大卒（あるいは大学在学中**）、健康状態良好、法的に米国で就労可能であり、性的パートナー（女性のみ）がいることが要件である。スペルム・バンク・オブ・カリフォルニアも同様の基準を設けているが、身長については若干ゆるやかである（一七〇・二センチメートル以上）。太平洋岸北西部のノースウエスト・クライオバンクではさらなる要件があり、志願者が、筋肉のつき方や身長に応じた正常体重限度内にあることを求めている。

＊ 一般に、人々は子供には身長により得られるメリットを備えて欲しいと願う。たとえば背が高ければ、スポーツに秀でることができる、適切な体重を維持しやすくなる、性的魅力が高まる、あるいは高い収入が得られるなどである。背の高い人ほど収入が高く、管理職につける確率が高まることが一部の研究で認められている。

＊＊ 精子を求める人の間で、知性を示すサインは重要視される。特に精子はＩＱテストを受けられないためである。

最終的には、男性がハーヴァード大学、プリンストン大学、イエール大学に合格する確率のほうが、米国の一流精子バンクの提供者として合格する確率よりも高い。合格率が一パーセントしかないところもあるのだ。

主にクライアントの好みによる美的、学歴的要件は別として、このように厳しい選択基準が多数設けられていることにはそれなりの理由がある。これらの条件は男性の精子の質と妊娠した赤ちゃんの健康に影響する可能性があるのだ。たとえばほとんどの精子バンクでは四〇歳以上の男性からの提供を受けつけていない。高齢男性では、二〇代や三〇代の男性よりも精子に多くのＤＮＡ損傷が生じていることが多いためである。ある種の生活習慣も精子のＤＮＡを傷つけ、また精子の濃度、運動性、形態を損なう可能性がある。だがほとんどの男性はこのことに気づいていない。

◉生殖能力を損なう生活習慣上の要因

実際には、私たちが日常生活を続けていく中で、男性と女性のいずれもが意図せずして自らのリプロダクティブヘルスと生殖能力を損なっていることがある。そしてなかなか妊娠できない現実に突き当たるまでその可能性に気づかないのである。現代の食事と生活習慣には精子に有害となる要素があり、女性の生殖機能もそのような要素の影響を受ける。一部の生活習慣――喫煙や過度の飲酒など――は、心臓、肺、骨、その他の部位に有害であることが知られているため、驚くことでもない。だが担当医がいわなかったかもしれない――またあなたの母親が知らなかった――ことだが、そのような器官や組織にとって悪いものは生殖機能にとっても悪い可能性があり、男性では精子の質に問題が生じるリスクを、女性では月経機能、流産、卵巣予備能、その他の生殖パラメーターに問題が生じるリスクを高めるのだ。

身体への負担が男性と女性でわずかに異なること（ネタばれ注意：多くの生活習慣因子の悪影響は卵子よりも精子に強く出る可能性がある）、またその影響が最大のダメージをもたらしうる時期にも違いがあることは注目に値する。女性の生殖寿命の長さが二四〜三五年であるのに対し、男性でははるかに長い（父親になった最高齢は九六歳との報告がある！）。精子は成人期を通じて作られ続けるため、生活習慣のために精子の質が低下している男性は、行動を改めることで質を改善できる場合がある。男性にはリセットボタンを押し、やり直せるチャンスがあるのだ。

この点では女性は必ずしもそれほどついているわけではない。確かに、女性が運動し過ぎて無月経になっている場合や、十分な食事を取っていないために低体重になっている場合は、運動量を減らしたり、食事量を増やしたりすることでエストロゲン値を正常範囲に戻し、月経周期を、より定期的に排卵するなどの正常な状態に戻せる可能性はある。だがそれ以外に、不運にも自らに起こった生殖上の問題を元に戻せるチャンスはあまりないのである。

以下に、生活習慣に関わる具体的要因がどのようにリプロダクティブヘルスを損なう可能性があるかについてくわしくみてみよう。

◉体重

男性と女性の生殖機能に等しく影響を及ぼす要因のひとつは体重である。もちろん体重は生活習慣ではないが、食事や運動のパターンは生活習慣であり、これが体重に大きな影響を与える。体重は私たちの身近にあるプラスチック類や化学物質とはほとんど関係ないが、オビソゲンと呼ばれるものもあるEDCは、体重の増え方に影響を及ぼすことがある。体重には私たちの食品選びの質や身体活動の程度が大きく関わってくる。ほぼどこでも高カロリー食品、加工食品、またカップ麺やスナック菓子などの超加工食品が手に入ることを考えれば、現代世界では体重管理が非常に難しいことは否めない。そしてあらゆるものごとが自動化されている時代に暮らしていれば、一日をほとんど動かずに過ごすことも簡単である。このような現実は、体重だけでなく、ヒトの生殖機能にも打撃を与えている可能性がある。

体重が大幅に多すぎたり、少なすぎたりすると精子の質に悪影響があり、肥満〔ボディマスインデックス〔BMI〕で三〇以上［日本の基準では二五以上］〕は、精子の数、濃度、量、運動性の低下、形態の異常な精子の発生率の増加との関連が認められていることから特に有害である。女性では、体重と流産の関係についていえば、やはりU字型の曲線が認められる。BMIが三〇以上と一八・五未満の女性は流産リスクが高いのだ。[*] 同様に、女性の体重が多すぎたり少なすぎたりすると、排卵が不規則になったり、健康な妊娠を支える適量のエストロゲンとプロゲステロンが生じなかったりして、妊娠可能性に影響が出ることがある。これはゴルディロックスの原理［童話『三びきのくま』に出てくるゴルディロックスという少女のエピソードに由来する、ちょうど良い程度があることを意味する表現］の一例である。最適な生殖機能と生殖能力に関する限りは、男性にも女性にも体重の最適な範囲――ゴルディロックスのせりふでは「ちょうどぴったり」な範囲――があるのだ。

＊ 事実の確認：流産についていえば、肥満は低体重よりはるかにリスクが高い。

このような関係を考えれば、西洋諸国で精子数の減少、生殖能力の問題の増加、肥満率の上昇が同時に生じていることは偶然の一致ではないのかもしれない。一九九九年から二〇一六年までだけで、米国の成人の肥満率は三〇パーセント増加し、二〇一六年には約四〇パーセントの成人が肥満に分類されている。

◉タバコの煙はあなたのプライベートな部分にまで入り込む

読者が数えきれないほど何度も耳にしてきたように――たった数ページ前でも！――喫煙はこの世で最も健康に悪い習慣のひとつである。また男性の生殖機能に対し最も悪影響を及ぼす要因のひとつでもある。喫煙には、精子の数や運動性の低下、また形態の欠陥の増加との関連性が認められており、軽度の喫煙者よりも中等度から重度の喫煙者のほうが悪影響は顕著である。だが喫煙量の多少に関わらず、副流煙を吸い込んだだけでも、精子にとっては有害である。

マウスの研究で、環境中のタバコの煙にさらされた個体では精子の尾部が失われていることが判明した。これではこの小さな泳ぎ手は、不可能とはいえないまでもなかなか卵子までたどり着けない。人間では、タバコに含まれる化学物質は精子のDNA損傷の原因となり、テストステロン値を低下させ、精子が卵子を受精させる能力を損なうことがわかっている（ところで喫煙は勃起障害のリスクも高める）。

女性でも、リプロダクティブヘルスの点では、喫煙は最も有害な生活習慣因子である。タバコに含まれる化学物質（ニコチン、シアン化物、一酸化炭素）は卵子に対し毒性があり、卵子が死ぬペースを速める。喫煙女性では不妊率が確かに高く、そのリスクは喫煙本数に応じて上昇する。また卵管（子宮外）妊娠や流産のリスクも高める――そして昔からの方法であれ、体外受精によるのであれ、女性が妊娠するのにかかる時間が長くなる。さらに、喫煙は卵子と精子の遺伝物質を傷つけるため、喫煙女性はダウン症候群などの染色体異常を持つ胎児を身ごもる確率が高くなる。

副流煙にさらされることも女性の生殖機能にとって有害である。副流煙を吸い込む機会のある女性は、妊娠にかかる時間がしばしば長くなることが研究により判明している。さらに、喫煙経験はなくても、子供時代に家庭で、あるいは成人になってから、または職場でさらされていた副流煙の量が非常に多かった女性では、流産、死産†、子宮外妊娠を生じるリスクが確実に高かった。また五〇歳以前に自然閉経を生じる確率も高まる。そして受動喫煙（副流煙にさらされること）が、発達中の胎児の健康にとって、母親が実際に喫煙しているのと同じくらい有害となることは間違いない。

米国の成人男女の喫煙率は一九六四年以降五〇パーセント以上低下しているが、なおも約三八〇〇万人（一〇〇人あたり一四人）が毎日あるいは頻繁に喫煙している。世界的には喫煙率はかなり高い――二〇一四年には世界人口の約二〇パーセントが喫煙者だった。米国では喫煙率は女性（一二パーセント）のほうが男性（一六パーセント）よりわずかに低い。だが世界的には男性の喫煙率は女性の約五倍高く、男性喫煙率は西太平洋諸国で最も高い。

マリファナは米国で最も広く使用されているレクリエーショナルドラッグで、その使用は増加し続けており、特に合法化した州が増えている影響が大きい。とりわけ若者の多くが今ではマリファナのほうがニコチンより安全だと考えているが、マリファナのほうが精子に対する毒性が低いと思うのは間違いかもしれない。この問題についてはあまり研究がなかったが、報告が出始めている。二〇一五年のデンマークの研究では、マリファナを週一回以上定期的に吸うことは精子数の二九パーセントの減少と関連していることが判明している。さらに悪いことに、一八歳から二八歳の男性で、他のレクリエーショナルドラッグとの併用でマリファナを週一回以上吸っていた場合は、総精子数が五五パーセント少なかった。生殖補助医療の前段階として妊孕性《にんようせい》評価を受けた男性では、マリファナの大量ユーザーでは精子の運動性が悪いケースが四倍多く、中等度のユーザーでは精子の形態異常が認められるケースが約三・五倍多かった。女性もこのような生殖に対する悪影響を受けないわけではない。二〇一九年の研究で、ARTによる不妊治療を受けた時点でマリファナを吸っていた女性では、吸っていなかった女性より流産率が二倍以上高いことが認められている。

電子タバコの使用、つまりベイピングも精子を傷つける可能性があるという予備的証拠がある。数件の動物実験で、マリファナに二番目に多く含まれる活性成分であるカンナビジオール（CBD）†でも精子の発達を妨げ、精子が卵子を受精させる能力を低下させる可能性が示唆されているが、この物質についてはあまり研究が行われていない。CBD製品はごく近年になって大流行し始めたことから、これはそれほど驚くことでもない。電子タバコの使用も広がってきており、特に若者に人気で、二〇一九年に行われた一万人以上の高校生を対象とした調査によれば、米国の高校生の二八パーセントがこのようなタバコ製品を日常的に使用していることを告白している。このような新しい流行がこの世代の若者の生殖能力にどのような影響を及ぼすかはまだわからない。これからも注視が必要だ！

◉良い精液に乾杯

喫煙はその量にかかわらず精子にとって悪材料だが、アルコールに関しては精液はまだ寛容である。体重と同じく、その量にも適切な範囲が存在するのだ。中等度のアルコール摂取（週あたり四〜七ドリンク〔公式には、ワイングラス一杯分、ビール小ビン一本分がそれぞれ一ドリンクとなる〕）には精液量と総精子数の増加との関連が認められている。だが高摂取量（週あたり二五ドリンク超）は精子や精液の質の他の側面にとって有害となる。慢性的に飲酒したり、過度に飲酒したりするとテストステロンが作られる量が減少することがあり、このため精子産生や精液の質の他の側面が損なわれる可能性がある。また必ずそうなるというわけではないが、一部の科学的証拠、また実体験的証拠《ウイスキーディックから》、重度の飲酒と勃起障害のリスク増加が結びつけられている。男性はこの影響をしばしばふにゃちんと呼び、メンズ・ヘルス誌は「男の知る最悪の呪い」と呼んでいる。

アルコールについては同じ指針が女性にも当てはまる。適量を守りましょう、ということである。妊娠前に少量から中等量の飲酒（一日あたり一ドリンク）をしていても流産や死産のリスクには影響しない。これに対し、大量の飲酒（女性では一回に四ドリンク以上）は心臓、心、身体の他の部分に有害となることが知られている。女性の頻繁な大量飲酒が卵巣予備能に悪影響を及ぼす可能性があることが研究から示唆されている。大量飲酒には卵巣で作られる抗ミュラー管ホルモン値の低下（ある研究によれば二六パーセントの低下）との関連性があるためである。米国の女性の間では高リスク飲酒の率が上昇しており、二〇〇一年から二〇一三年にかけて五八パーセント増加していることから、このことは特に懸念される。もちろんいうまでもなく、妊娠中の飲酒はご法度である。

◉生殖能力（不妊）につながる食品

男性の食習慣は、良くも悪くも生殖能力に影響を与える可能性がある。ロチェスター・ヤング・メンズ・スタディ（RYMS）から、食事と栄養が精液の質に及ぼす影響について、非常に説得力のある調査結果がいくつか得られている。この研究は二〇〇七年から私が主導しているもので、分析は現在も進行中である。RYMSでは、二〇〇九年から二〇一〇年にニューヨークのロチェスター大学に在籍していた男子大学生を募集し、各大学生に精液のサンプルを提供してもらい、また自分の食事内容と自分を妊娠していたころの母親の食習慣に関する詳細な質問票に記入してもらった。RYMSは環境汚染物質が精液の質に及ぼす影響を評価することを目的とする、多施設共同国際研究の一環として行われた――そして得られた結果から非常に多くのことが明らかになった。

マイナス面では、脂肪分の多い乳製品、特にチーズの摂取量の多さは精子の質の異常の多さと関連していた。この望ましくない作用は、乳製品に多く含まれるエストロゲン類、あるいは乳製品に含まれている農薬や塩素化汚染物質などの環境汚染物質による可能性がある。

多くの人は知らないが、肉牛やヒツジの成長を促すために、エストロゲン、プロゲステロン、テストステロンなどのホルモン剤が屠殺の六〇〜九〇日前に投与されており、そのホルモン剤の残留物が肉の中に残っているのだ。私たちの研究で、妊婦が牛肉を含む食事を週あたり七回以上取っていた場合、生まれた息子の精子数が少なかったことが判明している。塩漬け、熟成、発酵、くん製などの食肉加工も問題となる。加工肉（ホットドック、ベーコン、ソーセージ、サラミ、ボローニャなど）を食べることの多い男性は精子数が少なく、しばしば形態が正常な精子の割合が低い。さらに、肉を熟成させることで硝酸塩や亜硝酸塩などの化学物質が生じ、これががんの原因となったり、精子中のものを含むDNAを傷つけたりする可能性がある。

細身で健康だが、炭酸ジュース、スポーツドリンク、加糖アイスティーなどの加糖飲料を多く飲む若年男性は、めったに飲まない男性と比べて精子の運動性が低かった。この影響が過体重や肥満の男性にみられず、細身の男性に限られていたことは、この影響が、精子の運動性に悪影響を及ぼすことがわかっている、インスリン抵抗性や酸化ストレスが助長されることで生じている可能性を示唆するものである。

女性では、食事内容が、妊娠するはるか以前からリプロダクティブヘルスと生殖機能に影響を及ぼしている可能性がある。女性の生殖能力についていえば、肉とトランス脂肪の大量摂取が悪い食事内容の筆頭に挙げられる。良い影響を及ぼす食事内容としては、適量の葉酸は妊娠中に重要であるだけでなく（赤ちゃんの二分脊椎などの神経管閉鎖不全を防ぐ）、受胎前にたくさん取っていると、妊娠確率が高まり、流産リスクが下がる可能性もある。

朝にジャワティーを飲むのを止めることが考えられない女性は安心して欲しい。この習慣は女性の生殖能力、卵巣機能、またリプロダクティブヘルスの他の側面に有害とはならない。だがその場合は適量が合言葉である。というのも飲み過ぎによる有害性が認められているからである。たとえば、妊娠中のカフェインの取りすぎが問題になる場合がある――一日数杯のコーヒーなら問題はないが、四杯以上だと流産と赤ちゃんの体重が標準以下となるリスクが二〇パーセント高まることが認められている。

◉カウチポテトの習慣

好きなテレビ番組を長々と見て過ごせば気分よくリラックスできるかもしれないが、男性の精液にとって良いことはなにもない。デンマークの一二一〇人の健康な若年男性での研究で、長時間のテレビ視聴に精子数の顕著な減少やテストステロン値低下との関連が認められている。テレビを一日五時間以上見ていた男性の精子濃度は、まったく見ていなかった男性より三〇パーセント低かった――だがある程度の低下はテレビの視聴時間にかかわらず認められた。* この影響のいく分かはじっと座っていることで生じる陰嚢の温度上昇によるものなのかもしれない。陰嚢の温度が上がると、作られる精子が一時的に減少してしまうのだ。興味深いことに、コンピューター作業で一度に長時間座っていた男性では同様の影響は認められなかった。このため、全体としてどう理解するかにはなおも謎が残る。

＊「ネットフリックスをみてくつろごう（Netflix and chill）」という文句が、性的関係を期待しながらテレビを見ることをいうようになり、ゆきずりのセックスを指す隠語になったのを覚えておいでだろうか？　このごろでは新しい含みがふさわしいかもしれない。ただくつろいで映画を見る――そのあいだ性生活は凍結する、という意味になるかもしれないのだ。

◉もうひとつの「立ち止まったら負け」効果

米国の成人の間では、身体活動のトレンドは健康な方向へと向かっており、二〇〇八年から二〇一七年までの間に、ガイドラインで推奨される最低限の有酸素運動(週あたり中強度で一五〇分間または高強度で七五分間)を満たす成人の数は二四パーセント増加した。これは確実に正しい方向への進歩だが、なおも改善の余地は多い。なぜなら成人の四六パーセントは推奨量の運動を行っていないからだ。習慣的な運動は心血管系や脳の健康だけでなく、生殖機能にとっても有益である。

このやればやるほど良いというダイナミクスには例外がある。自転車だ。週あたり九〇分以上サイクリングをしていると申告した男性では、まったく自転車に乗らない男性より精子濃度が三四パーセント低かった。別の研究で精子の質に対するサイクリングの影響を調べたところ、長距離自転車競技選手は、それほど活動的ではない対照男性と比べ、正常な形態の精子の数が半分以下であることが判明した。* その原因をめぐる説のひとつは、陰嚢に熱がこもることで精子を作るプロセスに悪影響が出るためというものだが、サドルで陰部が圧迫されることで精巣への血のめぐりが悪くなるからだとする説もある。**

* だが、自転車を完全にやめる前に、妊娠を成功させたい男性が知るべきことがある。サドルの高さや形状、またサドルとハンドルの高さの位置関係を変えることで陰部にかかる圧迫を減らし、精子パラメーターを改善することができると一部の不妊治療の専門家が考えているのだ。

** 熱が男性の陰部に悪影響を及ぼすパターンは他にもある。日常的にサウナや熱い風呂に入ることには精子の数と運動性の低下との関連性が認められている。幸いなことに、このような作用はいずれもそのような熱を浴びる娯楽をやめれば回復可能なようである。

生活習慣に関わることで、女性のリプロダクティブヘルスを大きく脅かす可能性のあるものに、過度の小食、過度の運動、月経不順の三悪がある。これが重大問題であることにはいくつか理由があるが、最大のものは、女性に月経が来なかったり（無月経）、月経周期が非常に不規則であったりする場合、体内のエストロゲン値が大幅に低下している可能性があることである。当然、女性が健康な妊娠を望むなら、このことは問題となる。だがエストロゲン値が低いと、骨密度や骨強度が低下し、疲労骨折や骨粗しょう症のリスクも生じてしまうのである。

食習慣の障害（本格的な摂食障害、無症状の障害、過度の運動など）、月経機能不全、骨密度の低下が組み合わさると、女性競技者三主徴《さんしゅちょう》と呼ばれる状態が生じることがある。身体的に活発な女性であれば、年齢を問わず、誰でもこの三主徴のうちのひとつ以上がみられることがあるが、見ばえや耐久力を重視するスポーツを行っている女性ではそのリスクが最も高くなる。見ばえを競うスポーツとしてはチアリーディング、ダンス、フィギュアスケート、体操が、耐久力を競うスポーツとしては長距離走やボートレースなどがある。

三主徴の他の要素がない場合でも、極度の運動——疲れ果てるほど運動する場合など——を日常的に行うと排卵機能不全や不妊のリスクが二倍以上高まる。これは少なくとも一部には過剰な運動によってホルモン値が下がり、排卵がなくなったり、不順になったりするためである。これに対し、一日一時間未満の中強度の身体活動と定義される適度な運動には、不妊リスクの低下との関連が認められている。言葉を変えれば、運動は適度であれば健全な身体的ストレス源になるが、やり過ぎるとパンク状態に陥ってしまうということである。

大学院在学中、スザンナはときおりやっているジョギングのレベルを上げ、頻度、ペース、距離を増やした。前の年の夏に彼女は体重を六・八キログラム落とし、一七五・三センチメートルの身長ですっかり細身になった容姿を絶賛されていた。彼女は体重のリバウンドを恐れたため、毎週四〇・二〜五六・三キロメートル走っていたのに、食事を抜いたり、ごく軽くしか食べず、食べ過ぎた場合は下剤を使ったり、走る距離を倍に増やしたりすることもあった。その結果、スザンナはさらに三・二キログラムの体重を――月経とともに失ったのだった。「月経のわずらわしさがなくなって密かに喜んでいたのですが、五か月経って激しくなって戻ってきたんです。二〜三週ごとにあって、悪夢でしたね」と彼女は振り返る。

この時点でスザンナは医師の診察を受けた。彼女は運動誘発性のホルモン障害と診断され、骨量減少と疲労骨折のリスクが高まっているとの注意を受けた。医師は生殖能力に問題が出るかもしれないとはいわなかったものの、後にスザンナはそうなる可能性もあったことに気づいた。医師はスザンナに走る距離を減らしてある程度体重を増やすか、経口避妊薬を服用して月経周期を調節するよう助言した。当時彼女は走ることにはまっていたため、後者を選んだ――やがて彼女はピルを服用すると頭痛や乳房の強い圧痛が生じることに気づいた。

「やせていることが気に入っていたのでこれはきつい選択でした。でもホルモン剤で気分が悪くなるのに我慢できなかったんです」と彼女はいう。このため彼女は経口避妊薬の服用をやめ、ランニングを週四回に減らし、再び規則正しく食事を取ることにした。三か月と経たずに彼女の体重は三・六キログラム増え、月経は正常なパターンへと戻ったのだった。

◉ストレスと生殖能力

生活習慣因子が精子産生や生殖能力にどれほどの影響を及ぼすかを知れば不安を覚えるだろうが、まだストレスの問題に取りかかってすらいないのだ。現代生活で避けがたいストレスや緊張は、男性の精神状態を悪化させるだけでなく、精子産生にも打撃を与える可能性がある。これは主観的なストレスレベルが過重となる場合に特にその可能性が高まり、近年ではこのような状態はめずらしくない。デンマークの男性一二一五人を対象とした研究で、心理社会的質問票で申告したストレスレベルが最高度であった男性では、中等度であった男性より精子濃度が三八パーセント低かったことが判明した。私自身の研究では、近親者の死や重い病気、離婚などの深刻な人間関係の問題、転居、転職などの強いストレスを感じる人生上の出来事を直近にふたつ以上経験した男性では、精子の濃度、運動性、形態の指標が正常より低いケースが多かった。また中等度から高度の仕事上のストレスには、精子のDNA損傷との関連が認められている。いずれにせよ、過度の心理的ストレスを受けることは、本質的に精子を作る機械に「故障中」の貼り紙が貼られるようなもので、男性の性欲についてはいわずもがなである。

ストレスのもたらす複雑な問題は女性ではさらにひどく、女性は重度のストレスによる影響を男性よりも約二倍受けやすい。健康に及ぼす影響の中でもストレスは、男性での場合と同じく、とりわけ女性の性欲を低下させる――これは現代世界で増えつつある、人々の生殖能力に悪影響を及ぼすさらなる危険因子である。また強いストレスを感じている女性では、月経が不順となったり痛みを伴ったりすることが多く、月経前の諸症状も多くみられることがいくつかの研究から明らかになっている。

いずれも気分を台無しにしかねないものである。

以上のことを踏まえたうえでも、ストレスと生殖能力の関係はそれほど簡単というわけではない。数十年にわたってその関連性は盛んに議論されてきたものの、結論はいまだ出ていない。その理由はこうである。体外受精などの不妊治療を受けている女性は強いストレスを訴えるが、ストレス自体が不妊の原因になったり、不妊に影響したりしているのかどうかは明らかではないのだ。それは卵が先かニワトリが先かという謎なのである。

一方で、強い心理的ストレスを流産、特に習慣流産のリスク増加と結びつける説得力のある証拠がいくらか存在するが、この関連性にも疑いの余地がないというわけではない。事実、サンディエゴの米海軍健康研究センターの研究者が、イラクやアフガニスタンに配置された米国女性軍人を対象に、軍隊経験のために帰還後に流産や生殖障害を生じる確率が高まったかどうかを調べたところ、軍隊配置（間違いなく強いストレスに満ちた経験だ）により流産や生殖問題のリスクが増加することはなかったことが判明している。ストレスに参っているが、妊娠したいと願う民間女性にとっては朗報である。

◉セックスとドラッグと生殖機能

多くの医薬品も生殖機能を乱すことがあるが、特にホルモン剤とがんの治療に使われる抗がん薬はその作用が強い。そのような薬剤は他にもある。米国でオピオイドが流行している現状であまり知られていないことだが、この強力な鎮痛薬は精子のDNA損傷を増やす可能性があり、高用量で使うとテストステロン値を大きく低下させる。鎮痛効果の強さの度合いでは下がるが、タイレノール（アセトアミノフェンの一般名。ヨーロッパではパラセタモールと呼ばれる）はDNA断片化などの精子の異常の原因となること、また妊娠するまでにかかる時間を増加させることが示されている。さらに高用量のタイレノールを服用すると精子の形態が変化して受精能が低下する可能性がある。

男子アスリートの中には、パフォーマンスを向上させたり、筋肉量や筋力を高めたりするために、合成つまり人工のテストステロンであるタンパク質同化ステロイド剤を使用している人がいる。このようなステロイド剤は、生殖器系を含むさまざまな臓器や身体器官系に重篤で元に戻らないこともある有害作用をもたらす以外にも、ホルモン値を正常状態から大きく逸脱させることがある。乱用すると、男性における精子の構造的、機能的変化、精巣容量の減少、乳房肥大、低妊孕性を生じることもある。

テストステロン補充療法は、精巣で十分な量のテストステロンが作られない疾患である、男性性腺機能低下症患者に対する標準的な治療法である。この治療は性腺機能低下症の男性の筋力を回復させ、骨量低下を防ぎ、活力と性欲を高めるのに役立つが、しばしば精子産生力を低下させることがあり、男性によっては精子が完全に作られなくなることもある。性腺機能低下症の発生率が増加し、また子供を望むものの、子作りに必要となるテストステロン量がない高齢男性が増えている（米国のある研究によれば四五歳以上の男性の三九パーセントが性腺機能低下症に罹患している）ことから、医療提供者が精巣機能不全を抱え、生殖能力を回復させたいと望む男性に接することが増えている。これは簡単な問題ではない。

年齢を問わず、抗うつ薬を服用している女性は男性より二倍多く、また抗うつ薬の使用は男女ともに一九九九年から二〇一四年にかけて六四パーセント増加している。そして——もうパターンをお見通しだろうか？——主にうつ病や不安に対して処方されるＳＳＲＩ（選択的セロトニン再取り込み阻害薬）†を使用すると精子の濃度と運動性が低下し、異常な精子の割合が増加するのである。

妊娠しようと努めている女性で、抗うつ薬を服用することで任意の月経周期の妊娠成功率が二五パーセント低下する可能性があることを示す証拠がある。さらに、薬剤誘発性無月経――抗精神病薬や抗けいれん薬だけでなく、抗うつ薬の使用によってももたらされる月経不順――に対する懸念が高まりつつある。米国では抗うつ薬の使用量だけでも急増していることから、このような作用は複雑ではあるものの、触れておく価値がある。この種の薬剤は、間違いなく出産適齢期の無数の女性のリプロダクティブヘルスや生殖機能を低下させうる強力な因子なのである。

◉ダメージを元に戻す

耳寄りな話をすれば、これまでに伝えてきた悪影響の多くは元に戻すことが可能である。喫煙、過度の飲酒、サイクリング、あるいはＳＳＲＩの服用をやめれば、男性の精子の健全性は大きく改善する可能性がある。典型例を挙げてみよう。数年前に、フィラデルフィアのフェアファックス・クライオバンクで定期的に精子を提供していた二〇代の男性が、精液サンプル中の精子の数と運動性が低下し、円形細胞*が増加したために、その精子の受け入れが中止された。スタッフにこの変化について伝えられた提供者は、喫煙者の女性と同棲を始め、ストレスの多い新たな仕事に就き、ファストフードやジャンクフードをたくさん食べていたことを話した。スタッフは食事内容を改善し、睡眠を多くとり、ストレスをうまく処理し、タバコの煙にあまり触れないようアドバイスして彼を帰した。三か月後に彼が戻ってくると、精子の質は以前の状態に回復していたのである。

＊　円形細胞はよく理解されていないが、現在のところ未成熟な精子と考えられている。「精子形成に

対する侵襲」によって生じることがあり、インフルエンザでも生じる。

これまでに述べたように、そもそも健康な精子を持っているという前提だが、精子が六〇〜七〇日かかる過程で絶えず作り出されていることから、男性は再び白紙の状態に戻せる可能性があるというらやましい立場にある。つまり、男性の場合は生活習慣を改善すれば、精子産生をリセットすることができるのだ。女性の卵子には、精子のように作り直せる機会がない。いったん痛めつけられればそれまで——だめになって、ダメージは元に戻せない。

まとめれば、多くの人々が送っている非常に忙しく、ストレスに満ちた生活は、その性欲と生殖能力に打撃を与えているとみられるのである。その低下の主な原因が、ホルモン値の変化、ストレスレベルの増大、不適切な生活習慣の選択、あるいはその他の要因によるものかのかは判断が難しい。だがいずれにせよ、現代の生活が人々のリプロダクティブヘルスと幸福に冷や水を浴びせるような影響を及ぼしていることは明らかである。

第7章 音もなく遍在する脅威
プラスチックと現代の化学物質の危険性

◉プラスチックの有望性

映画『卒業』で、ダスティン・ホフマン演じる大学を出たてのベンジャミン・ブラドックが、カクテルパーティ会場をまわり、ゲストたちと話す場面をご存じだろうか？　あるところでベンジャミンの両親の友人マクガイア氏が彼を脇に連れていき、彼のためを思ってあるひと言をかける。「プラスチックだよ！……プラスチックには素晴らしい未来がある」。

第二次世界大戦後、化学会社はキャンペーンを展開し、プラスチックは成形して現代生活の無数のニーズを満たし、利便性を大いに高めることができると宣伝した。ほどなくしてプラスチック、そしてその中に含まれる化学物質は水ボトル、食品包装、自動車、コンピューターなどの電子機器、その他の日用品に使われ、あらゆるところでみられるようになった。具体的には、プラスチックに含まれる化学物質としては、プラスチックを軟らかく、柔軟なものにするフタル酸エステル類、製品を硬化させるビスフェノールA（BPA）、多用途で、子供用玩具、建築資材、食品包装などの幅広い製品で使用可能なポリ塩化ビニル（PVC）[†]などがある。規制がほとんど行われない一方で消費者からの需要が高かったために、「化学による生活向上」の時代が訪れた。

プラスチックは世界のあらゆるところに残留している――そして私たちはその遍在する残留物に対する代償を支払い始めている。同じことが農薬、難燃剤、その他広く使用されている化学物質についてもいえる。一九六二年にレイチェル・カーソンが画期的な書物『沈黙の春』を執筆し、合成化学物質が野生生物や環境に悪影響を及ぼし、ヒトに対しては健康リスクをもたらしているという、科学者や活動家の間で高まりつつあった懸念に世界中の関心を集めたのにもかかわらずである。それ以降、事態は悪化の一途をたどってきたのだ。

問題のひとつは、このような化学物質について規制がほぼまったくないことである。安全性と有効性について証明ずみの記録がない限り、市場に出すことが許されない医薬品とは異なり、化学物質はそもそも基本的に推定無罪とされている。安全ではないと証明されない限りは安全とみなされるのである。つまり製造業者は、監視や制限をほとんど受けることなく、このような化学物質を多様な消費者製品に用いることができるのだ。開拓時代の米国西部にも少し似ている――無法かつ未開なのである。

米国で一九七六年に有毒物質規制法が制定されてから数十年経った後でも、商業用に製造され、多くが人間の健康に有害となる可能性が認められている約八万五〇〇〇種類の化学物質のうち、試験が行われたものさえほとんどなく、禁止されたり、規制されたものはいうに及ばない。まれに化学物質が試験される場合でも、行われる研究で用いる手順では、用量の違いによる作用の差異（たとえば高用量と低用量の比較）を問題とすることがなく、またこれらの物質が人間の体内で混ざりあったときに生じるかもしれない累積的作用や相互作用による影響を考慮しないため、基本的に人間の健康が守られることはない。

重要な点は、多様な消費者製品の製造に用いられる無数の化学物質が、基本的に規制を受けていないということである。つまりそのような化学物質が市場に出まわり続け、私たちがそれを買い続け、持ち帰った家庭で私たちの体内に入り込み続けているということである。その化学物質は、いったん市場に出まわれば、その物質により汚染された食品や飲料を私たちが口にし、空気中の微小な粒子を吸い込み、製品を皮膚から吸収するなどのさまざまな経路で私たちの体の中に入り込んでくるのだ。

◉化学的分類名のゲーム

有害化学物質がどれほど長く環境中にとどまるかを理解する場合、残留性化学物質と非残留性化学物質を区別することが役に立つ。「残留する化学物質」は、私たちの体内や環境中に排出されてから長期間を経た後でも残留し、問題を引き起こすことがある。その中にはダイオキシン（工業プロセスの副産物）、ジクロロジフェニルトリクロロエタン（ＤＤＴ[†]、殺虫剤）、ポリ塩化ビフェニル（ＰＣＢ、工業用化合物）などの残留性有機汚染物質（ＰＯＰｓ[†]）が含まれる。このような化学物質には「永遠に続くものなど存在しない」という格言は当てはまらない。これらの物質はまさしく長寿命となるよう設計されているからであり、環境中、また私たちの体内に長年とどまり続けるのだ。問題は、このような「永遠の化学物質」が、人体や他の生物種の体内に入り込んだが最後、際限なく害を及ぼす可能性があるということである。なぜならこのような物質は水には溶けず、分解することがなく、体脂肪などの組織中に蓄積するからである。

二〇〇四年に採択された、残留性有機汚染物質に関するストックホルム条約は世界的な法的拘束力を持つ協定であり、あらゆる残留性有機汚染物質の製造、使用、排出を法的に禁止している。そのリストには、一二種の最も毒性の強い物質――アルドリン、エンドリン、ディルドリン、フラン、ヘキサクロロベンゼン、PCB、クロルデン、DDT、ダイオキシン、ヘプタクロル、マイレックス、トキサフェン――が優先的に廃絶すべき物質として挙げられている。この国際協定が採択されたにもかかわらず、米国を含む多くの国が批准していないために、これらの有害化学物質のいくつかはいまも使用されている。現在と過去の使用の結果として、このようなPOPsは身のまわりの空気、土壌、水、食物中――そして私たち、また他の生物種の体内にいまも存在し続けている。

私たちが食べる食物、呼吸する空気、飲む水から体内に入り込めば、このような化学物質は脂肪組織に蓄えられ、そこで蓄積して何年にもわたりとどまり続ける。たとえば、DDTの人体内の半減期は最長一五年である（一五年経てばなくなると思うなら間違いである。これは濃度が最初の半分にまで低下するのにかかる時間のことだ）。

これに対し、BPA、フェノール類、フタル酸エステル類などの非残留性化学物質は水溶性であり、基本的に体内や環境中から洗い流され、体脂肪に蓄積することはない。このような寿命の短い化学物質の半減期は四～二四時間である。それでも、フタル酸エステル類やフェノールなどの、多くの非残留性化学物質のヒトの曝露量は、私たちがそのような物質を含む製品を常に使っているために、かなり一定していることが多い。

化学物質は現代世界に非常に広範に存在しているため、完全に避けることは不可能である。私たちは日常的に、しばしば気づくことなくこれらの化学物質にさらされている。このような化学物質の多く、特にフタル酸エステル類と難燃剤は、ハウスダストの中にも存在し、その小さな粒子を吸い込んだり、口から飲み込んだり、皮膚から吸収したりする可能性もある。たとえ衛生的な閉鎖空間の中で暮らしていたとしても、その製造材料の一部に可塑剤や接着剤などの化学物質成分が含まれており、それが内分泌かく乱作用を持っている可能性は高い。

だがあらゆる人間が等しく影響を受けるわけではない。ラトガース大学の社会学准教授のノラ・マッケンドリック博士が『備えあれば憂いなし Better Safe Than Sorry』で書いているように、「誰の体にも合成化学物質は存在するが、体内負荷量は、リスク、ジェンダー、社会的不平等の社会的、政治的な構成を反映して決定的な形で異なる」。たとえば、男性と女性はいずれもこのような化学物質に日々さらされているが、ほとんどの化粧品——ヘア製品、クリーム剤、ローション剤など——は主に女性向けに販売されており、このような製品にはさまざまな重金属や内分泌かく乱化学物質が含まれている。だがテストステロン値を低下させるフタル酸エステル類などの他のほとんどの化学物質については、男性のほうが合計の曝露量が多い。

子供にもリスクはあり、母親のお腹の中にいる間でもそれは変わらない。現代の赤ちゃんは、子宮内で吸収する化学物質のために、すでに汚染された状態でこの世へと生まれ出る。そして誕生後は、母親の母乳中の脂肪に蓄えられている多くの「永遠の化学物質」を口にする。母乳による授乳期間が長いほど、母親がそのような化学物質を排出する量は増え、特に第一子で多くなる。二〇一〇年のスウェーデンのドキュメンタリー映画『サブミッション(Submission)』の中で、妊娠中のスウェーデン人の女優がEDCについて血液検査を受け、その結果に驚く。年長の女性が出てきて、「すぐに息子たちのことを思い、どれほどの間お乳をやっただろうと考えました」と述べる。この気づきは、母乳を与えることでわが子の免疫機能を高め、脳の発達を促していると信じている女性にとってはとりわけ心の痛むものである。

◉ホルモンに大混乱をもたらす

環境有害物質は、いったん体内に入ってしまえばさまざまな形で害を及ぼす。最もわかりにくい害のひとつが内分泌かく乱によるもので、身体の内分泌（ホルモン）系の働きを妨げる。内分泌系とは、ホルモンを作り出し、分泌する腺と器官からなる複雑なネットワークだが、内分泌かく乱化学物質（EDC）はその正常な機能を妨げることがあるのだ。これまでに述べたように、ホルモンは身体のある部分で作り出される化学物質で、重要な情報を携えたメッセンジャーのように血流を通じて身体の他の部分へと移動し、特定の細胞や器官がどのように機能を果たすかを調節する。ヒトの体内には多種多様なホルモンが存在する。本書のテーマに照らし、ここでは主に生殖ホルモン、特にエストロゲンと男性的特徴の発達を刺激する主要アンドロゲンであるテストステロンを取り上げる。

EDCの中には、疑似ホルモンのように作用し、天然のアンドロゲンやエストロゲンがはまるはずの受容体部位に結合し、本物であるかのように私たちの身体をだまして反応させるものがある。このような作用により、天然ホルモンが作られる量や放出される量が増え過ぎたり、減りすぎたりすることもある。またホルモンの移動の仕方を変え、行先を変更して割り当てられた仕事の実行を妨げることもある。また天然ホルモンが体内でどのように分解され、蓄えられるかに影響を及ぼし、そのホルモンの血中値を増やしたり、減らしたりするもの、またさまざまなホルモンに対する私たちの身体の感受性を変化させるものもある。体外からの合成化学物質によって、ホルモンが本来体内で作用するはずのパターンが変化すると、細胞や組織に実体的異常が生じたり、器官が本来の形で機能しなかったりすることがある。ＥＤＣには抗アンドロゲン作用や強力なエストロゲン作用を持つものがあり、おわかりかと思うが、抗アンドロゲン作用を持つ物質は男児で特に問題となり、エストロゲン作用を持つ物質は特に女児に悪影響を及ぼす。

ＥＤＣがかく乱作用を及ぼしうる範囲の広さは際立っている。生殖器系だけでなく、免疫系、神経系、代謝系、心血管系を含む生物のほぼあらゆる器官系で、多くの健康上の有害作用と結びつけられている。さらに悪いことに、ある種の健康状態に対する遺伝的脆弱性が当人にあると、他の化学物質への曝露や生活習慣と相まって、特定のＥＤＣによる影響が強まってしまうことがあるのだ。

また内分泌かく乱化学物質は、発達中の脳に対して重大な影響を及ぼし、その人のジェンダーアイデンティティや性的アイデンティティに影響を与えることもある。脳は最も強力な生殖器であるという話を耳にした読者もいるかもしれない。セックスセラピストはよくこの話をするが、それは脳が性的興奮や性的反応を作動させる器官だからである。興味深い意外な展開を紹介しよう。二〇一四年に、私の同僚で毒性学者として当時ロチェスター大学にいたバーニー・ワイス博士が、身体最大の生殖器としての脳について、別の切り口で語っている。彼の話は、ある種の環境化学物質が、男性と女性で異なる形でいかに脳の機能と行動を変化させることがあるかという内容だった。彼／彼女／彼らの性別やジェンダーと対応しているのは、当人の両脚の間にあるものだけでなく、脳もそうなのだということである。周囲の環境に存在する化学物質は、そのような性を決定する器官の発達だけでなく、男児と女児で典型的に異なる行動にも影響を及ぼす可能性があるのだ。たとえば、男児は空間能力（物体間の空間的関係を理解し、記憶する能力）を女児より早く獲得することが多いのに対し、女児の言語能力は男児より早く発達することが多い。私のものを含め、いろいろな研究から、ホルモンに影響を及ぼす一部の化学物質にたくさん曝露されることで、このような能力の男女差が小さくなる場合があることが示されているのだ。

乳幼児たちは、自分で動けるようになると、はったり、床で遊んだり、しばしば自分の手を口に入れたりするため、とりわけ多くの化学物質を含むハウスダストにさらされるリスクが高くなる。乳幼児の身体の器官系はまさに発達中なので、このような化学物質を代謝する能力が大人より低い。曝露量が少なくても蓄積することがあるのだ。このような化学物質が体内に入り込むと、年齢に関係なく、頭のてっぺんからつま先までさまざまな器官系を通じて広く分布する可能性がある。これらの物質が私たちの体内をどれほど移動することがあるかは本当に驚くほどである（身のすくむような警告：二〇一八年に、史上初めてマイクロプラスチック粒子――それも九種類も！――がフィンランド、オランダ、英国、イタリア、ポーランド、ロシア、日本、オーストリアのボランティアの便から見つかった）。

もし自分はこのような化学物質に日常的にさらされてはいないと思うなら、次の例を考えていただきたい。カナダの環境問題活動家のリック・スミスとブルース・ラウリーは、共著『ゴムのアヒルによる緩慢なる死 Slow Death by Rubber Duck』の執筆の際に、日常生活でよく使われる製品によって化学物質の体内負荷量がどのように変化するかを、自分たちを実験台にして調べる実験を計画した。二〇〇八年の夏に私はリックから連絡を受け、彼らの科学実験に「フタル酸エステル類の専門家」として参加し、実験の手順と結果を評価するよう求められた。自分たちが受ける曝露を実生活に似たものにしなければならないとの基本方針に従い、リックとブルースは懸念のある化学物質に的をしぼり、そのような化学物質への曝露量を増やす可能性の高い活動を割り出した。彼らは実験を始める前にそれらの化学物質の血液と尿のサンプル中の濃度を測定することで個人的な基準値とした。

彼らはブルースのマンションに「実験室」を組み立て、一二時間交代でその中に滞在して、実験対象の化学物質に自らをさらすためにパーソナルケア製品を塗り、抗菌ハンドソープを使い、缶詰や加工食品を食べ、コーヒーや缶入り炭酸ジュースを飲み、汚れ防止用製品のスティンマスターを使用したばかりのカーペットやソファのある部屋で時間を過ごした。四日後、彼らは再び尿と血液のサンプルを採取し、高精度検査所に送って分析してもらった。実験対象の化学物質の数値は、基準値から四日後にかけて大幅に増加したが、リックが本の中で記したように、飛び抜けたものがひとつあった。「非常に劇的だったのは、商品を使った結果として、私のMEP〔フタル酸モノエチル〕値――シャナ・スワンが男性の生殖上の問題と結びつけていた化学物質のひとつ――が一ミリリットルあたり六四ナノグラムから一四一〇ナノグラムへと天井やぶりに増加したことだ」。これは、ヘアケア製品、シェービングジェル、デオドラント、芳香剤、ローションなどの香料の入った化粧用品を体に塗り、また実験室内で香料入りの液体せっけんやコンセント差し込み式の香油を使ったことによる直接的な結果だった。

一九九九年以降、米国国民健康栄養調査（NHANES）が、絶えず入れ替わる代表集団サンプルの対象中から選んだ、二五〇〇人の成人と子供の健康を評価しており、米国疾病管理予防センターがこの研究の参加者について環境化学物質の数値を定期的に測定している。この研究から、誰がどの化学物質にいつ曝露されているかの情報が得られ、この情報は科学者が異なる集団を通じて曝露と関連リスクをマップするための資料となっている。つまり、この調査により科学者が曝露が多く生じている領域を見つけ、それを研究することが可能となるのだ。科学者が人々に喫煙量やタイレノールの服用量を尋ね、彼らの体内のその物質の量を推定することはできても、環境化学物質で同じことはできないため、この調査は重要である。つまるところ、自分がどれほどこのような化学物質にさらされているのか、あるいはそのような化学物質がどれくらい自分の体内にあるのかを正確に知っている人などいないのだから、そのような質問をしても意味がないのだ。代わりに、環境化学者は極微量の体液（通常は尿や血液中だが、母乳などの場合もある）に含まれる少量の化学物質でも測定できる方法を開発している。*

＊ 脂肪中に蓄えられる残留性化学物質（DDTなど）は血液で測定するのが最適なのに対し、非残留性化学物質（フタル酸エステル類など）は尿中で測定する場合に最も信頼性が高い。

当然ではあるが、新たな化学物質が商品中に多く使われるようになったり、懸念をもたらすようになったりするにつれ、長期的に検査対象の化学物質の数は増えてきている。リプロダクティブヘルスについては、フタル酸エステル類、ビスフェノールA、難燃剤、農薬が最大の懸念物質であり、フタル酸エステル類が男性に最強の影響を及ぼすのに対し、BPAは女性に対し特に悪影響を及ぼす。産業界だけでなく一般社会も、プラスチックを含む現代の化学に基づく利便性などの「化学による生活向上」をいかに急速に受け入れてきたかを考えれば、化学製品の生産量が急増しつつあった一九五〇年以降に精子数の減少が生じたことも驚くにあたらない。このような問題の元である化学物質の作用について以下にくわしくみてみよう。

◉フタル酸エステル類

多種多様な化学物質のグループであるフタル酸エステル類は、プラスチックやビニル、床の敷物や壁装材、医療用チューブや医療機器、玩具、また多様なパーソナルケア製品（マニキュア液、香水、ヘアスプレー、せっけん、シャンプーなど）に含まれている。フタル酸エステル類は体中に広く分布しており、尿、血液、母乳中で測定することができる。中でも最も懸念すべき物質は、男性が十分に男性化するのに必要となるテストステロンなどの男性ホルモンの産生量を低下させる可能性のあるもの（抗アンドロゲン作用を持つフタル酸エステル類）であり、この変化により男性が不妊化したり、単純に精子数が減少したりする可能性が高まる。この点で特に有害な三物質は、フタル酸ジ-2-エチルヘキシル（DEHP）、フタル酸ジブチル（DBP）、フタル酸ブチルベンジル（BBzP）である。その生殖毒性のために、この三つのフタル酸エステル類については、欧州連合では他の物質とともに段階的な廃止が予定されている。だが米国ではそのようにはなっていない。

この三つの悪名高い物質の中でも、DEHPが男性の生殖器系に対し最も有害とみられる。二〇一八年に行われたこのテーマに関する研究のレビューで、DEHPによるAGDの短縮、精液の質の低下、テストステロン値の低下、またDBPによる精液の質の低下と妊娠が得られるまでの時間の延長など、「DEHPおよびDBPへの曝露と男性の生殖上の影響との関連性についてのはっきりした証拠」が認められている。成人期のフタル酸エステル類への曝露量が多かった男性でも精子数が少なく、異常な形態の精子が多い傾向がみられる。

第5章でみたように、出生前に抗アンドロゲン作用を持つフタル酸エステル類にさらされると、性器の大きさを含め、乳児の男性生殖発達が変化することがある。予備的データから、妊娠中に数種類のフタル酸エステル類が高濃度で認められた母親から生まれた男性では、成人期早期時点で精巣容量が少ないことが示されているが、これは精巣機能の低さ（精子パラメーターの悪化など）に関わるものである。この一連の影響は複数の観点から望ましくないものである。フタル酸エステル類の代謝物（体内で化学物質が代謝された際に生じる副産物）の数値が高い若年男性では、精子の運動性と形態が悪いことが研究で示されている。これは悪い知らせだ。なぜならフタル酸エステル類の代謝物の数値の高さには、精子のアポトーシス（基本的に細胞の自殺を意味する用語）増加との関連も認められているからである。自分の精子が自滅している話など、ほとんどの男性は耳にしたくないだろう。

フタル酸エステル類は女性の卵巣にとっても悪材料である。その曝露量の多さには、無月経（月経周期中に卵巣が卵子を放出しない状態）や、卵巣機能の異常とアンドロゲン値の上昇を伴うホルモン障害である多嚢胞性卵巣症候群（ＰＣＯＳ）との関連が認められている。さらに、ある種のフタル酸エステル類の代謝物の血中濃度の高さが、原発性卵巣機能不全（早発閉経）と関連している可能性を示す若干の証拠がある。閉経の時期が早まる可能性に加え、特にパーソナルケア製品に含まれるフタル酸エステル類に多く触れることは、四五～五四歳の女性のほてり症状の多さと関連しているとみられる。だがほとんどの女性は、自らの身だしなみを整える習慣のために、中年期の健康がこのように低下してしまう可能性に気づいていない。

二〇〇二年、環境保護団体と公衆衛生機関が合同で七二種類の有名ブランドの化粧品についてフタル酸エステル類の有無を調べたところ、デオドラント、芳香剤、整髪用ジェルやムース、ハンド・ボディローションなどの製品の約四分の三にこのような化学物質が含まれていることが発見された。二〇〇四年、欧州連合は化粧品中のDEHPとDBPの使用を禁止した。米国は同様の措置を講じていないものの、一部の企業は自主的にパーソナルケア製品からこれらの物質を段階的になくすことを決めている。これは少なくとも正しい方向に向かう一歩ではある。

◉ビスフェノールA

BPAが初めて合成されたのは一八九一年だが、商品化の可能性が探られたのはふたつの世界大戦の間の時期である。一九三〇年代半ばに、英国の医学研究者エドワード・チャールズ・ドッズが、ロンドン大学でBPAのエストロゲン作用を明らかにし、その後も数年間、強力な合成エストロゲンを探して化学物質の試験を続けた。彼はジエチルスチルベストロール（DESとしてのほうが有名）にその作用を発見し、その効力は哺乳類で天然に存在する最も強力なエストロゲンであるエストラジオールの五倍と推定された。一九四〇年代から、DESは、月経や閉経に関わる病状に対するものなど、さまざまな「治療」の目的で使用された。妊婦の流産予防という最も危険な用途は、一九七一年にDESが女性の産んだ娘にまれながんを引き起こすことが発見されたために禁止されている。

BPAは化学構造がDESと似ているものの、医薬品として使用されることはなかった。代わりにその有用性はプラスチックへの添加にあることが発見された。一九五〇年代初めから、BPAはエポキシ樹脂に混ぜて使用され、エポキシ樹脂は金属装置の保護用コーティング、パイプ、食品の缶詰の内側コーティング、また接着剤、滑り止めコーティング、プラスチックに配合された。次第にBPAは硬質プラスチック、電子機器、安全装置、感熱レシート紙、その他の日用品に使われるようになり、ついにはどこにでもみられるようになったが、そのエストロゲンに似た作用は目立たずに潜み続けた。

長い期間をかけて、BPA曝露（特に職業曝露）が男性の精子の質の低下と関連していることがわかってきた。米国最大級の病院グループ企業であるカイザーパーマネンテの研究者が、中国の工場労働者を対象にBPA曝露の影響を評価する研究を行ったところ、尿中にBPAが検出できた男性では、検出されなかった男性よりも、精子数減少を示すケースが四倍以上、精子の生存率が低いケースが三倍以上、精子の運動性が低いケースが二倍以上多いことが判明した。

他にも有害な波及作用が生じる可能性がある。BPAの曝露量が多かった男性の息子はAGD（肛門からペニスの付け根までの距離）が短いことが多い。またBPAとエポキシ樹脂を製造する工場で働いていた男性の性的満足度を調べると、勃起障害や射精障害が多く、性欲が低いなどの性機能障害の発生率が高いことが判明した。

BPAが女性のリプロダクティブヘルスにもたらしうる影響は、女性ホルモンであるエストロゲンを模倣することもあってさらに大きく、身体にエストロゲンに似た変化を引き起こす可能性がある。血中のBPA値が高い女性では、妊娠しにくいなどの生殖上の問題を生じるリスクが高まるという説得力のある証拠がある。その原因が、この化学物質がさまざまな生殖器の機能に悪影響を及ぼしているためなのか、排卵にとってきわめて重要なエストロゲン値の適切な変動周期に悪影響を及ぼしているためなのかは不明である。

妊娠を生じる女性のうち、血液中の抱合型BPA値が最高度の女性では、妊娠第一期中の流産リスクが八三パーセント高い。第一期中の尿中のBPA値が高い女性から生まれた娘では、AGDが大幅に短いケースが多い。ヒトでの研究で、多嚢胞性卵巣症候群（PCOS）の女性は「生殖機能が健康な女性」よりも血中BPA値が高いことが判明していることを踏まえ、BPAはPCOSの一因にもなっていると考えられている。さらに、若年期と成人期のBPA曝露に、卵子の質の低下との関連性が認められており、若年での閉経につながる早期卵巣機能不全の原因候補に挙げられている。女性の生涯を通じ、BPAはリプロダクティブヘルスにとっての災いの源と考えたほうがよさそうである。

◉難燃剤

一九七〇年代以降、火災を防いだり、火の勢いを弱めたりする目的で、発泡体の家具や布張りの家具、マットレス、カーペット、子供用パジャマ、コンピューター、その他の一般的製品の多くの材料に化学的難燃剤が添加されてきた。難燃剤には何十もの種類がある。健康面や安全上の懸念のために市場から排除されたものもあるが、このような「過去のものとなったが忘れられてはいない」化学物質は簡単には分解しない。それどころか環境中にとどまり続け、ヒトや動物の脂肪組織に蓄積することがある（後者の場合、私たちが食べる動物性脂肪からこれらの化学物質を摂取することになる）。

長年の間に、難燃剤の化学物質は人間の健康に悪影響を及ぼすことがわかってきた。ポリ臭素化ジフェニルエーテル類（PBDE）と呼ばれる物質群は、子供の神経発達上の問題、また妊婦の甲状腺機能の変化との関わりがあることが認められている。またこのような化学物質は、エストロゲン作用から抗エストロゲン作用、抗アンドロゲン作用までさまざまな内分泌かく乱活性も示す。このような影響を踏まえれば、PBDEの血中濃度が高い女性ほど妊娠するのに時間がかかることが研究で認められているのも驚くにはあたらない。だがそのリスクは女性が妊娠すれば終わるわけではない。なぜなら、このような化学物質の血中濃度の高さが流産リスクの増加と関連しているという証拠も存在するからである。

一方、出生前に高値のＰＢＤＥに曝露されることで、生まれた子供の思春期の到来時期が変化することがあり、最も顕著なのが女児での初潮の遅れだが、男児では思春期が早まる。発達中の胎児が子宮内でＰＢＤＥなどの臭素系難燃剤にさらされると、胎児の内分泌系にかく乱作用が、主に甲状腺機能に生じることがある。また生殖機能や神経発達にも生じることがある。このような化学物質は、他の多くの物質と同じく、ヒトの母乳中に蓄積し、母乳を飲む赤ちゃんへと移動することがあるという証拠も増えつつある。二〇一七年に発表された研究で、研究者が一五年間にわたり北米、ヨーロッパ、アジアで集めたヒトの母乳中のＰＢＤＥ濃度を調べたところ、ＰＢＤＥの総濃度はヨーロッパやアジアよりも北米の母乳のほうが二〇倍以上高かった。母乳の純粋さとはなんだったのだろう！

●農薬

農薬（除草剤、殺虫剤、防カビ剤を含む）も生殖能力や内分泌系などの人間の健康に悪影響を及ぼすことがある。化学薬品の種類に応じ、このような影響には、エストロゲン、プロゲステロン、またはアンドロゲンの受容体に対する競合的結合［先に結合し、本来のホルモンの結合を妨げてしまう］がある。あるいは、アンドロゲンやエストロゲンの産生、利用可能性、作用を妨げたり——エストロゲンやプロゲステロンなどの女性ホルモンが作られる量を増やしたりすることもある。さらに甲状腺ホルモンの産生や作用を妨げるものもある。ちょっとした混乱状態である。

一九七七年の夏、米国カリフォルニア州ラスロップの農薬製造労働者の小集団が、化学物質が自分たちの健康にどのような悪影響を及ぼしているのかと心配していた。オクシデンタル・ケミカル社の工場のある労働者は次のように振り返る。「この部署で二年以上働いた人間には子供ができなくなるといううわさがありました。そして私には子供ができないのです」。まもなく検査の結果から、このようなうわさの背景にある物質が明らかとなった。製造ラインについていた多くの労働者は精子数が異常に少ないことが判明し、ゼロのケースすらあった。彼らの不妊の原因は最終的にジブロモクロロプロパン（DBCP）[†]への曝露と結びつけられた。この物質はパイナップルやバナナのプランテーションで広く用いられており、米国ではかつては最も使用量が多かった農薬だが、一九七九年に使用が禁止されている。

その後まもなく、ハワイでパパイヤのミバエ蔓延の対策作業のために二臭化エチレン（EDB）に長期的に曝露していた労働者で、近隣の製糖所の労働者と比べて精子の質が大幅に低いことが認められた。

南アフリカでは、殺虫剤のDDTがマラリアの予防対策の一環としていまも広く使用されている。DDTへの曝露は、さまざまな種類の野生生物の生殖発達に悪影響を及ぼすことに加え、DDTの噴霧を受けた家屋で暮らす母親から生まれた男性では、DDT曝露に精液の質の低下と外部泌尿生殖器の先天異常との関連性があることが認められている。日常的に家屋にこの内分泌かく乱化学物質が噴霧されている村で暮らす成人男性では、エストロゲンとともにテストステロンの濃度が高いことも認められている。

二〇〇〇年、私は「将来の家族のための調査（Study for Future Families）」を開始し、米国の大きく異なる四地域で募集した男性の精液の質を調べた。その結果、この生殖パラメーターについて最も著しい差が、ミズーリ州中央部の田園地帯の男性とミネソタ州ミネアポリスの都市部の男性の間にあることが判明した。ミネソタ州の男性では運動性のある精子の数がミズーリ州中央部の男性より二倍多かった。農地面積と農薬の使用量はミズーリ州中央部のほうがはるかに多かった。農薬への曝露が原因である可能性を検証するために、私は同僚とすべての精子パラメーターが低値の男性群と、すべての精子パラメーターが高値の対照群を選択し、彼らの尿中の農薬を測定した。おそらく読者も結果を推測できるのではないかと思うが、ミズーリ州の男性は数種類の除草剤と殺虫剤に曝露されており、精子の質が劣っていたのである。

農薬への曝露は、農薬に汚染された食品を食べることでも生じるが、それが男性のリプロダクティブヘルスにどれほどの影響を及ぼすのかは明らかになっていない。二〇一五年のスペインの研究で、不妊クリニックで男性の尿中に含まれるある種の農薬の代謝物の濃度を調べたところ、四種類の農薬の副産物の濃度が高いほど、精子濃度が低く、総精子数が少ないことが判明した。また運動性のある精子の割合と、三種類の農薬の代謝物の尿中濃度の間にも確かなマイナスの関連性が認められた。

農薬については女性も無罪放免というわけにはいかない。グリーンランド、ウクライナ、ポーランドで一七一〇人の妊婦とその男性配偶者を対象とした研究で、女性の血液サンプル中のある種の農薬の有無と、妊婦に流産や死産の経験があるかどうかが調べられた。二種類の農薬――PCBの一種（CB-153）とDDE（DDTの代謝物）――の血中濃度が高い女性ほど、確かに妊娠喪失リスクが高かった。また有機塩素系殺虫剤への曝露量が多い女性ほど、妊娠するまでの期間が長くなる可能性があることを示す若干の科学的証拠がある。

このような知見は農場労働者にだけ当てはまるわけではない。特定の農薬の毒性や個人の曝露量に応じ、ある程度は駆除業者、造園業者、温室労働者、花屋にもリスクが生じる可能性がある。農薬の残留物を含む食品や飲料を大量に、通常はそれと気づかずに摂取している人々も同様である。

◉気づかれていない他のEDC

密かなホルモンの脅威はこれで終わりというわけではない。男性の血液中また精液中のペルフルオロアルキル化合物（PFC：ファストフード用包装、紙皿、汚れにくいカーペット、洗浄液などの多様な消費者製品に含まれる防汚、防水、防油脂化学物質）の値の高さには、精液の質や精巣容量の低下、ペニスの長さや肛門生殖突起間距離の短縮との関連が認められている。汚染された魚を食べることによるPCB（ポリ塩化ビフェニル）への曝露が中等度から高度だった女性では、月経周期の短縮や生殖能力の低下が生じやすいことを示す証拠がいくらかある（米国では禁止されているにもかかわらず、PCBは環境中に残留しており、食物連鎖を通じて蓄積している）。

特筆すべき研究だが、八歳か九歳の時点で、工業プロセスの副産物であり、環境中に残留するある種のダイオキシン類の血中濃度が高かったロシアの少年では、一八歳または一九歳の時点で精子数が少なく、濃度が低く、運動性のある精子数が少なかった。ダイオキシンは女性のリプロダクティブヘルスにも悪影響を及ぼす。一九七六年にイタリアのセヴェソ近郊の化学工場で起きた爆発事故により、TCDD[†]（2・3・7・8-テトラクロロジベンゾパラダイオキシン）と呼ばれるダイオキシンに対する、これまでに知られている中で最高度の集団曝露が発生した。研究者は三〇歳以下の女性六〇一人のTCDDの血中濃度を測定し、その健康を二〇年にわたり追跡した。TCDDの血中濃度が高かった女性では、低かった対照女性より子宮内膜症のリスクが二倍高かった。さらに妊娠するのにかかる期間が長く、また不妊リスクも二倍に増えた。

私たちが有害化学物質を示すアルファベットにまみれて暮らしているように思えるなら、まさしく

内分泌かく乱化学物質：
低用量が問題となる

日常的な曝露が現代の流行病の一因となる。

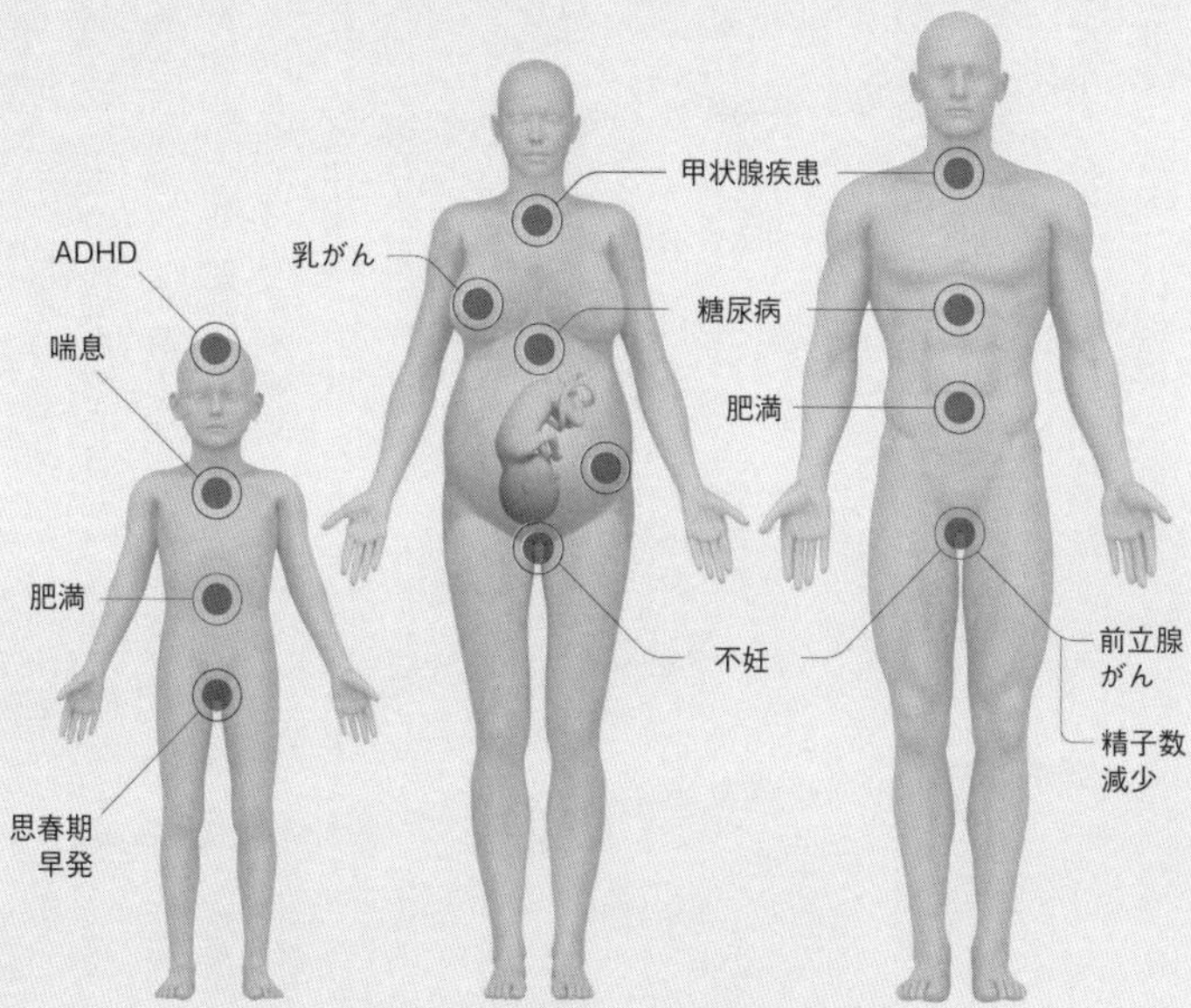

子供用玩具、飲料用ペットボトル、洗浄用品、ハウスダスト、
家具／電子機器、建築資材、香料、食物、食品包装、
レジの感熱レシート紙、飲料水、パーソナルケア製品

人々はどのように曝露されるのだろうか？

出典：HEALTH AND ENVIRONMENTAL ALLIANCE AND TED X

その通りである。そしてこのリストには私たちがさらされている医薬品すら含まれていないのだ！＊

＊　現在のところ、ほとんどの地方自治体の水処理施設では飲料水から医薬品を取り除くことができないため、医薬品は私たちの水道水中に潜んでいる可能性が高い。つまり、私たちは、水道水に含まれる微量の鎮痛薬、抗生物質、抗凝固薬、抗うつ薬、抗ヒスタミン薬、降圧剤、ホルモン剤（経口避妊薬、ホルモン療法薬から）、筋弛緩薬などの医薬品を摂取しているということである。さらに、シャンプー、コンディショナー、ボディソープ、ローションなどのパーソナルケア製品に含まれる化学物質も排水中を流れ、水処理施設へとたどり着く。その化学成分はすべてがろ過により取り除かれるわけではなく、家庭の水道口まで届く。つまりこれもEDCが人々の体内に入り込むさらなる経路なのだ。

さらなる問題がある。「量が多ければなんでも毒になる」という一般に信じられている考え方（毒性物質でも濃度が十分に高くなければ害を及ぼすことはないだろうという考え方に基づく）とは裏腹に、内分泌かく乱化学物質はこれとは異なる振る舞いをしばしば示す。それどころか、EDCはきわめて低い用量でも有害な作用をもたらすことがあるのだ。このような低用量は、職業曝露や産業事故ではなく、化粧をしたり、ボディローションを塗ったり、あるいは本書をプラスチック袋に入れて持ち運ぶなどの通常の日常的接触で生じるレベルなのである。

◉残念な代替

ある化学物質に有害性があることが判明し、製造工程でその物質の代わりに別の物質が使われることで問題が解決できるなら素晴らしいことだろう。だが残念ながら、ものごとは必ずしもそううまくいかない。というのも、代わりに使われる化学物質が元の化学物質と同じ作用を持っている場合があるからだ。このパターンは一九七〇年代に現実のものとなった。当時、DDTが、神経毒性を持つことが判明した殺虫剤のヒ酸鉛に対する「安全な」代替物質と考えられていたのである。DDTにも神経毒性があることが判明すると、今度は別のグループの有機リン酸系殺虫剤が代わりに用いられたが、この物質にもやはり子供の脳の発達を阻害する神経毒性があったのだ。

私自身も研究でこのような展開を目の当たりにしている。私たちは妊婦に関する大規模研究を一〇年の間隔を空けてふたつ行ったが、その一〇年（二〇〇〇年から二〇一〇年）の間に、可塑剤として使われる化学物質フタル酸ジ-2-エチルヘキシル（DEHP）への人々の曝露は、子供用玩具でその使用が禁止されたこともあって五〇パーセント減少していた。疑いの余地なく、この禁止は公衆衛生と環境衛生にとって良いことだった——だが、その間にDEHPが代替化学物質により置き換えられ、そのうちのひとつ、フタル酸ジイソノニル（DINP）が、DEHPと同じくらい男性の生殖発達に悪影響を及ぼすことが判明したのである。

同じように、二〇〇四年にPBDEが禁止される一方で、その代わりに使用された化学物質のひとつがほぼ同じくらい危険であることが判明している。二〇一一年にダウケミカル社が主に屋根や壁の裏側に使われるポリメリックFRを発売すると、「画期的な持続可能な化学《サステイナブルケミストリー》」の一例と謳《うた》われたが、その分解生成物が旧来の難燃剤と非常によく似たもの、つまり有毒であることが明らかになったである。他にも例がある。「ビスフェノールA（BPA）を含まない」と宣伝された多くの製品で、ビスフェノールSがビスフェノールAの代わりに用いられるようになってから、そのような製品にも内分泌機能を損ない、思春期早発、肥満、卵子の損傷を助長する可能性があることが明らかとなっている。読者にもはっきり事情を飲み込んでいただけたことと思う。

問題は、「残念な代替」を止める手立てがないことである。このやり方では、製造業者は有害化学物質を別の化学物質で置き換えるのだが、その代替物質が安全ではないことが判明する場合があるのだ。このようなどんでん返しは、ある化学物質が健康に悪影響を及ぼすかもしれないとして社会が抗議の声を上げたり、規制機関が規制を強めたりすることへの対策として、業界が、有害と認められた化学物質を社会が安全と思う新しい化学物質で置き換えることで起こる。[*] だがそのやり方が必ずしも意図通りにはいかないのだ。

＊ 内実は、国際的な環境グループであるコラボレイティヴ・オン・ヘルス・アンド・ジ・エンヴァイロンメント（Collaborative on Health and the Environment）が指摘するように、これは「代替物質は基本的に安全だと思う社会の誤解に付けこんでいる」のである。

マサチューセッツ州ニュートンにある研究機関、沈黙の春研究所（Silent Spring Institute）の毒性学者ルサン・ルーデルは、ニューヨークタイムズ紙のライターに、「私たち環境科学者は、化学会社と壮大なもぐら叩きゲームをやっているように思えるときがあります」と語っている。子供にとっては楽しいものかもしれないが、私たちは自分たちのリプロダクティブヘルスでこんなゲームをやるべきではないのだ。

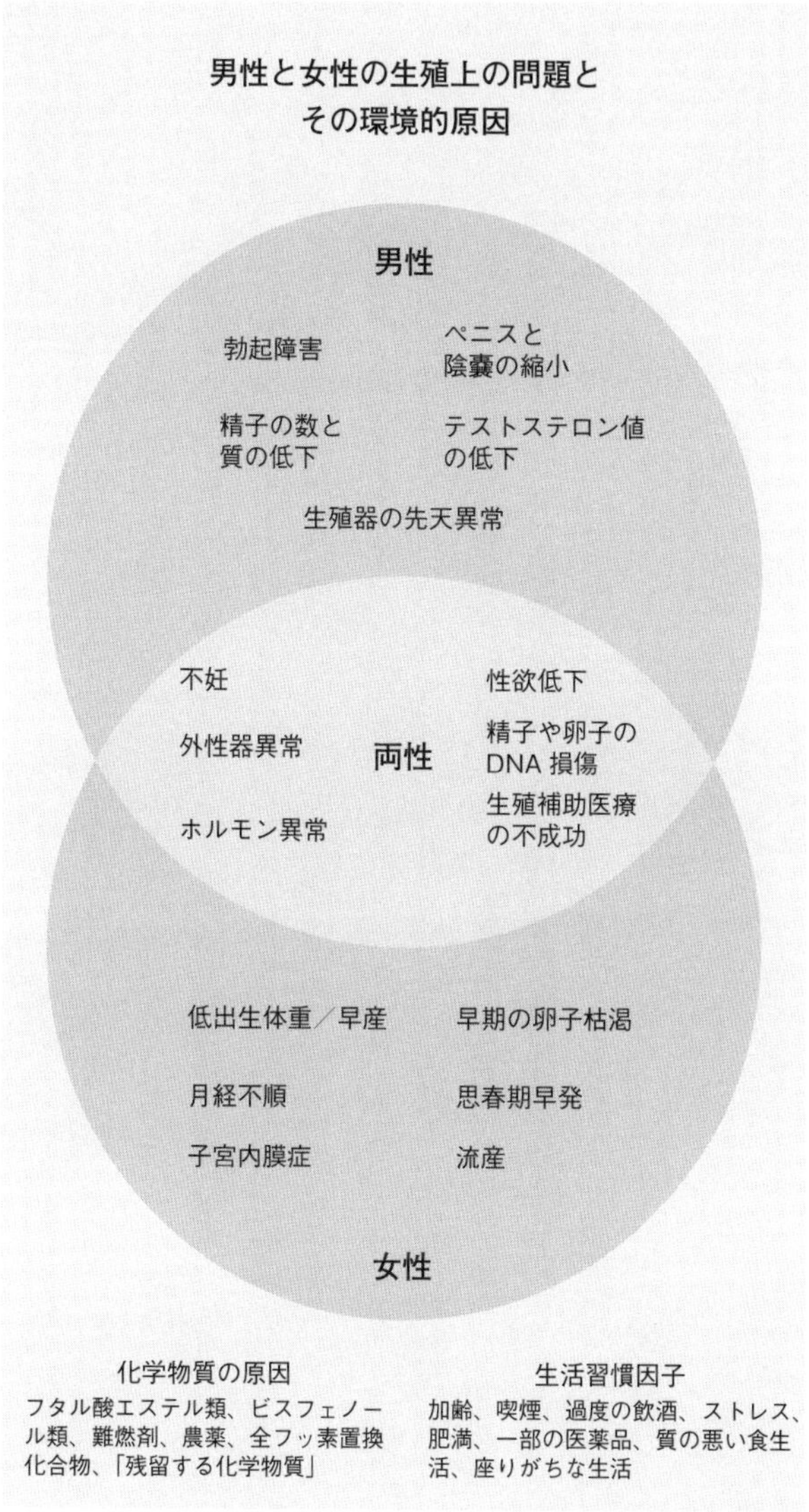
男性と女性の生殖上の問題と
その環境的原因
男性
勃起障害
ペニスと
陰嚢の縮小
精子の数と
質の低下
テストステロン値
の低下
生殖器の先天異常
不妊
外性器異常
ホルモン異常
両性
性欲低下
精子や卵子の
DNA 損傷
生殖補助医療
の不成功
低出生体重／早産
早期の卵子枯渇
月経不順
思春期早発
子宮内膜症
流産
女性
化学物質の原因
フタル酸エステル類、ビスフェノール類、難燃剤、農薬、全フッ素置換化合物、「残留する化学物質」
生活習慣因子
加齢、喫煙、過度の飲酒、ストレス、肥満、一部の医薬品、質の悪い食生活、座りがちな生活

第3部　広がる悪影響

第8章

曝露の影響の広さ

生殖能力への波及作用

◉健康に生じる悪循環

生殖能力の問題や生殖上の異常の影響がその枠内にとどまり、他には影響を及ぼさないと思うのは単純に過ぎるだろう。このような問題は、当人の性生活、男女が昔からのやり方で妊娠を生じる能力、当人の自己イメージや身体に対する自尊心、男女の性的関係や感情の状態に影響を及ぼす可能性がある。だが波及作用はそこで終わらない。精子数減少、習慣流産、子宮内膜症や多嚢胞性卵巣症候群（PCOS）などの生殖障害は、男性や女性の長期的健康に重大な影響をもたらし、早死につながる可能性すらあるのだ。

男性から話を始めよう。多くの人が気づいていないのは、精子濃度やテストステロン値の低下などのリプロダクティブヘルスの障害が、男性の全般的健康の悪化と関連しているという点である。男性因子による不妊の診断を受けたことのある男性約一万三〇〇〇人を対象とした二〇一六年の研究では、精子濃度の低い男性では、不妊の診断を受けていない男性と比べて糖尿病の発症リスクが三〇パーセント、虚血性心疾患の発症リスクが四八パーセント高かったことが判明している。低精子濃度などの男性不妊には、がんリスク、特に精巣がんや高悪性度前立腺がんのリスク増加との関連性も認められている。二〇一七年の研究によれば、精子濃度が一ミリリットルあたり一五〇〇万未満の男性は、四〇〇〇万以上の男性よりあらゆる医学的理由による入院リスクが五〇パーセント高かった。

このようなリスクの高さを考えれば、不妊の男性が生殖能力のある対照男性よりも早く死亡する可能性があることも驚くにはあたらない。二〇一四年の研究で、スタンフォード大学の研究者が不妊について評価を受けた男性一万二〇〇〇人の健康を追跡したところ、精子の数、運動性、または精液量が低値だった——いずれも男性因子の不妊に該当する——男性では、精液の質が正常だった男性と比べてその後の一〇年間の死亡率が高いことが判明した。研究者が「重度に損なわれている」精液とみなす、ふたつ以上の精液パラメーターに異常があった男性では、精液の質が正常な男性よりも一〇年間の追跡期間中の死亡リスクが二・三倍高かった。

この関連性の背景にある正確なメカニズムはわかっていないが、考えられる仕組みを説明する仮説は存在する。ある説ではDNA修復機構に欠陥があるために細胞分裂過程が損なわれ、これにより精子産生に悪影響が生じ、がん発症リスクが高まるとする。別の説はホルモンによる原因、つまり不妊の男性では生殖能力のある男性より血中テストステロン値が低いことを指摘する。男性のテストステロン値が低いと心血管疾患の発症リスクが増え、筋肉量減少、腹部脂肪の増加、骨の弱化、勃起障害、また記憶、気分、活力の症状の原因となるが、これらは多くの男性が是が非でも避けたいと思う状況である。研究者は、子宮内で遺伝プログラムがかく乱されることで、生殖器の発達に支障が生じるだけでなく、男性の後の人生での健康にも影響が生じる可能性があるとの仮説も立てている。これは実際さまざまな寄与因子が網のようにもつれあった話である。

「六番目のバイタルサイン」、「前兆」、「基本的バイオマーカー」などといろいろな呼び方があるが、次のことは明らかである。男性の精液の質からその人の将来の健康リスクについてなんらかのことがわかるのだ。良い面についていえば、デンマークの男性四万人を対象とし、最長四〇年にわたって追跡した研究によれば、精液の質が高い男性は、不妊の対照男性よりも余命が長く、多様な病気の発生率が低い。簡単にいえば、精子量の豊富さは男性の健康の良好さ——複数の面での力強さと関連しているのだ。

◉女性にとっての不運なドミノ効果

女性でも、リプロダクティブヘルスと将来の健康の間には強い関連性がある。PCOSの女性はしばしばインスリン抵抗性や糖尿病を発症し、また生殖能力の低下に加えて心血管疾患の発症リスクを高めるメタボリックシンドロームを生じることが多い。初潮が早かった（一二歳以前）女性は、それより遅かった対照女性よりも原因を問わず早死するリスクが二三パーセント高いが、これはおそらく少女の思春期早発が肥満、二型糖尿病、喘息、乳がんの発症リスク増加と関連しているためと考えられる。月経周期中に卵巣が卵子を放出しない無月経は、子宮がんのリスク増加と関係があるとされており、子宮内膜症と卵管性不妊は卵巣がんリスクを高める可能性がある。

不妊の診断を受けた女性ではホルモン感受性がんのリスクも高い。そのような女性は月経に伴うホルモン量の増減のない時期を経験しないため、これは理にかなっている。妊娠すると、女性には月経のない状態が九か月間続き、出産後、母乳で育てない場合はさらに一か月あまり、母乳だけで育てる場合はさらに六か月ほど続く。月経周期に中断がない（妊娠経験がない場合など）ということは、卵巣ホルモンの変動に絶えずさらされるということであり、乳房、卵巣、子宮内膜の細胞の成長が刺激されるため、このことは重大な意味を持つ。そこまでの影響はないものの、これは遅い年齢で第一子をもうけた（あるいは子供を作らなかった）女性にも当てはまる。四〇歳以降に第一子を産んだ女性は、一五歳で子供を産んだ女性より乳がんを発症するリスクが四倍高いが、これは主に高齢女性の場合、長期間ホルモンの刺激を受けない時期を経ることなく数十年を過ごしているためである。

不妊の診断を受けたか、不妊の検査または治療を受けた女性六万四〇〇〇人以上と婦人科の定期検診を受けた女性三〇〇万人以上を対象とした二〇一九年の研究で、スタンフォード大学の研究者は、数年間にわたり女性の健康を追跡することで、同様のリスクが他のがんにも当てはまるかどうかを調べた。不妊の検査と治療のために受診した女性では子宮がん、卵巣がん、甲状腺がん、肝がん、すい臓がん、さらに白血病の発症リスクが一八パーセント高かったことが判明した。興味深いことに、不妊と分類されたものの、追跡期間中に妊娠、出産した女性では、子宮がんと卵巣がんのリスクは自然な生殖能力のある対照女性と同程度にまで低下した。

さらに、男性や女性のリプロダクティブヘルスを変化させることのある生活習慣と化学物質に関連するストレス因子は、彼らの遺伝コードの発現の仕方を変え、その将来世代にまで影響を及ぼす可能性もあるのだ。

●マスタープランをいじくる

そのような個体から個体へと伝わる影響はどのようにして生じるのだろうか？　この問題は、文字通りには「遺伝学の上」を意味するエピジェネティクスと呼ばれる分野が扱う領域である。この言葉は一九四二年に英国の科学者コンラッド・ウォディントンが作り出したもので、基礎にあるDNA配列を変化させることなく、たとえば特定の遺伝子のスイッチを入れたり切ったり、あるいは遺伝子の発現を強めたり弱めたりすることで、遺伝子の機能と発現を変化させることのできる生物学的仕組みの研究を指すものである。数十年のうちにこの分野は開花し、ある人の環境、たとえばある種の化学物質への曝露や生活習慣が、どのように一定の遺伝子の発現の仕方に影響を及ぼし、それにより当人が特定の健康障害を生じるリスクがどのように変化するかについて新たな洞察が得られるようになっている。

ここで事態はややこしくなる。一部の科学者はエ、ピ、ジ、ェ、ネ、テ、ィ、ク、スという言葉を、根本的なDNA配列を変えることなく遺伝子制御に影響を与える化学的・物理的変化を指して使っている。これに対し、この言葉を遺伝性の変化——つまりある細胞から別の細胞へ、またはある生体から別の生体へと伝えられる変化——のみに適用すべきだと考える科学者もいる。事態がよくのみ込めないと思うかもしれないが、それはあなただけではない。シッダールタ・ムカジーが『遺伝子——親密なる人類史』で記しているように『エピジェネティクス』という言葉の意味はさまざまに変化しており、その結果、この分野に大きな混乱が生じている」のだ。

読者が知っておくべき要点は次のことである。あなたの遺伝子と周囲の環境は互いに影響しあい、遺伝子がどのように使われ、発現されるかを変化させているということである。これだけでも十分に驚くべきことなのだが、真に驚くべきは次の点にある。私たちが食べる食物、呼吸する空気、使う製品、感じる感情には、自分自身の遺伝子がどのように発現するかだけでなく、まだ生まれていない私たちの子孫が将来どのようにふるまうかにも影響を与える可能性があるのだ。そう——私たちの生活習慣や環境が、細胞記憶を呼び起こし、複数世代にわたって維持される可能性のあるメカニズムを通じて、まだ生まれていない私たちの子供や孫の健康と発達に波及作用をもたらす可能性があるのである。

このような影響は、実際に曝露された親から生まれた息子や娘のように、当の刺激に直接曝露されていない世代に認められる場合には「継世代（transgenerational）影響」とみなされる。このような影響が最初に曝露を受けた世代から二世代後、三世代後、四世代後にまで及ぶ場合は、「多世代（multigenerational）影響」とみなされる。このように受け継がれる影響は合わせて「世代間（intergenerational）影響」とみなすことができる。これはすべてを含む言葉であり、簡潔なので私はこちらのほうが好みである。

たとえ話をしてみよう。あなたの身体の発達と成熟について、ドキュメンタリー映画が作られているとする。あなたが持つ遺伝子は脚本であり、映画に登場する主な行動や出来事の概略が記されている。エピジェネティック的変化†とは、監督がその脚本をどのように演じさせるかに——この場合、一連の遺伝子のスイッチを入れたり（発現）、切ったりする（抑制やサイレンシング）ことで——加える変更やひねりにあたる。言い換えるなら、監督（エピジェネティック的変化）には「アクション！」または「カット！」と叫んだり、特定のシーンにひねりを加えるよう持ちかけたりする力があるのだ。

現実世界では、エピジェネティック的変化は、生物種の通常の発達、健康、生存の一部であり、生涯を通じて当人の病気のリスクに影響を与える可能性がある。ある人が特定の刺激にさらされると——それが有害化学物質であれ、強いストレスであれ、ある種の食事因子であれ——その影響がエピジェネティック修飾を誘発し、当人の発達、代謝、健康に——そしてときにはその子孫の発達や健康にまで——持続的な影響を及ぼす可能性があるのだ。

エピジェネティクスのメカニズムには主な三つのものが知られており、次に説明するが、他のものはおそらく今後明らかにされるだろう。特に特徴がくわしく解明されているのはDNAメチル化である。これはDNAにメチル基（有機化合物の一般的な構造単位）を加える化学反応である。DNAメチル化は、主要な細胞プロセスの調節に役立ち、遺伝子が細胞核内の機構とおりなす相互作用を変化させることで、基本的にスイッチのように働いて、遺伝子の活動を強めたり弱めたりして調節する。別のエピジェネティクスのメカニズムがヒストンである。これはDNAが巻きつくスプールの役割を果たすタンパク質で、特定の化学反応により変化させることができる。特定のヒストン修飾により遺伝子発現を正確に調節することができる。

三番目のメカニズムはRNA（リボ核酸）に関わるものである。RNAはあらゆる生細胞内に存在し、遺伝子のコード化、調節、発現において不可欠な役割を果たしている。RNAサイレンシングのメカニズムとは、ひとつまたは複数の遺伝子の発現がRNAの非コード領域により下方制御される、つまり抑えられる変更である。ここでは非コードRNA領域の機能の詳細には立ち入らず、このようなRNA分子が遺伝子発現を変化させ、生物学的過程で重要な役割を果たすことがあるというにとどめておく。いずれにせよ、このようなエピジェネティクスのメカニズムはいずれもスイッチ、変調器、あるいはタグ（一種の細胞記憶として機能する）として働き、エピジェネティック的状況を変化させることができるのだ。このような変化はあなたの人生物語の脚本を編集したり、書き直したりするのに似ている。

ここで、誰かが色の違うマーカーでその脚本のさまざまな部分に印をつけ、どの部分に一番注意を払って読む必要があり（たとえばオレンジ色で）、どの部分がそれほど重要ではないかを（たとえば青色で）指示したとする。この色コードシステムはあなたの生涯を通じ、環境の影響に反応して変化する可能性があり、かつては青色だったものがオレンジ色になったり、その逆になったりする。加えて、いくつかの印やト書きは、文書をコピーしたときにマーク部分のいくつかがなおも色や影として写るように、あなたの近親者に伝えられる可能性があるのだ。これがエピジェネティクスの作用の仕方の要点である。

◉望ましからざる遺産

だがあなたの人生の物語はあなただけで終わらないかもしれず、それこそが最も驚くべき部分かもしれない。このようなエピジェネティクス的影響は、子供が喘息やアレルギー、肥満、心臓病や腎臓病、一部の神経障害、一部の生殖異常を発症するリスクに影響を及ぼす可能性があるのだ。化学物質、金属、医薬品、ストレスや心的外傷、その他の有害因子への曝露に世代間伝達――母から子への――が生じることは以前から認められており、母体が赤ちゃんの最初の家であることからこれは直観的にうなずけることである。興味深いことに、男性についても事情は同じであることが研究から示唆されているのだ。

このことが実証されてきた分野がある。親が経験した戦争、心的外傷、または重度のストレスが、子供がそのような恐ろしい話を耳にすることなく育った場合でさえ、その子のメンタルヘルスに個体から個体へと伝わる影響を及ぼすことがあるのだ。心的外傷の生存者（トラウマサバイバー）の子供は、親が耐え忍んだ苦難の生物学的記憶を――すなわち、マウントサイナイ・アイカーン医科大学の精神医学・神経科学教授レイチェル・イェフダ博士によれば、一定の遺伝子と血中ストレスホルモン値の変化を通じて――受け継ぐとみられるのである。

ある研究で、イェフダ教授らは少なくとも一方の親がホロコーストの生存者である成人と、親がホロコーストや心的外傷後ストレス障害（PTSD）を経験したことのない成人を面接した。次に参加者から血液サンプルを採取し、ストレス反応に関わる遺伝子（GR-1^F）のメチル化と低用量のデキサメタゾン（抗炎症薬）の投与に対するコルチゾール値の反応を比較した。親がPTSDを経験していた参加者ではまさにこの遺伝子のメチル化に変化が生じていることを彼らは発見した。これは心的外傷により誘発されるエピジェネティック修飾の現れである。

ほとんどわけのわからない専門用語の羅列のように聞こえるかもしれないが、このような変化によって、後に続く世代に重大な影響が生じる可能性があるということである。イェフダ教授によるホロコースト生存者の子供を対象とした別の研究で、母親のPTSDが子供のPTSD発症リスクを確かに高めたのに対し、父親のPTSDは息子または娘のうつ病リスクを確かに高めたことが認められた。このような影響がどのつまり予測のつかない親の行動によるものなのか、父親の精子のエピジェネティック的変化によるものかのかについてはまだ結論が出ていない。だが心的外傷体験が、分子についた傷のように、DNAに影響を与えて後続世代に伝わるかもしれないとすれば、心乱されるような家族の遺産となる。*

＊ イェフダの研究には批判があり、子供がホロコーストの恐ろしい話を聞くことの影響とエピジェネティック的影響をどうやって区別できるのかが疑問視されている。他にも考えられる批判として、

DNAメチル化が心的外傷の結果生じたのか、DNAメチル化によりPTSDを経験するリスクが増えるのかという、卵が先かニワトリが先かという問題がある。

家系図の男性側については、マウスの研究で、繁殖前に強いストレスを受けたオスの子供が、ストレスに対するヒトや動物の反応をコントロールする視床下部・下垂体・副腎皮質（HPA）系のストレス反応性に大きな変化を示すことが明らかとなった――この事例では、エピジェネティックなリプログラミングが原因だった。ストレス反応性の変化はPTSDの顕著な特徴であるため、父親のPTSDの経験が、分子的仕組みが受け継がれることで子供のPTSD発症につながる可能性があると考えられることから、これは特に注目すべき点である。まとめれば、これら一連の研究は、心的外傷や極度のストレスによりエピジェネティック的変化が誘発され、それが一方の親または両親から受け継がれて子供の実人生に影響を及ぼす可能性があるという説の信ぴょう性を高めるものである。

◉多世代にわたる消化管の影響

健康への影響が世代間で伝わるさらなる例を挙げよう。祖父母の世代が若いころに食物の手に入れやすさの大きな変化――少なすぎる状態から十分な状態へ、またはその逆――を経験すると、後続世代に驚くべきトリクルダウン作用が生じる可能性があるのだ。スウェーデンの研究では、父方の祖母が思春期になるまで年ごとに食物の手に入れやすさに著しい変化を経験していた場合、その息子の娘たち（孫娘）が成人してから心血管疾患により死亡するリスクが二・五倍高いことが認められた。同様に、一九四四年から一九四五年にかけてのオランダの飢饉（飢餓の冬）として知られる厳しい飢饉の際に、お腹の中で栄養不足にさらされた赤ちゃんは、大人になってから肥満化したり、統合失調症を発症したりするリスクが高いことが判明している（これに対し、オランダの飢饉時に二〜六歳の子供で、厳しい飢えを経験した女性では、飢饉に見舞われなかった対照女性と比べて自然閉経を早く迎えた）。[*]

＊ このことは、いかなる理由であれ、カロリーを著しく制限すると女性が自然に閉経する年齢が早まることを示唆している。

食事についていえば、父親も無関係なわけではない。妊娠前に父親が栄養不良だった子供は、妊娠前の父親と母親の栄養状態が良好だった子供と比べて体重が重く、場合によっては肥満が多いことが諸研究で認められている。一一歳以前に喫煙を始めた父親を持つ息子は、九歳までに過体重や肥満になるリスクが高い。興味深いことに、早い年齢で喫煙習慣を身につけた父親の息子はボディマスインデックスが高いのに対し、娘では同じことが当てはまらない。オスのマウスを対象とした一連の研究からは、葉酸欠乏症の父マウスまたは最高用量の葉酸補充を受けた父マウスのオスの子供は精子数が少ないことが示唆されている。つまり、父親側についていえば、このような父方の影響が精子を介して伝えられることは間違いないのである。

◉親への勧告

驚くこともないが、これらすべてを考え合わせれば、生活習慣因子と男女が曝露される環境化学物質には、後続世代のリプロダクティブヘルスに波及作用をもたらす可能性があるということである。だが、このような潜在的なエピジェネティック的作用のいずれも確実に影響を生じるわけではない。つまり、親がエピジェネティック的変化を生じうる特定の曝露を経験したからといって、その親から生まれるあらゆる子供にその影響が出るわけではないのだ。だが理論的にはあらゆる子供に生じる可能性があるのであり、過去の世代が曝露されることでこのような変化が生じる可能性は高まるのである。

とはいえ、このようなエピジェネティック的変化が実際に生じた場合に、その曝露のためにいったい何世代が影響を受けるのかについてはいまだに議論があり、引き続き研究が行われているところだ。たとえば、特定の曝露の悪影響が男児と女児のいずれにも伝わるのか、また三世代目や四世代目の子孫にまで伝わるのかはわかっていない。その答えは問題となる原因によって異なるとみられる。

一例としてＤＥＳについてみてみよう。前述のように、ＤＥＳは流産を防ぐと考えられていたことから、一九七〇年代まで数百万人の妊婦に処方されていた。まずもって、この治療が流産を防ぐことはなかった——実際にはそのリスクを高めたのである。さらに悪いことに、子宮内でこの薬剤にさらされた子供である男女で、ある種の生殖障害の発生率が増加したのである。出生前のＤＥＳ曝露に関する研究のほとんどは、女児と女性における生殖上の影響に着目したもので、これまでに紹介したように多数の研究が行われている。

妊娠中にＤＥＳの投与を受けた母親から生まれた男児や男性に生じる潜在的影響についてはあまり知られていないが、重大なものである。子宮内で男児がＤＥＳに曝露されると、停留精巣、尿道下裂（尿管開口部の位置の異常）、精巣上体嚢胞、精巣の感染症や炎症が生じるリスクが高まるだけでなく、小陰茎症（異常に小さいが構造的には正常なペニス）が生じる確率も高まるのである。* 男児に生じるＤＥＳの影響に関する研究はそれほど行われていないため、精子数の減少や精巣がんとも関連性があるのかについてはわかっていない。

＊　首をかしげている人のためにいうと、「小陰茎症（異常に小さいペニス）」の定義は主観的なものではない。これは医学的診断名であり、ペニスの長さが平均より標準偏差で二・五以下の場合に下される。米国の成人男性では、伸びたペニスの長さの平均は一三・三センチメートルであるため、小陰茎症は最長で九・三センチメートルとなる――確かにかなりの縮小だ！

本当に驚くべきことは次のことである。子宮内でDESに曝露された女性の息子――DESに曝露された妊婦の孫にあたる――にふたつの性器異常、つまり停留精巣と異常に小さいペニスの発生率が高いことを示す証拠がいくらか存在するのだ。このようなケースでは、DESによる悪影響が二世代から三世代にわたって波及することがあるのだ。この影響はエピジェネティック的変化によるものとも考えられ、その場合は男性を通じて後続世代に受け継がれるのである。

このような影響が、現代の化学物質曝露と生殖発達に関してどのように広がる可能性があるかについて例を挙げよう。二〇一七年の研究で、研究者は体外受精（IVF）を受けた男性の尿中のフタル酸エステル類の値を調べ、それらの物質のうちの数種類が、胚の質の低さと着床成功率の低下をもたらす精子のDNA変化（いわゆるDNAメチル化による）に関連していることを発見した。フタル酸エステル類は男児胎児の生殖発達、最終的には成人男性の精液の質と生殖能力の状態――すなわち彼が子供を持てるかどうか――に関わる遺伝子に影響を及ぼしていたのだ。また男性が内分泌かく乱化学物質に曝露されると、さらに家系を下って受け継がれ、連続する数世代の男性の生殖発達に影響することを示す証拠がある。女性側では、環境有害物質にさらされることで、PCOSや生存卵子の蓄えの早期の減少（すなわち卵巣予備能低下）の世代間伝達が生じることも研究で認められている。

残念ながら事態は悪化している。なぜなら世界に存在する内分泌かく乱化学物質などの有害物質の種類と量が増加しつつあることを考えれば、最初に曝露された人の子孫では長期的に有害作用が付加されていくとみられるからだ。ワシントン州立大学の研究者が、オスのマウスを対象とした研究でこのような増強作用が生じる可能性を調べた。彼らはオスのマウスがエストロゲン作用を持つ化学物質に出生前、さらに出生後に曝露した場合の累積的影響を、一世代だけでなく、連続三世代で調べ、さまざまな世代間でその影響の重度を比較した。内分泌かく乱化学物質に曝露されたオスマウスでは、生殖器系の発達と精子産生のいずれにも悪影響が生じたことがわかった。ここに意外な点はない。

驚くべきは、後続世代が同じ内分泌かく乱化学物質に曝露されることで、初めに報告された精子を作る細胞に生じた変化の作用が強まったという発見である。さらに、生殖器系の異常——精管（精子を精巣から尿道へと運ぶ管）のねじれやつぶれ、精巣線維症（男性不妊を生じることがある）など——の発生率と重症度の増大が認められており、このことは相加作用が生じていることを示唆している。第二世代では、第一世代より影響が強く、第三世代ではさらに強かった。曝露される世代が進むほど悪影響が強まっていったことは、環境エストロゲンに対する男性の感受性が、一般的な内分泌かく乱化学物質に曝露されている世代間で連続的に強まり、複数の世代にわたって精子数がだんだん減少していくことを示唆している——これは環境科学者のピート・マイヤーズが「男性生殖能力の死のスパイラル」と呼ぶ現象である。終末もののテレビゲームや映画としか思えないかもしれないが、後続世代がＥＤＣに曝露されるごとに悪影響がひどくなっていく可能性があることはきわめて恐ろしいことである。悪影響はどこで止まるのだろうか？

◉私たちの生殖プログラムの書き換え

このようなエピジェネティックな作用と世代間に及ぶ影響は、人類と動物にとって等しく重大であり、懸念されるものである。結論として、このような変化がいったん起これば、連続する後続世代の細胞や身体器官系を将来発達させるプログラムが書き換えられ、それが永続する可能性があることが証拠から示唆されているのだ。これは新たなパターンが石に刻まれてしまい、その男性本人についても、またおそらくはその将来の男性子孫についても変更したり消去したりすることができなくなるようなものである。

このような研究結果から、私自身の研究で得られた非常に驚くべき事実に対するヒントがもたらされた。環境ホルモンに対する男性の感受性が、父から息子、さらに孫へと、後続の世代が曝露を重ねる中で高まるという事実により、私たちが発見した、後の世代になるほど精子数が減っていく現象を説明できるかもしれないのである。第二、第三、第四世代の子孫が有害な環境要因にさらされることで、彼らはその影響に一層敏感となり、またDNA損傷の遺伝も生じ、それがさらなる相加因子となって、悪循環を生じる可能性があるのだ。家系のどこでこのような有害作用が止まるのか、誰にもわからない。

しかし、エピジェネティックな作用の中には元に戻せるものもあることにかすかな希望がある。たとえば、肥満になりやすい傾向を、子宮内の環境と当人の成人期の生活習慣を変えることで変化させられる可能性が理論的に考えられる。マウスの研究で、妊娠中に葉酸やゲニステイン［大豆などに含まれる植物性エストロゲン］をエサに混ぜて補充することでDNA低メチル化が打ち消され、まだ生まれていない胎仔マウスがビスフェノールA（プラスチックを硬化させる〔哺乳ビンなど〕のに使われる工業用化学物質）に曝露された場合の有害作用を抑制できることがわかっている。これは生物学的な形で、コンピューターの「アンドゥ」機能を使って作ったばかりの誤りを消すようなものである。

だが人類の将来世代をどれほど望ましくないエピジェネティック的変化から救うことができるのか、あるいはどの作用に元に戻せる可能性があるのかはまだわかっていない。このような望ましくないエピジェネティック的な世代間影響の連鎖現象から逃れられるかどうかは、運しだいのようである。生殖機能の異常、生殖能力の問題、慢性疾患のリスク増加といった後天性形質を自分の子供に受け継がせたいと思う親はいない。だがこの現代世界にあっては、このリスクを避けることは困難になる一方である。世界中の科学者が、将来世代の生殖能力とリプロダクティブヘルスを守るために、食糧供給を安全なものにし、環境中のさまざまな化学物質への曝露量を減らすなどの行動を取るよう呼びかけを行っているのはこのためである。

第9章 地球全体が危機に

人類だけの問題ではない

◉自分たちの住み家を汚染

北太平洋上にはプラスチック粒子、化学スラッジ、その他のゴミくずなど、八万七〇〇〇トン以上もの浮遊残骸が集まった巨大なゴミの渦流が存在する。この残骸の集積帯は「太平洋ゴミベルト」として知られるようになった。この巨大なゴミの大渦巻は島のようにはっきりした塊になっているわけではなく、銀河状にゴミが拡散した状態を呈しており、面積はテキサス州のおよそ二倍にまで成長している。このようなゴミはしばしば野生動物の胃の中に入ったり、その首に巻きついたりするため、生物にとって危険となる。ゴミベルト付近のミッドウェー島には一五〇万羽のアホウドリが生息しているが、その大多数の消化器系にはプラスチック粒子が存在し、ヒナ鳥の約三分の一は死んでしまう。浮遊するゴミは海水中の有機汚染物質を吸収し、そのような有毒物質を含むプラスチック片を魚などの海洋生物が食べてしまう。その魚を人間が食べれば、私たちは有害化学物質の微粒子を摂取することになる――私たちの生態系に存在するさらなる有害なトリクルダウン効果である。

これは決して例外的な現象ではない。小さなホンデュラス領ロアタン島の、かつては牧歌的だった海岸線沿いにもやはりプラスチック廃棄物の漂流帯があり、また付近には海藻とともにゴミ、特に発泡スチロールとプラスチックからなる一連の「ゴミの島」がある。二〇一七年には、南太平洋でメキシコの面積よりも広い、浮遊するプラスチック小片からなる集積帯が発見された。一方、大西洋ではサルガッソー海で「きわめて高い」濃度のマイクロプラスチック汚染が見つかっている。二〇一九年には地中海のコルシカ島とエルバ島の間で数十キロメートルにわたり浮遊するプラスチックゴミの集積帯を研究者が見つけている。

このような区域のそれぞれで、海の生き物たちはなんらかのゴミとプラスチックによる化学物質のスープの中を文字通り泳いでいるのである。国連海洋会議の推定では、二〇五〇年までに海洋中のプラスチックの重量が魚の重量を上まわる可能性があるという。意図的かどうかはさておき、人間は世界中の海洋をゴミ捨て場のように扱っているのだ。

ゴミをばらまかれた海洋だけが私たちの投げ捨て社会の犠牲者だというわけではなく、またこのようなゴミの集積帯は単に見苦しいというだけではない。特にプラスチックは分解に数千年かかるため、環境にとって有害でもある。いくつかの推計値では、年間一〇万以上のウミガメや海鳥が、プラスチックを飲み込んだり、身体にからめたりすることで命を落としている。一方でプラスチックに含まれる化学物質は魚を汚染し、食物連鎖の中に入り込む。つまりある生物種から別の生物種へと移動し、人間の健康にも影響を及ぼすのだ。米国環境保護庁が記すように、「野生生物は人間の健康にとっての見張り番の役割も果たす。野生生物の集団で見つかる異常や個体数の減少は、人間に対する早期の警鐘である可能性がある」のだ。

だが他の生物種の健康と活力は——彼らにとって、また地球全体の健康と完全性にとって——重要であることから、ことは私たちだけの問題ではないのである。違いは、他の生物種はこのような化学物質を自分で自らの生活環境や生息地に持ち込んだわけではないということである。人類が彼らにそのような状況をもたらしたのであり、いってみれば他の生物種は人類の軽率で無責任な行動の巻き添えを食っただけの犠牲者なのだ。

これまでに述べたように、特定の化学物質が禁止されたとしても、その物質は環境中に長年とどまり続け、他の生物に害を及ぼす可能性がある。このような残留性有害物質には、鉛、水銀、ヒ素などの重金属類、またPCB、DDT、ダイオキシンなどの化学物質があり、いずれも内分泌かく乱物質であることが判明しているか、その疑いがある。そして人間がそうであるように、他の生物種もしばしば多数のEDCに同時に曝露され、これにより有害な相加作用を生じることがある。だがこれは単に一＋一という問題ではない。このような作用は互いに影響しあい、その組み合わせ、つまり作用全体が個々の部分の合計よりも大きくなる可能性があるのだ。

なにしろ、フタル酸エステル類はプラスチック、PVCパイプ、家具・インテリア、パーソナルケア製品に含まれており、フェノール類は特に消毒剤、殺菌剤、医療製品に、ペルフルオロオクタン酸（PFOA）[†]はカーペット、繊維保護剤、防汚剤、テフロン加工の鍋やフライパンに含まれているのである。これらが持続的な曝露源となっており、それがこのような非残留性化学物質が西洋諸国の多くの人々の尿中で容易に検出される理由と考えられる。他の生物種はこのような製品を「使う」ことはないが、化学物質の製造や燃焼で形成される副産物、物質の海流や気流による地球規模の移動、また電子機器のリサイクリングや廃品、その他の経緯を経て曝露されてしまう。

一部の残留性有機汚染物質の使用量が減少するにつれ、非残留性化学物質の使用量が増加している。だがどちらの物質群もなおも生殖器の発達にリスクをもたらしており、人間と他の生物種の神経系、内分泌系、遺伝子、全身に悪影響を及ぼす可能性があるのだ。

◉動物の体内負荷量

残念ながら、このようなどこにでも存在する環境化学物質は動物界にさまざまな形で被害をもたらしている。近年の研究の調査結果では、北アドリア海のバンドウイルカから得た生検サンプル中のPCB濃度が、サンプルの八八パーセントで海洋哺乳類において生理学的影響を生じる毒性閾値を、六六パーセントで生殖障害を生じる閾値を上まわっていた。一方、バルト海のハイイロアザラシでは、有機塩素系殺虫剤、PCB、臭素系難燃剤への曝露のために、メスの子宮筋腫の発生率増加などの生殖機能への悪影響が生じており、個体数が著しく減少している。東グリーンランドのオスのホッキョクグマでは、脂肪組織中の有機塩素系殺虫剤やPCBなどの残留性有機汚染物質の濃度が高い個体では、テストステロン値が低く、ペニスが異常に短く、精巣が通常より小さいことが認められている。メスの海産巻貝にペニスや精管などのオスの生殖器が発達するインポセックスと呼ばれる問題も生じている。*その原因は、ある種の海洋汚染物質、特に大型船の船体に付着する海洋生物の成長を防ぐために広く用いられていた毒性の強い化学物質、トリブチルスズ（TBT）への曝露である。

＊　既出だが、精管は精子を精巣から尿道まで運ぶ管である。

重要な点は次の通りである。私たちが世界中にまき散らしてきた化学物質の影響は甚大で広範囲に及び、多数の生物種のリプロダクティブヘルス、そしておそらくはその生存そのものを脅かしているのだ。

典型例を挙げてみよう。カリフォルニア大学バークレー校の発生内分泌学者であるタイロン・ヘイズ博士は、一連の研究で、米国中西部また世界中で主にトウモロコシ、大豆、その他作物に対し用いられている除草剤アトラジンが、野生のヒョウガエルの性発達に及ぼす影響について調査した。その結果、アトラジンに曝露されることでオスのカエルにメス化作用が生じ、精巣内に卵がみられたり、そのテストステロン値が正常なメスのカエルよりも低いなどの性腺異常を生じていたことがわかった。ヒキガエルもさまざまなＥＤＣに反応して同じような生殖機能障害を生じることがわかっている。このような生殖異常をみれば、カエルが世界中で個体数を急激に減らしていることになんの不思議があるだろうか？

この種の化学物質が野生生物に与えた影響として非常に劇的かつ広く報道されたものに、米国フロリダ州中部で生じた事例がある。一万二五〇〇ヘクタールに及ぶフロリダ州最大級の淡水湖であるアポプカ湖は、長年にわたり同州で最も汚染のひどい湖のひとつに数えられていた。その汚染は同湖周辺で行われる農業での農薬の使用、近隣の下水処理施設、そして一九八〇年に起こった、湖に隣接していたかつてのタワーケミカル社の大規模な農薬流出事故で、ジコホル、ＤＤＴとその代謝物、硫酸の混合物が流出したことによるものだった。このような農薬はエストロゲンとしてふるまい、エストロゲン受容体に結合して活性化し、エストロゲンに依存する細胞の成長を引き起こすことがある。

一九九〇年代に、野生生物を専門とするフロリダ大学の生物学者ルー・ジレット・ジュニア博士らは、アポプカ湖の若いワニと比較対象の（汚染のない）フロリダ州中部のウッドラフ湖のワニの生殖発達を比較した。チームを組んでプロペラ船に乗って夜間の湖上にのりだすと、研究者たちはワニの赤ちゃんを捕獲して身体各部の寸法や体液を測定した。日中には巣から卵を採取した。彼らは、アポプカ湖の生後六か月のメスの赤ちゃんワニの血中エストロゲン値が、汚染のないウッドラフ湖のメスのワニの約二倍高いことを発見した――そしてこれはもちろんメスのワニが自発的にエストロゲンを服用していたためではない。アポプカ湖のメスのワニでは、卵や卵胞の異常（ヒトの女性のPCOSで生じる異常に似たもの）が多くみられるなど、生殖器系の発達にも変化が生じていた。

生殖上の問題を抱えていたのはメスだけではなかった。アポプカ湖の若いオスのワニも一連の問題を抱えており、とりわけ異常に小さいペニスと精巣内の精細管（精細胞が輸送される前に発生し、成熟する部位）の形成不全などがみられた。さらに、オスのワニはテストステロン値が大幅に低く、ウッドラフ湖のオスの三分の一、そしてウッドラフ湖のメスと同程度の数値だった。当然、このような異常があれば正常な性成熟と繁殖成功の可能性が大きく損なわれる可能性があった。[*] それほど汚染されていない湖での予想孵化成功率が八五パーセントであるのに対し、アポプカ湖のワニの孵化成功率は野生の状態でも五パーセントしかなかったのである。

＊ テストステロン値が低いだけでもオスのワニの性的関心が弱まった可能性がある。

このような発見はそれ自体気がかりなものだったが、ヒトの曝露のリスクについても示唆に富む洞察をもたらした。ワニの寿命はヒトと同程度であり、また数十年にわたり生殖可能である。つまり研究者たちは、私たちが有毒物質のスープの中で実際に泳がなくても、ヒトにも当てはまる可能性のある、汚染物質が生殖に及ぼす影響について学ぶことができたのである。

だがこのような化学物質への曝露の悪影響は、決して水中に生息する生物にのみみられるわけではない。陸地では、高濃度のDDE、水銀、PCBにさらされたフロリダ州のヒョウにおいて、他のヒョウの個体群との比較で、精子の密度、運動性、精液量の数値が低く、形の異常な精子が多いことが判明している。カナダでは、研究者が一九九八年から二〇〇六年の間にブリティッシュコロンビア州とオンタリオ州でわな猟師から一六一体のミンクの死骸を入手し、有機塩素系殺虫剤、PCB、ポリ臭素化ジフェニルエーテル類（PBDE）などのEDCがオスの生殖発達に及ぼす影響を調べた。その結果、ミンクの成獣の肝臓のDDE値とペニスの長さや大きさの間に明確な関係が認められた。これはほぼ確実にDDEが抗アンドロゲン作用を持つためだろう。毛皮を持つ生き物にも、ウロコを持つ生き物と同様、このような化学物質による生殖上の悪影響を被る可能性があったのである。

◉昆虫と鳥の劇的減少

近年、私たちは「昆虫の黙示録」と呼ばれる事態に関する差し迫った警告を耳にするようになった。二〇一七年のドイツの研究では、同国の自然保護区において過去二七年間で飛翔昆虫が七五パーセント減少したことが判明した。米国カリフォルニア州の沿岸地域では、オオカバマダラというチョウの個体数が二〇一七年から二〇一八年にかけて八六パーセント急減した。プエルトリコでは、大量にいた節足動物（外骨格を持つ昆虫〔甲虫など〕、クモ、ムカデ類が含まれる）が気がかりな速度で減りつつあり、それをエサとするトカゲ、カエル、鳥の個体数も減少している。

昆虫を愛でるのであれ、怖れるのであれ、純然たる現実として、私たちは昆虫なくして生き延びることはできない。米国の生物学者、博物学者で著述家であるE・O・ウィルソンが次のように記したことはよく知られている。「人類がすべて姿を消したとしても、世界は一万年前に存在していた豊かな平衡状態へと再生するだろう。昆虫が姿を消せば、環境は崩壊して混沌が生じるだろう」。昆虫は植物や樹木を受粉させ、鳥などの動物のエサとなる。ウシは草なくして生き延びることはできず、その草も、益虫が自身を痛めつける虫を駆除し、有機物を分解して栄養分を土壌に戻す手伝いをしてくれなければ存在できないだろう。魚にもエサとなる昆虫がいなければ生存できない種がいる。またニワトリは、エサとする種や木の実をつける植物を昆虫が受粉させなければ生きていくことができない。昆虫は生命の循環の中で不可欠な役割を担っているのである。

さまざまな昆虫の個体群が姿を消している理由として考えられるものの中には、気候変動や除草剤・殺虫剤の広範な使用がある。地球規模で昆虫の個体数が減少し、多様性が低下していることで、生態学的共同体内で互いに結びついた食物連鎖である「食物網」、従ってさまざまな生態系の存続に重大な波及作用が生じる可能性がある。

二〇一九年の調査によれば、一九七〇年以降、北米ではムシクイやフィンチからツバメやスズメに至る数百の種で、約三〇億羽の鳥が姿を消している。これは二九パーセントの減少に相当する。鳥も自然界の食物連鎖と地球の生態系の完全性のいずれにとっても不可欠な存在であるため、これは危機的状況である。米国鳥類保護協会の会長マイケル・パーによれば、良質な生息地の劣化が鳥類減少の単一で最大の原因である一方で、農薬も原因のひとつだとのことである。DDTが禁止されたり、段階的に廃止されたりして以来、ネオニコチノイド系と呼ばれる非常に有害な別世代の農薬が使われるようになった。*パーは二〇一九年九月のワシントンポスト紙の意見記事に次のように記している。「ネオニコチノイド系殺虫剤は植物を昆虫から守るためのワクチンとして使用されている……この殺虫剤は害虫も益虫もいずれも殺してしまう。毎年四億五四〇〇万トンもの殺虫剤を使えば――アメリカの地で私たちがやっているように――昆虫の数はどんどん減り続ける。次には鳥が減るのだ」。

＊　これは残念な代替のさらなる例である。

このような事態はすでにアイスランド北西部沿岸で起こっており、この地域ではこのごろはいつになく静かである。近年、ツノメドリ、ミツユビカモメ、アジサシその他の鳥類の集団が激減したり、姿を消したりしており、そのさえずりも聞こえなくなっているのだ。二〇一六年の国連の報告によれば、（ペンギンに似た）ハシブトウミガラスの数が二〇〇五年から二〇〇八年の間に年間七パーセント減少し、ウミガラスやニシツノメドリの個体数は一九九九年から二〇〇五年の間に大幅に減少した。鳥たちはこれまでより速い速度で死んでいっているというだけではない。繁殖率もかつてより低下しているのである。

このような悲惨な激減の主な理由は次のものだ。私たちの炭素消費量の多いライフスタイルが海水温を上昇させ、海洋の化学組成、汚染物質量、食物網を変化させ、さまざまな形態の海洋生物の健康を危機にさらしているのである。ＰＣＢや臭素系難燃剤などの「永遠の化学物質」の濃度もこのような生物の個体数に打撃を与えている。このような海鳥の苦境は、将来は同じようなパターンがさらに多くみられるようになるだろうという警鐘を世界中で鳴らしているのである。繰り返しになるが、このような致命的で生殖能力を変容させる影響をもたらしたのは私たち人類なのだ。

◉繁殖行動の乗っ取り

話は変わって、一部の環境汚染物質が、ある種の生物の繁殖行動や生殖行動を変化させることが判明している。フロリダ州では、水銀として最も毒性の強いメチル水銀に曝露されたシロトキに求愛行動やつがい行動の変化が生じている。ある研究では、メチル水銀に曝露されたオスのトキに同性愛の大幅な増加が認められ、研究者はその原因は、オスのエストロゲンとテストステロンの発現パターンがオスらしくなくなっているからだと考えている。鳥の性行動は（人間と同様）テストステロンを含むステロイドホルモンの血中濃度の強い影響を受ける。

またアンドロゲン作用を示す内分泌かく乱化学物質に曝露されたメスの淡水魚で、生殖行動の変化も観察されている。簡単にいえば、このようなメスの魚はオスと関わる時間が少ないのである。別の例では、両性が環境中でEDCにさらされることで性行動を乗っ取られる場合がある。典型例を挙げよう。トレンボロン酢酸エステルはタンパク質同化ステロイド薬（テストステロンに似た作用を持つ）であり、家畜の筋肉量を増やすために世界の一部の地域で広く用いられている。かつてはボディービル界でもよく使われていたが、現在ではヒトでの使用は禁止されている。

残念ながら、家畜の肥育場付近の水系でトレンボロン酢酸エステルの代謝物が数種見つかっているのだ。研究者はこのアンドロゲン作用を示す化学物質に低濃度でさらされた場合でも、魚の生殖発達と生殖機能に問題が生じうることを認めている。特にメスの魚の場合、発達初期ではオス化し、成魚では生殖能力に悪影響を生じることがある。別の問題として、オーストラリアの研究で、トレンボロン酢酸エステルに短期間曝露されることでオスのグッピーの求愛行動と性行動が変化し、またオスの性的誘いかけに対するメスのグッピーの受け入れが変化したことがわかっている。

◉水の中のさらなる危険

西洋諸国では人々は飲料水は安全だと思っており、このため二〇一六年の米国ミシガン州フリント、またより最近のニュージャージー州ニューアークで起こった鉛による水汚染危機は社会的、政治的に激しい怒りを引き起こした。だが見逃されがちなのは、有毒金属が含まれている可能性に加え、経口避妊薬や他のホルモン剤を含む医薬品が、魚などの生物が生息する水路だけでなく、私たちの水道にも潜んでいる可能性があることである。*

＊　医薬品の使用が近年米国その他の国で著しく増加していることはよく知られている。インフレ調整後でも、米国だけで、小売処方薬に対するひとりあたりの支出は一九六〇年の九〇ドルから二〇一七年には一〇二五ドルまで増加している。

残念なことに、このような医薬品に含まれる化学物質は人体から排泄された後、または未使用のものがトイレに流された場合に水路の中に入り込む。自然資源防衛協議会（ＮＲＤＣ）の報告によれば、このような医薬品は製造廃棄物、動物の排泄物、家畜飼養作業からの流出、あるいは地方自治体の埋め立て地からの漏出を通じても、私たちの水路内に入り込むことがあるという。さらに、人間の糞尿や風呂水中に排泄された医薬品は下水から海洋、河川、湖、流水中へと移動し、多様な野生生物に害を及ぼす可能性がある。

その結果、医薬品に汚染された水路に現在ではさまざまな間性の魚――すなわち卵を産むオス――が生息していたり、微量の抗うつ薬を含む水の中に生息する魚やエビが正常な行動を変化させ、水面付近にとどまったり、光に向かって泳ぐことで捕食者に捕らえられやすくなったりしていることもほとんど驚くにあたらない。話は変わるが、水中に含まれる抗うつ薬や抗けいれん薬に曝露されたファットヘッドミノーという魚は神経学的変化を示しており、その中には自閉症様障害に似た変化もある。

◉私たちが生み出した混乱に向きあう

ここまで述べた内容で、世界中でヒト以外の生物種になにが起こっているのか――そしてなにが間違った方向に進んでいるのか――について、かなり明確なイメージが得られたはずである。私たち人類が生み出した化学物質が環境中に入り込むと、他の生物の健康、発達、行動、さらには生存に打撃を与える可能性があるということである。結論をいうなら、私たちがこのような医薬品を服用したり、不適切に処分したりすることで、実質的に地球全体に薬物を投与していることになるのだ。他の生物がそんなことを頼んだわけでもないのに。

さらに悪いことに、ワニ、カエル、その他の生物種とともに私たちの生殖発達や生殖機能を変化させつつある化学物質の大部分は、地球の気候にもダメージを与えている業界からもたらされているのだ。内分泌かく乱および気候変動を専門とする一〇〇名の科学者からなる委員会が二〇一六年にルモンド紙の論評で記したように、「内分泌かく乱物質の存在量を減らすのに必要な行動の多くは、気候変動との闘いにも役立つだろう。人間が作り出した化学物質のほとんどは、石油産業が製造した化石燃料の副産物に由来する……このような化学物質は男性のリプロダクティブヘルスを損ない、がんリスクの増加に寄与しているのである」。*

* 科学者たちが指摘しているように、化石燃料への依存度を減らし、代替エネルギー源に移行することで、温室効果ガスの排出量を減らすことが可能であり、そうなれば気候危機の対策としても役立つだろう。また男性、女性、子供、他の生物種のリプロダクティブヘルスに有害となる化学製品の生産量を減らすことにもなる。

ＥＤＣがホルモンの作用パターンと機能を変化させることを踏まえれば、ＥＤＣにさらされることで、他の生物種が気候変動により生じた環境の変化に適応する能力が低下してしまう可能性がすでに懸念されている。環境汚染物質がどのように動物に影響を与えるかを研究しているノルウェーの科学者ビョルン・ムンロ・ジェンセンは次のように記している。「ＥＤＣがはるばる北極生態系まで運ばれていることも考慮すれば、ＥＤＣと気候変動が組み合わさることで、北極に生息する哺乳類と海鳥に最悪の事態をもたらす可能性がある」。

これまで、環境中に存在する化学物質については主に発がんリスクに基づいて規制が行われてきたが、リプロダクティブヘルスを脅かす濃度は一般にそれより低い。つまり、発がんリスクに基づいて化学物質を規制しようとすれば、重大な生殖上のリスクを見逃す可能性があるということである。たとえば、米国ＥＰＡが同国中の河川の五四〇地点から得た魚の組織を分析したときに、発がん以外の、生殖を含む評価項目用のスクリーニング値はがんについての値より四倍高くなっていた。二一種類のＰＣＢの濃度について、サンプルの四八パーセントでヒトのがんリスクを増加させるとされる濃度を超えていることが判明したため、すでに生殖障害を生じるレベルに達している可能性が高いということである。このような調査結果は、新たな規制基準、つまりあらゆる生物の生殖発達と生殖機能を守る規制基準を設ける時期にきていることを示している。

結局、私たちの生活習慣によるのか、私たちが作ってまき散らした化学汚染物質によるのかは別として、人類は自らが暮らす世界を危機に陥れているのだ。この影響がどこで止まるのかはわからない――身のまわりの化学物質への曝露と、このような化学物質が他の生物にもたらしている重荷を元の状態に戻すべく、私たちが決定的な対策を取らない限りは。環境の問題のために他の生物種で生じた生殖障害が、人間の男女のリプロダクティブヘルスにとって重要な見張り番の役割を果たすことは確かだが、他の生物種の性発達や性機能もそれ自体が重要なのである。これは自分たちさえよければ他はどうでもよいという問題ではない。私たちはみな同じ毒のシチューに囲まれているのだ。この地球上にこのような化学物質から安全な場所などまったく存在しないのである。

私たちが、意図せずしてではあるが、このような問題を生み出してきたのだから、その解決法を考える責任は私たちにある。この問題については後の章で取り上げる。二〇一二年のWHOの報告書で確認されているように、曝露量を減らすことを目的とする、潜在的に有害な化学物質の使用を禁止したり制限したり各国政府の措置により、これまでのところ限定的ではあるものの、すでに野生生物において一部の障害の発生頻度が減りつつある。たとえば、環境中のPCBや有機塩素系殺虫剤への曝露のために以前は子宮筋腫の発生率が高かったバルト海のアザラシの個体数が、これらの物質の濃度が低下したことで、再び増え始めている。二〇〇八年に船舶用防汚塗料としてのトリブチルスズの使用が禁止されて以来、海洋腹足類の個体数は世界中で回復しつつある。そして二〇一七年には、ノルウェー沿岸の監視拠点のどこでも、海産巻貝に外性器異常の徴候は認められなかった。これらの事実は、環境を浄化することでいかに生殖発達への脅威を取り除くことができるかを示す重要な例である。

他の生物種とは異なり、私たち人類には、このような悪影響を元に戻すための選択肢があり、また対策を取る能力がある。このような衰退へと向かう軌道を変えるには、人類全体の生活習慣、また化学物質、医薬品、消費者製品に対する規制プロセスを根本的に変えなければならないだろう。その困難はタイタニック号の運命を変えることにも似ているかもしれない。だがそれは成し遂げられることであり、取り組む価値のあることである。なぜならそこに人類、他の生物種、そして地球の健康、活力、存続がかかっているからだ。

第10章

差し迫る社会的不安定

人口動態の偏りと文化的諸制度の破綻

◉人口置換値

西洋諸国で起こっている精子数の急減について耳にすると、首をすくめて「まあ世界には人間が多すぎるからね。子供が少ないくらいがいいよ」という人もいる。だが必ずしもそうとはいえない。西洋文化圏は「人口動態の変動」を経つつあるのだ——国民が高齢化し、出生数が減少しているため、そのような国々では自国の人口を維持することができていないのである。この事態はコロナ禍の時代にあってはさらに顕著になっている。新しく生まれてくる子供だけで一国の人口を維持するには、カップルあたり平均で約二・一人の赤ちゃんを産む必要がある。だがほとんどの西洋諸国と一部の東洋諸国では、この基準値を満たしていない。

世界銀行のデータによれば、女性ひとりあたりが一生の間に産む子供の平均数と定義される合計出生率は、たとえば米国では二〇一七年は一・八であったが、これは一九六〇年から五〇パーセント低下している。二〇一八年の米国の出生数は過去三二年間での最低を記録しているのだ！　カナダの出生率は、一九六〇年の三・八から二〇一七年には一・五まで低下している。イタリアとスペインでは現在は一・三まで低下している。香港では一九六〇年の五・〇から二〇一七年には一・一まで急落しており、韓国では一九六〇年の六・一から二〇一七年には一・一まで落ち込んでいる。中国で二〇一九年に生まれた赤ちゃんの数は一九六一年以降の最低にまで低下し、「迫りくる人口動態的危機」と呼ばれる事態を引き起こしている。「世界の疾病負担研究（Global Burden of Disease Study）」の大規模な分析もこのような世界的な調査結果を裏づけている。一九五の国と地域の出生率データを用い、死亡率と移動率を補正した後、調査の対象となったすべての国で合計出生率が低下しており、一九五〇年から二〇一七年の間に全世界で四九パーセント低下したことが判明したのである（統計数値の洪水にうんざりしている方には申し訳ないが、この変動の広がりと規模の感覚をつかんでいただきたいのだ）。

これは著しい変化である。長年にわたり、世界人口は着実なペースで増加しているとみられていた。世界の平均出生率が一九七〇年当時のままで現在も変わらなければ、世界人口は一四〇億人、つまり現在の約二倍になっていたはずである。だが現実はそうはならなかった。西洋諸国での精子数の減少は確実にこの出生率の低下に一定の役割を果たしているが、他にもこのような変動に影響を及ぼしている要因がある。米国を含む多くの国では、男女が結婚するまでの期間が長くなり、最初の子供を作る年齢が上昇しており、これがきょうだいの数の減少につながっている。人々が作る子供の数がひとたび減り始めると、子供が少ないほうが手がかからず、余裕を持てることがわかるせいか、その流れが止まる可能性は低い。

二〇一八年の世界の出生率に関する報告によれば、この出生率の低下傾向の主因のひとつは、世界の一部の地域で急激に拡大してきた女性の選択肢の増加である。特に、女性の教育水準の向上と、世界中で避妊法が入手しやすくなっていることなどの、性や生殖に関する権利の拡大が出生率の低下を促進している。若い女性の教育機会と女性が産む子供の数の間に相関関係があることは世界中で明らかだが、特に歴史的に女児の教育機会が男児ほどなかった国では顕著である。ハーヴァード大学公衆衛生大学院の研究者による二〇一五年の研究で、エチオピアにおける、一九九四年に導入された教育改革政策に基づく学校教育の、一〇代の出生率に対する影響の調査が行われた。その結果、学校の学年数が一年増えるごとに一〇代での結婚と出産の確率が六パーセント低下したことが判明した。

同様の関係が、男児と女児の間で中学校の入学者の性差が歴史的に大きいインドネシア、ナイジェリア、ガーナ、ケニア、サハラ砂漠以南のアフリカ諸国での、女子教育の拡充と若年での出産率の低下との間にも認められている。さらに、一九五〇年から二〇一六年の間に韓国とシンガポールで生じた出生率の劇的低下は、女児教育への重点的投資、労働への女性の参画を増やす取り組み、都市化率の上昇と同時に生じていた。

実際、都市化は過去数十年での出生率低下の重要因子であることが認められている。二〇一一年から二〇一五年の間で、米国の地方に住む女性は、子供を三人以上産むケースが都市部の女性よりも三二パーセント多かった。これは一部には、地方では子供が価値ある必需品として、田畑で働き、牛や馬にエサをやり、卵を集めるなどの欠かせない仕事をこなすことのできる（無料の）労働力の一部とみなされがちなためかもしれない。これに対し、都市部では子供は大切にされ、資産というよりは経済的負担——食事を与え、服を着せ、教育を施し、養育すべきさらなる存在——となる。このような負担はいずれも地方よりも都市や郊外の環境でのほうが概して高くつく。米国では、二〇〇〇年から二〇一六年にかけて、都市部に暮らす人々の割合が一定だった一方で、郊外や小規模都市部では人口が増加し、地方では減少していたことを考えれば、全国の出生率が低下してきたことも当然である。

◉世界人口の増減

西洋諸国では出生率が低下しているが、世界の広い地域では出生率はなおも人口を維持できる置換水準を上まわっている。チャドでは五・八、コンゴとマリでは六・〇、ソマリアでは六・二である。つまり世界の一部の地域では出生率が低下しているのに対し、他の地域、特に一部のアフリカ諸国ではなおも高く、これが世界人口が現在も増加している理由である。それでも、世界人口の増加は人口統計学者がかつて予測したようには続かない可能性が高い。

国連人口部では、統計モデルに基づいて世界人口の成長軌道を予測するさまざまなシナリオを作成している。特に興味深いのが高位推計、中位推計、低位推計（または人口成長予測）と呼ばれる三つのシナリオである。中位推計は、多くの人口統計学者が今世紀末にかけて実現する可能性が最も高いと考えているもので、中庸的シナリオである。二〇一九年の国連の中位推計では、二一〇〇年の世界人口を約一一〇億人と推計している。これに対し、高位推計は中位推計よりも高い予想出生率に基づくもので、低位推計は低い出生率を反映させたものである。高位推計では、二一〇〇年の世界人口は一五五億人と、現在の約二倍となる。低位推計は世界的出生率が上昇した後に低下することを予測しており、この場合の世界人口は二〇五〇年に八五億人でピークに達し、その後（驚くべきことに！）今世紀末には約七〇億人にまで減少する。

広く引用されているのは中位推計だが、一部の人口統計学者や人口専門家はこの推計に異を唱えている。一九七二年の書籍『成長の限界』［大来佐武郎監訳／ダイヤモンド社／一九七二年］の共著者であるノルウェーの学者ヨルゲン・ランダース博士は、かつては人口過剰により引き起こされる世界的破局の可能性について警告したが、その後考えを改めている。二〇一四年のＴＥＤｘトークでは次のように語っている。「世界人口は決して九〇億人に届かないだろう。二〇四〇年に八〇億人でピークを迎え、その後減少するだろう」。ランダースはこの現象の主な原因は、世界中の女性が産む子供の数をこれまでより減らそうとするためだと考えている。

他の専門家も彼の考えに共鳴している。たとえば二〇一三年のドイツ銀行の報告は、世界人口は二〇五五年に八七億人でピークに達し、その後減少して二一〇〇年には八〇億人になるとしている。オーストリア、ウィーンの「ヴィトゲンシュタイン人口統計学および世界人的資本センター（Wittgenstein Centre for Demography and Global Human Capital）」の初代所長で人口統計学者のヴォルフガング・ルッツ博士は、低出生率を経験している集団は一種の「低出生率の罠《わな》」にはまると考えている。彼の仮説の骨子は「出生率がいったん一定レベル以下まで低下し、その状態に一定期間とどまれば、そのように定着した変化を反転させることは、不可能ではないにせよきわめて難しくなる」というものである。この仮説は三つの独立した要素に基づいている。まず社会の出生率が置換水準を下まわると、出産適齢期の女性の数が減り、このためその後の出生数は低下することになる。ふたつ目に、新しい世代は、一部には先行する集団で目にした低出生率による小さな家族を理想的なものと考えるため、社会的な補強作用が生じる。三つ目に、若者が上昇志向を持っているとして、予想される彼らの所得がその上昇志向に見あうものとなる可能性が低く、このため作る子供の数を減らすほうが現実的に感じられる。ルッツの考えでは、この三つの要素が将来の出生数の「減少スパイラル」へと向かうのに寄与しているのである。

◉いくつかの意味で年齢は単なる数字以上のものである

米国と世界の他の地域では、人口動態の現状は、過去数十年での状況と大きく違ってみえる——そしてこの傾向は今後も続くことが予想される。「一九五〇年から二〇一〇年までの人口増加は急激だった——世界人口は約三倍に、米国の人口は二倍になった」と二〇一四年のピュー研究所（Pew Research Center）の報告は記している。「しかし二〇一〇年から二〇五〇年までの人口増加は大きく減速すると予測されており、世界的に、また米国でも高齢者層に大きく重心が移ると予想される」。

私たちはすでにこの方向への大変動を目の当たりにしている。世界銀行によれば、一九六〇年には世界人口のうち六五歳以上が占める割合は五パーセントだったのが、二〇一八年には九パーセントに上昇した。同様に一九六〇年には米国人口のうち六五歳以上は九パーセントだったのに対し、二〇一八年には一六パーセントまで上昇した。欧州連合を構成する二八か国では、一九六〇年に六五歳以上は全人口の一〇パーセントであったのに対し、二〇一八年には二〇パーセントまで上昇している。世界のいたるところで六五歳以上の人口は一九六〇年の約二倍になっているのだ。

出生率が低下し、平均寿命が延びるにつれ、高齢者人口は世界中で増加し続けている。米国の平均寿命は現在七九歳で、一九六〇年の七〇歳から上昇している。日本とスイスでは現在八四歳になっており、一九六〇年にはそれぞれ六八歳と七一歳だった。確かにこのような平均寿命の上昇は二〇世紀最大の達成のうちに数えられるものである。だが出生率の低下はそうではない。この変動は、精子数が多くて出生率が高く、寿命がかなり短かった一世紀前に生じていたこととは逆の向きのものである。

ここに前述の「人口動態的時限爆弾」が登場する――人口専門家や科学者は、将来世代が増え続ける高齢者や退職者のニーズを満たし、彼らの年金や社会保障上の支払い責務を果たすのに苦労することになるのを懸念している。出生率が急落した国々、特に北米、アジア、ヨーロッパの国々について、国連人口基金の報告『世界人口白書二〇一八（State of World Population 2018）』は次のように記している。「高齢者層が増え、労働人口が縮小するにつれ、これらの国々は近いうちに経済力の低下に直面する可能性がある」。

世界のほとんどの先進地域では、すでに高齢者人口が小児人口を上まわっており、世界の六五歳以上の人口は、二〇一九年の一一人にひとりから二〇五〇年には六人にひとりへと増加する。六五歳以上の人々を支える労働年齢人口ははるかに少なくなる。人口の高齢化が進むにつれ、労働年齢の成人人口（二〇～六四歳）に対する高齢者人口の比率は高まると予測されている。たとえば米国では、二〇二〇年に退職年齢の成人ひとりあたりの労働年齢の成人は約三・五人だったが、二〇六〇年にはその比率は二・五人にまで低下すると予測されている。経済的に活動している人々が支払う所得税などの税金はかなり増えるのに対し、子供や高齢者らの経済的に活動していない人々が受け取る公教育、医療、年金に対する政府支出は増えるため、従属人口比率が増加することで、その国の政府は財政上の問題を抱えることになるだろう。

このような変動の潜在的影響は「大きいというにとどまらない」と人口動態評論家で『二〇五〇年世界人口大減少』［河合雅司解説／倉田幸信訳／文藝春秋／二〇二〇年］の共著者であるダリル・ブリッカー博士は語る。「高齢化する人口をどのように支えるのかという問題があり、また公的資金をいかに年金、医療、都市のインフラ、教育、軍事に分配するか、あらゆる側面を再考する必要性があります。これは若い人たちの仕事です。若い人の人口が十分でなければどうなるでしょうか？　誰が年金生活にかかる費用を負担するのでしょうか？　消費型経済社会に暮らしていて、社会が高齢化し、富を高齢世代が持つ場合にどんなことが起こるでしょうか？」

　このような変動は社会に多くの影響を及ぼす可能性がある。二〇一七年の「世界の疾病負担研究」によれば、そのような影響としては「経済成長の鈍化、歳入の減少、納税者の減少と社会保障費の支出増加、人口の高齢化により生じる医療等の需要の増大」などがある。米国では、人口調査局によれば、二〇六〇年には六五歳以上人口が倍増すると予測されていることから、二〇三〇年までに老人ホームでの介護が必要となる高齢者数が五〇パーセント以上増える可能性がある。このような変化に対する私たちの対応の仕方いかんによっては、経済だけでなく、文化、政治、さらには社会のほぼあらゆる分野に重大な影響が生じるだろう。

　米国では、このような変化によりメディケアと社会保障に「巨大な」危機が生じうると、全国的に著名な医療、公的債務、高齢者問題に関する政策リーダーで、ロビイストであるダニエル・ペリンは警告する。なんといっても、いずれの制度のための資金も労働者の収入に課される税金を通じて調達されているのだ。労働年齢人口が減少すればその資源の財政的蓄積が枯渇しかねない。だがペリンのいうように、多くの人々はこのような人口動態的変動に気づいておらず、「気づいている人々もその問題を理解するのに苦労している。彼らは人類史的にこの問題のつじつまを合わせるのに四苦八苦している」のだ。このため、米国の政策立案者たちはこのような人口の変動、またその変動とともに忍び寄る経済的、社会的支援上の難題について準備ができていないのである。米国社会保障局は、二〇九一年には支出が歳入を少なくとも四・四八パーセント上まわると予測しており、出生率が低いままならその幅はおそらく五・九七パーセントまで拡大するとしている。数学の才能に恵まれていなくても、このことが米国の社会的支援制度の持続可能性についてどれほど問題となるかはわかる。

一国の経済成長力のピークは、労働年齢人口（一五〜六四歳）の割合が非労働年齢人口の割合より大きいときに生じることが研究から示されている――そのような国は「人口ボーナス」を得ているとされる。これは世界中で当てはまるが、この点でも変化が生じつつある。一九六〇年代以降、高収入国では労働年齢人口の割合が増加し、一九七〇年代後半には六五パーセントという高い水準を上まわり、その後二〇年間は比較的一定した状態にあった。二〇〇五年にこのような国々で労働年齢人口の割合が低下し出すと、事態は変化し始め、二〇一七年の時点では世界中の高収入国三四か国のうち一二か国で、労働年齢人口の割合は六五パーセントを下まわっている。この状態は多くの面で問題をもたらす。

このような変動は特定の地域の経済的活力にとって、また文化的、社会的諸条件にとって深い意味を持つ。そのような国では、高齢者人口に対する労働年齢人口の比率が変化することで経済的生産性に重大な影響が生じ、退職年齢が六五歳よりはるかに超えて上昇しかねない。このような事態はすでに米国、オーストラリア、日本で現実のものとなっているのだ。このような変化が意味するのは、あなたが六五歳以上になったときに制度を支えるだけの人口がなければ、社会保障やメディケアの給付を受けたり、必要な医療を利用したりできなくなるかもしれないということである。

特に、日本では労働年齢人口の割合が六〇パーセント未満にまで低下している。日本では六五歳以上が全人口に占める割合が一九六〇年に六パーセントであったのが、二〇一八年には二七パーセントととてつもない割合にまで急上昇した。近年では高齢者をケアする医療従事者が不足している（そして入国管理法には制約が多く、問題の解決に役立たない）。その一方で出生率は一・四まで下がり、精子数は減っている。また環境ストレス因子のために往々にして生じることだが、女児に対する男児の出生比が低下している。

それに加え、出産適齢期の女性の間では仕事を優先し、結婚や出産を先に延ばしたり、あきらめたりする人が増えている。日本の文化は職業的成功と長時間労働を重んじるため、複数のソースが報じるところによれば、出産適齢期の人々の間ではセックスに関心を持つことすらない人も多い。これが「セックスしない症候群」の増加を引き起こしているとされ、日本の若者の間では性的な関心や性的行為、さらには恋愛すら減っているとのことである。

このように性的な不活発さが生じている理由はよくわかっていない。二〇一七年にインディペンデント紙の記事が記したように、「少子化危機を受けて〔日本の〕政治家たちは若者がなぜもっとセックスをしないのかと頭をかきむしっている」。もちろん、日本では従来から節度と清廉さが社会的に価値あるものとされてきた（このため行きずりのセックスが生じにくくなる）ことから、日本の若い男女が人生に望むものが変わってきた――たとえば仕事に打ち込み、伝統的な人間関係を望まず、ネットポルノへの関心が高いなど――ことまで、いくつかの説はある。ホルモン因子や食事の影響がなんらかの役割を果たしているかどうかについては推測の域を出ないものの、アジア人ではテストステロン値が低いことや、エストロゲン作用を示す化学物質を多く含む大豆食品の摂取量が多いことが、男性の性欲を低下させるよう働いている可能性を示す証拠がいくらかある。日本では、生理学的、文化的、食事的、環境的影響が重なって生じた最悪の状況のために、あの愛情あふれる感情の喪失（性的行為の頻度が減るだけでなく、性的満足度の低下も）につながっているのかもしれない。

興味深いことに、この意識的な、あるいは無意識の男女の疎遠化が――この国で知られているいわゆる「孤独という流行病」とともに――人々の孤独感を和らげるのに役立つ新たな社会的発明を生み出している。日本では、子供が欲しいと思えば、実際に作ることなく、誰でも小学五年生程度の知能を持つおもちゃサイズのコンパニオンロボットを買うことができる。三〇〇〇ドル以上出せば、伴侶として姿かたちが実際の女性そっくりの（セックス用の）人形を購入することもできる。徳島県三好市名頃地区在住のアーティスト綾野月美は、住人たちが村を出て行ったり、亡くなったりしてもさびしく感じないようにと、マネキンを制作し、その小さな村のいたるところに置いている。最近では、孤独な人々がいっときの付きあいを求めて家族――配偶者、親、子供、孫の役割を演じる役者――を「レンタル」することのできるビジネスが登場している。この仕事にはつきものの危険がある。依頼者の依存だ。依頼者がレンタルした身内と別れたくなくなってしまうことがあるのだ。

サンフランシスコ在住のサロンオーナーで四三歳のしおりは日本で育ち、二〇〇一年に米国に渡った。結婚して子供をふたりもうけた彼女は数年に一度、身内に会うために家族と日本を訪れる。妹もその身内のひとりだが、彼女は未婚で子供を持つことを望んでいない。二〇一九年八月に日本を訪れたとき、しおりは「人々の孤独さ」に強い印象を受けた。「地元の学校は、子供の数が非常に少なくなってしまったので、ひと部屋の校舎に縮小されてしまいました。若い人たちはデートするよりも、マンガ喫茶やネットカフェでくつろぐほうがいいのです」。

日本の人口は二〇〇八年以降着実に減少しつつある。二〇一八年の一億二六四四万人に対し、二〇六五年には約八八〇〇万人まで急減すると予測されている。生まれる赤ちゃんの数が減り、高齢者人口が増えている日本は、未曾有の人口危機に見舞われる見通しに直面しており、この危機は社会的、経済的、政治的に重大な波及作用をもたらす可能性がある。この迫りくる危機を避けようと、地方自治体の中には金銭的インセンティブを用意して若い女性に子作りに励んでもらおうとしているところもある。このやり方により一部の地域では出生率が若干上昇したというデータがあるが、それが続くかどうかはわからない。

シンガポールでも状況は同様に憂慮すべきものである。最新データでは合計出生率は一・一である。二〇一八年には、シンガポール市民の私生活が国会で詳細に検討されたが、議員たちは自国の出生率の低さを嘆き、出産を奨励する政府の政策がなぜあまり成功していないのか首を傾げた。ある大臣は、シンガポールの合計出生率は約四〇年にわたり置換水準を下まわっており、同様の傾向が日本や韓国などの東アジアの先進諸国でも生じていると指摘する。国会は金銭的、立法的方策のみでは事態を好転させるのに不十分であることを悟った。

人気のオンライン出版サイトで読者からシンガポールの出生率を上げるアイデアを募ったところ、いずれのアイデアも、社会支援、金銭的インセンティブ、保育サービスの利用性の改善、無料の不妊検査――そして国民にもっとセックスをするよう奨励することに関わるものだった。いくつかの調査から、彼らは自分ではセックスをしていないことが示されている。ある三二歳の男性は「国会はセックスすることがおしゃれなことに思えるようなキャンペーンを始めるべきだ」という。別の意見は「女性にとって一番良いのは家庭にいることだ」とする。これは、低出生率に対する、少なくともシンガポールでの揺り戻しのひとつが、女性を職場から遠ざけ、代わりに家庭にとどまらせて子供を育てさせようとするものであることを示している。

日本やシンガポールで起こっていることから、出生率が低下しつつある米国などの他国が警戒すべき未来が垣間見える。これまでのところ、日本とシンガポールは出生率と人口減少の反転に成功していない。米国も同じ道筋をたどっており、やがては同様の問題に直面する可能性がある。

◉現在どちらの性別のほうが多いのか？

世界中で男女比も変わりつつある。歴史的には女児一〇〇人に対し一〇五人の男児が生まれている。つまり出生数のうち五一・五パーセントが男児なのである。これは二次性比と呼ばれ、[*] 世界保健機関が出生時の男女比として想定する数字である——言葉を変えればこの比は自然のバランスと考えられる。だがこの比は一定しているわけではなく、生物学的、環境的、社会的、経済的要因の影響を受ける。

＊　一次性比は受精時の女児に対する男児の比であるのに対し、二次性比は出生時の比である。

なぜこのことが問題になるのか。性比は、ヒト集団でも野生動物集団でも、環境要因や個々のストレス因子に対する反応として変化することがある。性比の変化は、男児出生数が減少する方向へと向かうことが一般的であり、突然の、または広範な環境的危険を敏感に示している場合があるのだ。驚くべきことに、男性がこのような危険にさらされた場合、その男性の子供が男児になる確率は、その女性パートナーがさらされた場合よりも低くなる可能性が高い。

これまでの章で述べたように、男児胎児は、出生前の有害化学物質への曝露だけでなく、外界で起こった大惨事に曝露されることに対してもより敏感とみられるのである。米国の五大湖の汚染された魚を食べることで曝露したポリ塩化ビフェニル類（ＰＣＢ）[†] の量が最高度であった母親では、男児の出産が少なかったことが研究から判明している。カナダ、台湾、イタリアの研究も環境毒素への曝露により生じた同様の結果を報告している（一九七九年に禁止されたものの、ＰＣＢなどの残留性有機汚染物質［ＰＯＰｓ］は身のまわりの空気、水、土壌中にとどまり続けるため、際限なく害を及ぼし続ける可能性のある「永遠の化学物質」であることに注意）。

一方、一九九五年の阪神・淡路大震災、ニューヨークの九・一一テロ、不況、戦争は、いずれも生まれる女児に対する男児の比をわずかに下げたことが示されている。阪神・淡路大震災のケースでは、「性比の変化は急性ストレスと精子の運動性低下による可能性がある」ことを一部の研究者が示唆している（幸いにも精子の運動性に対する影響は通常は一時的であり、一般に二〜九か月で元に戻る）。気候変動も性比を変化させるとみられる。ある研究で、近年の日本の気温変化——特に夏が非常に暑く、冬が非常に寒くなる——が新生児の女児に対する男児の比率低下と一致していることが認められているが、その理由の一部は男児の死産率の顕著な増加によるものである。特に、二〇一〇年の猛暑の九か月後、および二〇一一年一月の厳冬の九か月後には、女児の出生数が男児よりも多くなった。

子宮内の男児胎児の生存確率に影響を与える可能性があるのは、外的な環境要因だけではない。妊婦が受けるストレスの強さも関係することがある。デンマークの研究では、妊婦八七一九人のうち、妊娠早期に高度から中等度の精神的苦痛を経験した妊婦では、男児の出生割合が低かったことが認められている。一般に使用されている健康質問票への回答に基づき、心理的ストレスが最高度であった妊婦では、男児の出生割合が四七パーセントであったのに対し、ストレスのなかった妊婦では五二パーセントであった。この違いは大した問題ではないように思えるかもしれないが、性比としては〇・八七と一・〇八の差となり、相当な隔たりである。多くの国での性比の低下において、妊娠中のストレスが一因として考えられると研究者は結論づけている。

このような影響をもたらす生物学的仕組みは明らかではないものの、妊娠二〇週目以降では、男児胎児は、母体のコルチコステロイド（ストレスに反応して副腎で作られる量が増えるホルモン）に対して女児胎児よりも敏感なのではないかと考える研究者もいる。この「ストレス反応性の増加」が、男児が子宮内にいる間の生存を脅かす可能性があるのだ。このような影響をもたらす正確な仕組みがどのようなものであれ、男児が環境化学物質、気候変動、母親の心理的ストレスに特に脅かされることを踏まえれば、私たちの知る世界が劇的に変化しない限り、男児は子宮内で危険にさらされ続けるだろう。

◉将来的に予期せぬ結果が生じる可能性

これらもろもろの社会的変動を目の当たりにすると、私たちは次のように考えざるを得ない。私たちが築いた世界を支えられるだけの子供が生まれていないとすれば、誰が将来の担い手になるのか？年老いた大人たちの世話を誰がするのか？このことは人類の運命にとってなにを意味するのか？

生まれる男児数が少ないためか、あるいは女性が男性より長生きするためかはさておき、男性に対する女性の比率は、人口動態的変動の一部として上昇を続け、高齢者人口は主に女性で占められることになる。そして現時点のデータが示すように、精子数の減少が実際に発展途上国よりも西洋諸国で速く生じているのだとすれば、世界中で社会経済的大変動が起こるだろう。

世界の人口は複数のレベルで流動的であり、この不確実性だけをとってみても、社会的支援制度、経済的安定性、国内的・国際的計画立案上の意思決定、その他効率的に国家を運営する能力の基盤となる諸条件の未来にとって悩ましいものである。このような変動は、個々の国の機能に影響を及ぼすとともに、世界規模の人口変動にも影響を与える。一九五〇年代には中欧・東欧および中央アジアの高収入諸国が世界人口に占める割合は三五パーセントだったのに対し、二〇一七年にはその割合は二〇パーセントになっている。一方、世界の疾病負担研究によれば、南アジア、サハラ砂漠以南アフリカ、ラテンアメリカとカリブ海、北アフリカ、中東では大幅に人口が増加している。

このような傾向を精子数減少と考え合わせると、懸念の種はさらに増える。男性だけが絶滅の危機に瀕しているのではなく、人類全体も危機に瀕しているのだ。子供を作り、出生率を上げようとする思いがあっても、男性でも女性でも、そのために必要な体の仕組みがかつてのように機能していないのである。精子数は減少し、卵巣予備能は低下し、流産、また子づくりの成功を妨げる、生殖に関わる他の問題の発生率が増加しているのだから。

科学者の中にはいまや、ヒトの生殖に対する悪影響、またその背景にある要因のために人類の存続が脅かされる可能性があるとする人もいる。考えがたいことにも思えるが、米国魚類野生生物局（FWS）の要件に基づき、「ホモサピエンス」が絶滅危惧種の基準をすでに満たしているとの議論は可能である。ある生物種を絶滅危惧とみなしうる基準は五つあり、そのうちのひとつを満たすだけで足りるのだが、人類の置かれた現状は少なくとも三つを満たしているのだ。

まず、私たちはほぼ間違いなく生息地の「破壊、改変、または減少」を経験している。私たちの生息地には身のまわりの空気、食物、水が含まれ、そのいずれもが農薬、可塑剤、ペルフルオロオクタン酸（PFOA）などの人間の健康と寿命を脅かす毒素により汚染されつつある。世界保健機関によれば、世界中の死者数の約二五パーセント――毎年最大一二六〇万人にのぼる――の死因が環境問題に関わるものである。

満たしているふたつ目のFWS基準は――現在の規制プロセスでは、製品中に使用される化学物質のほとんどは、人間にとって有害であると証明されない限り安全とみなされること、またこれらの規制の根拠となっている検査法が旧態依然としていることを考えれば――「既存の規制制度が不十分」なことである。

満たしている三つ目のFSW基準は――地球気温の急激な上昇など――人類の存続に「影響を及ぼす人為的因子」が他にも存在することである。おそらく読者は気候変動により生じつつある一連の問題についてご存じだろう。だが次のことはご存じないかもしれない。地球温暖化が精子数の減少にも寄与しているのではないかと疑われているのだ。ヨーロッパの四都市での精液の質に関する研究では、精子数は冬季より夏季のほうが四〇パーセント少なかったのである。

少なくとも次のことは明白である。すでに多くの国で人口が維持できておらず、性比は変化しつつあり、婚姻率は下がる一方である――これらは私たちがかつて経験したことのないような社会経済的不和の潜在的原因となる。気候変動と環境汚染が続く中で、生まれる女児に対する男児の比はさらに下がるだろうし、六五歳以上の人口の比率のために一五歳未満の人口集団の影はますます薄くなるだろう。世界中で社会が今後どのようなものになるのか、予測することは困難である。

第4部　私たちにできること

第11章

個人でできる対策

有害な習慣を改める

米国の事業家で、モチベーションを高める話し手でもあるジム・ローンは次の助言で有名だ。「身体を気づかおう。あなたが生きるただひとつの場所なのだから」。これはもちろん全面的に事実であり、さらに、あなたの身体が必要とする気づかいを、内側からも外側からも与えることができるのもあなただけなのだ。これまでに述べたように、生活習慣は男女を問わず、リプロダクティブヘルスと生殖機能に対して良いほうにも悪いほうにも影響を及ぼす。悪影響の中には元に戻せるものもあるし、そうでないものもある――そして最も悪影響を及ぼす習慣が男女で異なることがある。

女性が子供を望む場合に「行いを改める」よう助言されることが多いが、それは男性にとってはおそらくさらに重要なことである。たとえばあなたが男性なら、熱い風呂、蒸し風呂、またはジムで運動したあとのサウナを、特に妊娠を望んでいる場合には、避けるのが賢明である。強い熱にさらされると精子の数と質が低下する可能性があるからだ。[*] この影響は、このような熱い環境を避けるようにすれば、多くの場合元に戻る。

＊ あなたが妊婦であればこのような極度に熱い環境は避けるべきだ。なぜなら体温が上がりすぎたり、

脱水状態に陥ったりすることで、発達中の胎児に有害となる可能性があるからだ。場合によっては、女性も有害な習慣のために失われたリプロダクティブヘルスや生殖機能の一部を回復させることができる。だがその不健康な生活習慣のために卵子にまで害が及んでいる場合は、そのダメージは最後まで進んでおり、元に戻すことはできない。

第6章で述べた内容を考えれば、リプロダクティブヘルスと生殖能力のために、あなたはこれから修行僧のような生活を送らなければならないと思うかもしれない。だがそこまで極端に清潔な生活を送る必要はない。おおむね健全な生活習慣を続けていれば、長期的に生殖能力とリプロダクティブヘルスを守るのに役立つのだ。良い知らせがある。生活習慣因子についていえば、わかりやすいルールとして、心臓、心、免疫系にとって良いことは生殖能力にとっても良いということである。幸いなことに、一般的な健康のために広く推奨されている健康法はリプロダクティブヘルスを守るのにも役立つのだ。

食習慣や運動習慣を改善することは、とりわけ生活が忙しい時期には難しいこともあるだろうが、以下の指針を、完全を求めて挫折しないようにして、なるべく守るように努めよう。目標は非常に不健康な生活習慣をやめ、他の分野でより健康な習慣を身につけることである。以下に具体的に示そう。

タバコの煙を吸わない　喫煙しているのであれば止める――それだけのことである。喫煙は男性の精子にとって有毒であり、またニコチン、シアン化物、一酸化炭素などのタバコに含まれる化学物質は女性の卵子にとって有毒であり、卵子が死んでいくペースを速める。* あなたが喫煙者でなくても、副流煙の近くにいれば（つまり受動喫煙をすれば）、リプロダクティブヘルスに影響が出る可能性がある。これは特に女性に当てはまる。つまり家族の誰かが喫煙者であれば、その人に禁煙するか、少なくとも家の中では吸わないように求めるべきである。

＊ マリファナがリプロダクティブヘルスや生殖機能に及ぼす長期的影響についてはまだ結論が出ていないことに注意。

健康的な体重を維持するよう努める　ボディマスインデックス（BMI）でいえば二〇から二五［日本の基準では一八・五〜二五］の間に維持する。前述のように、かなりの過体重または過少体重だと精子の質に悪影響が生じ、肥満（BMIが三〇以上［日本では二五以上］）の場合は、精子の数、濃度、量、運動性の低下、また形態異常の発生率の増加との関連性が認められていることから、さらに有害である。同様に、女性でもかなりの過体重または過少体重（BMIで一八・五未満）だとホルモン値に乱れが生じ――月経不順や排卵障害、胎児の着床障害の原因となる――妊娠できても流産リスクが高まることがある。

過体重や肥満の人は、食べる（カロリー）量を減らし、運動をしてカロリー消費を増やすことでやせるようにする。このような対策で余分な体重を落とすことができれば、妊娠しようとする際に違いが出てくる。不妊治療を求める過体重や肥満の女性が低カロリーの食事と定期的な有酸素運動を続けることで、妊娠確率を高められる（ある研究では五九パーセント）ことが多くの研究で認められている。同様に、過少体重の女性では体重を増やし、運動しすぎないようにすることで、月経周期が正常化する場合があり、これによりリプロダクティブヘルスが改善する。

食事内容を改善する

私が何度も目にした看板に次のように書かれたものがある。「健康な食生活を送る秘訣をご存じですか？　テレビコマーシャルに出てくる食品をすべて避けることです」。これは健全なアドバイスだ。なぜならリンゴやブロッコリなど、普通はテレビで宣伝されない食品や成分表のない食品は、加工食品よりも一般に栄養的に優れている――そのため健康全般にとって有益である――からだ（次章で見るように、包装材に含まれる化学物質を避けられるので、さらに良い）。

生殖能力を高める食事があるのか知りたいという人は多い。その答えは、その通りのものはないが、それに近いものはあるということになる。地中海食（果物、野菜、全粒穀物、豆類、ナッツ類、種子類、ジャガイモ、ハーブ、スパイス、魚介類、皮なしの鶏肉、エクストラバージンオリーブ油を多く使う）を食べる女性は妊娠障害を生じる確率が四四パーセント低いことがわかっている。オランダの研究で、IVF／ICSI治療を受ける前に地中海食を続けていたカップルは、他の食習慣を続けていたカップルより妊娠確率が四〇パーセント高かったことがわかった。さらに、この種のヘルシーな食事を続けることが、男性での精子の質の高さと女性での生殖能力の高さに関連していることが研究から示唆されている。さらなる余禄がある。地中海食は体重維持や健康全般の改善にも役立つのだ。

食事内容を改善してから精子の質が改善するまでそれほど時間はかからない。二〇一九年のスウェーデンの研究では、若く健康な男性が健康に良い食事（ヨーグルト、全粒シリアル、果物、野菜、ナッツ類、卵などによる）を取るようになると、精子の運動性がわずか一週間で高まったことが判明した。一方、一価不飽和脂肪（オリーブ油、アボカド、ある種のナッツ類に含まれる）の摂取量の多さは精子濃度の高さや総精子数の多さと関連していることが認められている。

オメガ3脂肪酸の摂取量の多さにも、男性での精液の質と生殖ホルモン値の改善*、また女性での排卵障害リスクの低下および生殖能力の改善との関連が認められている。問題があるとすれば、魚介類の水揚げ場によっては水銀含有量が多い場合があり、子宮内の胎児の脳の発達についての懸念をもたらすことである。魚介類に含まれる水銀を避けるには、キングマッケレル、マカジキ、オレンジラフィー、サメ、メカジキ、アマダイを買わないようにし、天然のサケ、イワシ、ムール貝、ニジマス、タイセイヨウサバを選ぶとよい。＊＊

＊　魚油のサプリメントを日常的に服用することで、若年男性の全般的な精巣機能が改善する場合があることを示す予備的証拠もいくらかある。

＊＊　最新情報：魚に含まれるPCB類への曝露量を減らすには、調理前に皮や目に見える脂肪を取り除くことである。網焼き、直火焼き、オーブン調理により、調理中に脂肪分を落とすようにするとよい。

ビタミンDがリプロダクティブヘルスにおいて大きな役割を果たしている可能性が、説得力のある研究から判明しつつある。ビタミンDは、主に精子の動きを良くすることで男性の生殖能力を改善することが示されている。またこの分野に問題を抱える女性の性機能や性的満足度を高めることが示されている。さらに、ビタミンD欠乏症が低妊孕性の女性でははるかに多くみられることが判明しており、このため食事、場合によってはサプリメントにより適切な量を摂取することが推奨されている。

運動を継続する　定期的な有酸素運動と筋力トレーニングは体重を管理し、健康を維持するのに役立つだけでなく、生殖機能にとっても有益である。これは男性でも女性でも変わらない。身体活動は精子の産生や生存率にとって有益であり、また男性の身体の他の部分に対しても健康的である。ロチェスター・ヤング・メンズ・スタディでは、定期的に中等度から強度の身体活動を行い、テレビ視聴時間が少ない健康な若年男性では、それほど身体活動を行わない男性より精子数が多く、精子濃度が高いことが認められた。最も驚くべき結果は次のものである。中等度から強度の運動を週一五時間以上行っていた男性では、運動量が最も少なかった男性よりも精子濃度が七三パーセント高かったのである。確かにこれはかなりの運動である——一日あたり二時間強であり、仕事の予定が詰まっている多くの男性にとっては現実的ではない長時間である。

幸いなことに、これは全部かゼロかという話ではない。というのも他の研究で、中等度から強度の運動を週七時間以上行っている男性では、運動時間が一時間以下の男性より精子濃度が四三パーセント高いことが示されているからである。さらに最近、中国の精子提供志望者を対象とした研究で、中等度から強度の身体活動時間が最も長かった男性では精子の運動性が確実に高いことが認められている。

さらに良い知らせがある。現在運動習慣のない男性も心強く思うべきである。始めるのに遅いということはないのだ。座りがちな生活を送り、肥満状態だった男性がトレッドミルで週三回、三五分から五〇分の中等度の運動を始めたところ、一六週間後には精子の数、運動性、形態が改善したことが研究で認められたのである。比較的短期間の投資で生殖能力が改善するのだ。

結論をまとめよう。運動は適度であれば身体的に健全なストレスをもたらすのに対し、やりすぎると不健全なストレス源になってしまうということである。これは男性についての話だが、同じ中庸——アリストテレス的意味で——が女性にも当てはまる。* 定期的に運動することで女性のホルモン特性と全般的生殖機能が改善し、規則的な月経周期、排卵が促され、生殖能力が高まることがわかっている。妊娠喪失を経験したことがあり、再び妊娠を試みている過体重の女性でも、一度に一〇分以上ウォーキングすることが役に立つ——六か月で生殖能力が大きく改善するのだ。

＊　アリストテレスは、徳と道徳的行為についての議論で、過剰と不足という両極の間の中間状態、つまり中庸に焦点を当てた。運動、食事、ストレスなどの生活習慣因子にも同じ考え方が当てはまると私は考えている——逆U字型の曲線は、多すぎと少なすぎという両極間に適切な範囲があることを示している。

不健康なストレスにうまく対処する　目標はストレスをなくすことではない。なぜなら（a）現代世界ではなくすことはそもそも不可能だからであり、（b）ストレスの中には実は良いものもあるからである。ストレスを良いものとは考える人はほとんどいないが、「ユーストレス（eustress）」と呼ばれるタイプがまさにそれ——良いもの——である。この種のストレスは私たちのやる気を呼び起こし、刺激となり、心理的、感情的、身体的に成長するのに役立つからである。だからそのような良いストレスを職場や私生活で生み出す機会を手放さないようにしたいものである。適度な強さの良いストレスは、男性や女性の生殖機能、また女性が妊娠するのにかかる期間に悪影響を及ぼすことはない。そうではなく、目標は良くないストレス（ディストレス〔distress〕）をできるだけ減らしたり、その対処能力を高めたりすることにある。良くないストレスはリプロダクティブヘルスに有害となることがあり、女性ではホルモン異常、月経不順、排卵障害が、男性では精子の質の低下が——特にストレスが過剰な場合に——生じることがある。[*] ご存じだろうが、ストレスをため込まないようにする方法は、うまく時間を管理する方法を活用する、重要ではない頼み事を断る、なるべく仕事を人に任せる、適切な対処技能を高め、強力な支援ネットワークを築くことである。

＊ 別の懸念として、過重なストレスに対処しようと、過度の飲酒、喫煙、過食その他の不健康な行為にふけるケースがある。このような潜在的に有害な習慣は健康全般だけでなく、リプロダクティブヘルスにも悪影響を及ぼす可能性がある。

社会支援を得ることで、心と身体のいずれに対するストレスの潜在的悪影響についても和らげることができる。中国の研究者が三八四人の男性を対象に、精液の質に対する仕事のストレスの影響を調べたところ、仕事のストレスが多い男性の精子は、少ない男性よりも、WHOの基準で「正常」とされる精子濃度と総精子数を下まわる確率が高かったことがわかった。これは驚くことでもなかったが、次に興味深い事実が判明する。仕事のストレスが多く、かつ社会支援も多く受けていた男性では精子は完全に正常だったのである。

ストレスに適切に対処するには、社会支援を求めることに加え、瞑想、深呼吸、漸進的筋弛緩法《ぜんしんてききんしかんほう》、ヨガ、催眠法などの自分に合ったストレス解消法を見つけ、それを日常生活の中で活用することが必要となる。このような習慣を身につけると、不安や心配をコントロールするのに役立つ以外にも、生殖ホルモンを正常値に維持しやすくなる。不妊に悩む女性が、集団で行うマインドフルネスを用いた治療や認知行動療法のプログラムに参加すると、妊娠確率が高まることがわかっている。健康な若年成人が横隔膜呼吸、漸進的筋弛緩法、誘導イメージ療法を一日二回行うことで、性欲と性的満足度（過度のストレスによるしばしば低下する要素）が高まることが研究から判明している。

このような対策をあなたのリプロダクティブヘルスを健康に保つための保険の一種と考えるとよい。これらの対策を、次章でみるように、自宅の化学物質の量を減らす——それにより曝露量を減らす

――対策と組み合わせることで、あなたはさらに健康になれるだろう。これはいくつもの要素を組み合わせる保護対策なのである。

第12章

家庭内のケミカルフットプリントを減らす

安息の場をより安全に

知識は力強いものとなりうるが、人をひどく怖れさせるものともなりうる。ここまで読んで精子数の危機的減少や男女の生殖発達の障害について知ったことで、自分の「武器庫」には「十分な量の弾丸」があるのだろうかとそわそわしていたり（あなたが男性の場合）、あるいは不安げに自分のお腹をさすっている（あなたが妊婦の場合）なら、心強く思っていただきたい。自分の生殖機能とあなたの未来の子供たちのリプロダクティブヘルスを守るために、あなたにできることがいくつかあるのだ。生活習慣を改善し、化学物質の曝露による身体の負担を減らすための鍵となる対策を取ることで、あなたが男性なら精子の数や運動性を維持する能力を、また男女を問わず生殖能力を維持する能力を高めることができるのである。

二〇一〇年、私はテレビ番組「六〇ミニッツ」の「フタル酸エステル類：この物質は安全なのか?」と題するコーナーに出演し、司会のレスリー・スタールとともにある郊外の家を部屋から部屋へと歩き、フタル酸エステル類が潜んでいそうな場所を指摘してまわった。これは彼女と視聴者にとっては目からうろこが落ちる経験となったが、フタル酸エステル類に的をしぼったことで、環境リスクのごくわずかな部分しか明らかにすることができなかった。それでも部屋ごとに見ていくアプローチは役に立ったようなので、本書でもこのやり方で、あなたの自宅のどこに内分泌かく乱化学物質が潜んでいる可能性があり、どうすれば避けることができるのかをお教えすることにしよう。

◉キッチン

キッチンはしばしば家の中心である——またフタル酸エステル類、BPA、その他の内分泌かく乱化学物質の最大級の曝露源である。なんといっても、このような密やかな化学物質は、農場から食卓へ、あるいは製造工場からカップやビンへ至る移動経路のあらゆる箇所で食物や飲料の中に忍び込む可能性があるのだ。証拠をお望みだろうか？　ドイツの研究者が五人の成人を対象に、絶食前と絶食してから四八時間後（その間はガラスビンに入った水しか口にしなかった）のフタル酸エステル類の値を比較し、被験者の尿中のテストステロン値を低下させるDEHPと、より現代的なDEHPの代替物質の値が、絶食開始後二四時間以内に、最初の値のわずか一〇～二〇パーセントまで急減したことを認めているのだ。このような密やかな化学物質がいかにすばやく体内に定着するか——また出ていくのかを示すデータである。

キッチンに存在する多数のEDCなどの有害化学物質を避けるために、以下の対策を取ろう。

なるべく有機農産物を購入する　高くなる場合もあれば、そうならない場合もある——高くなる場合でも、微量の農薬や、その中に含まれるフタル酸エステル類などの不活性成分を摂取しないですむので、健康のためのちょっとした投資の価値があるともいえる。いつも有機栽培の野菜や果物を買うのはちょっと、という人は、従来の栽培法のために往々にして農薬の残留物が大量に含まれている作物を買う量を減らすのが賢明だ。人間の健康と環境の保護に熱心に取り組んでいる非営利組織である「環境ワーキンググループ」（Environmental Working Group：ＥＷＧ、www.ewg.org）が、「ダーティ・ダーズン」と「クリーン・フィフティーン」と呼ばれる、農薬の残留濃度がそれぞれ最高と最低の果物と野菜のリストを毎年発表している。二〇一九年にはイチゴ、ホウレンソウ、ケール、ズバイモモ、リンゴ、ブドウが高汚染リストの上位にならび、アボカド、スイートコーン、パイナップル、スイートピー（冷凍）、タマネギ、パパイヤが低汚染リストに入っていた。買える場合は有機栽培の野菜や果物を買い、買えない場合は、水道水で十分に洗い、清潔なタオルで水分を拭き取るとよい。こうすることで残留化学物質のほとんどを取り除くことができる（専用の果物・野菜用洗剤は必要ない）。カリフォルニア大学バークレー校の研究者が、有機栽培の食物を一週間食べただけで体内の一三種類の農薬の代謝物の量を大幅に減らせることを見出している。

生鮮食品、未加工食品を選ぶ　生鮮食品（特に果物、野菜、ナッツ類、種子類、魚）を食べ続ければ、加工食品より栄養があるだけでなく、化学物質の曝露量を減らすのに役立つ。加工食品は、加工中にＤＥＨＰやＤＢＰなどのフタル酸エステル類――またはプラスチックや缶詰の内側のコーティングに含まれるＢＰＡ――に触れるが、このような化学物質は包装材と結合しているわけではないため、食品中にしみ出すことがあるのだ。ラベルに「ＢＰＡフリー」や「フタル酸フリー」と書かれていても、ＢＰＡに対するＢＰＳやＢＰＦ、あるいはフタル酸エステル類の代替物質を含んでいる場合があり、これらが元の化学物質と同じくらい有毒なこともある。一般に、缶詰や加工食品はあまり使わないようにするのがよい。

動物性食品に含まれる汚染物質を避ける　商業的に飼育されている一部の動物、特にウシやヒツジに、成長を促すためのテストステロンやエストロゲン、または病気を予防するための抗生物質が与えられていることは周知の事実である。乳製品を含む動物性食品を食べた場合に、このようなホルモン剤や医薬品がどの程度人間の健康に影響を及ぼすかについては現在も激しい議論が続いている。だが安全を期したいと思うのなら、USDAオーガニック認証マーク〔日本のJAS認証マークに相当する〕が貼られたものを探すとよい。このシールはその動物が有機栽培されたエサ（動物由来成分を含まない）のみを食べ、合成ホルモン剤や抗生物質を投与されていないことを示すものである。同様に、「抗生物質不使用で飼育」、「ホルモン剤無添加で飼育」または「合成ホルモン剤不使用」などの文言があれば、その動物が生きている間に抗生物質やホルモン剤の投与を受けなかったということである。

使用している食品保存容器を見直す　フタル酸エステル類やBPAは多くの食品用、飲料用容器の製造に使われている。これらの物質が食品や飲料品中にしみ出したり、容器を電子レンジで加熱した際に放出されたりすると、このような内分泌かく乱化学物質に曝露されることになる。プラスチック容器に「PVC」と記されている場合はフタル酸エステル類が含まれている。BPAはいまも多くの水ボトルやプラスチック容器、また缶詰食品を汚染から守るためのエポキシ樹脂中に使われている。*食品を保存する場合、いちばん良いのはふたつきのガラス、金属または陶製の容器またはアルミホイルを使うことである。

＊　BPAを含む可能性が最も高いプラスチックの記号はPVC（ポリ塩化ビニル）とPC（ポリカーボネート）である。

電子レンジにプラスチックを入れない　食品を温めなおしたい場合、プラスチック容器に入れて電子レンジにかけてはいけない。皿か鉢に移し、カバーする必要がある場合はパーチメント紙、ろう紙、白いペーパータオル、あるいは皿や鉢にかぶせられる半球形（ガラス製または陶製）の容器を使うようにする。食品店のプラスチック製の食品保存用袋やプラスチック袋は、「電子レンジで使用可能」と書かれている場合でも、電子レンジにかけないこと。

なるべく家庭で食事を作る　まさかと思うかもしれないが、たびたび外食したり、テイクアウトを食べたりすれば、用いられている食品包装材や食品取扱用手袋のために、体内のフタル酸エステル類の濃度は増加する。一〇代の若者を対象としたある研究では、外食の多い人はいつも自宅で食事をする人よりアンドロゲンかく乱化学物質の値が五五パーセント高かった。できれば家庭で調理または用意した食事を食べるようにしよう。

調理器具を良いものに替える　汚れがこびりつかない鍋やフライパンを使っているなら替えどきだ。そのような調理器具はPFOA（ペルフルオロオクタン酸）化合物やテフロン（化学物質ポリテトラフルオロエチレンの商品名）を使って製造されている。確かにこのような調理器具を使えば後片付けが楽になるが、このような器具を熱した面で調理すると、内分泌かく乱化学物質が調理中の食物にし

ジョン・ダーコウ作

初出：コロンビア・デイリー・トリビューン紙、2008年6月17日。

み出す可能性が大幅に高まる。この種の調理器具を使い続けるのであれば、弱火から中火で短時間だけ使い、表面がけば立ってきたり、薄片がはがれ落ちたりし始めれば捨てるようにする。私の家では、鋳鉄の鍋やフライパンに切り替えており、みな気に入っている。ステンレススチールを選ぶのもよい。

飲料水をろ過する　自宅の水道水の味が気に入っており、水道業者を信頼している場合でも、自宅（あるいは冷蔵庫）用に飲料水用フィルターを買い、忘れず定期的に交換するのは良い考えである。これまでに述べたように、多くの工業化学物質や農薬、また医薬品が上水道に入り込んでいる可能性があり、医薬品については水道業者によるモニタリングすら行われていない。つまり自分が実際になにを飲んでいるのか、すべての内容はわからないのである。またボトル入りの水を飲んでも解決にはならない。プラスチックに入っているからだ! 自宅用の水処理システムを購入しよう。たとえば手作業で水を注ぐ安価なガラス製(プラスチック製はだめ!)ピッチャー、流し台の下に設置する活性炭式または逆浸透式ろ過システム、家庭内に入ってくるあらゆる水から汚染物質を除去する一括式炭素ろ過システムなどがある(水ろ過システムに関する詳細情報についてはNSFインターナショナル www.nsf.org を参照)。携帯用の水筒が必要なら、ガラス製かステンレススチール製のものを選ぼう。

洗浄剤をきれいなものにする カーペット洗浄剤、万能家庭用洗浄剤、窓・木製品洗浄剤、消毒剤、しみ抜き剤、また他のほとんどの洗浄剤には強力な毒素やEDCが含まれている。自宅の家庭用洗浄剤の在庫を調べ、ラベルに「危険」、「警告」、「有毒」、「命にかかわる」などの文言が書かれているものは処分する。代わりに自分で確認できる成分からなる製品を補充する。この場合も「環境ワーキンググループ」が有益な情報源となる(http://www.ewg.org/guides/cleaners/content/top_products)。あるいは水、酢、重曹、またはエッセンシャルオイルを使って洗浄剤を自作することもできる。オンラインで洗浄剤の作り方を見つけることが可能だ。

◉バスルーム

キッチンに次いで、家庭でEDCなどの潜在的に有害な化学物質に曝露される可能性が高い場所はバスルームかもしれない。大部分は私たちが使う化粧品などのパーソナルケア製品が原因だが、他にも問題がある。残念ながら、化粧品・美容業界では規制がほとんど行われておらず、また多くの企業が使っているラベルの文言や商品名では、その製品が純粋だとか、天然だとか、新鮮だとか、その他健康に良いことが謳われている。だが法的、規制的観点からは、このような表現には文字通りなんの意味もないのだ。

これはとりわけ米国食品医薬品局（ＦＤＡ）の化粧品業界に対する権限が製薬業界に対するものよりはるかに小さいためであり、ＦＤＡも他のいかなる政府機関も化粧品を、発売する前に承認したり、規制したりすることはない。代わりに、化粧品会社が発売前に自社製品の安全性を実証し、ラベル表示を適切なものにする責任を負っている。とどのつまり、賢く安全な（あるいは少なくとも有害性の少ない）選択をする負担は消費者にかかっているということである。バスルームでＥＤＣなどの多くの有害化学物質を避けるために、以下の対策を取ってほしい。

パーソナルケア製品のラベルに気をつける　書かれている内容が完全にセールストークの場合もあるが、意味のあるフレーズの場合もある。たとえば、ＵＳＤＡオーガニック認証マークが貼られている製品は、有機原材料——すなわち、従来の殺虫剤、除草剤、石油系肥料、遺伝子組み換え生物を使うことなく成長させたもの——を九五パーセント以上使用している。一〇〇パーセントオーガニックのマークシールはその製品が有機原材料のみを使用していることを示す。ときに製品中に使用していないものが高らかに謳われていることもある——だがこれは注目に値しない場合もある。例を挙げよう。「無香料（fragrance-free）」と書かれていれば、その化粧品や洗面用品には香水や芳香剤が入っていないということである。だが、代わりに原材料のにおいを隠すために、香りのあるエッセンシャルオイルや植物抽出物が使用されている場合があるのだ。同様に「パラベンフリー（paraben-free）」や「フタル酸フリー（phthalate-free）」はこれらの化学物質が製品に使われていないことを示す。「抗菌（antibacterial）」と表示されている洗浄剤やスキンケア製品は避ける。日々使うせっけんや水はいずれもクリーンでなければならない。このような有害成分を含まないとされるパーソナルケア製品でも、プラスチック製のビンやボトルに入っている場合は、その完全な状態——フタル酸フリーやBPAフリーの状態——を失う可能性があることにも注意し、なるべくガラス容器に入っている製品を選ぶようにしよう。

製品の成分表に目を通す　自分の皮膚、髪の毛、身体にたっぷり塗っている製品の中になにが入っているのかを理解するには、確かに化学の学位が必要なようにも思えるだろう。だが多少なりとも成分表を理解することはできる。特に以下のEDCなどの有害化学物質を含む製品は避けよう。トリクロサン（液体せっけんや歯みがき粉に含まれていることが多い）、フタル酸ジブチル（DBP）（ヘアスプレーやネイル用品に含まれる）、メチル-、エチル-、プロピル-、イソプロピル-、ブチル-、イソブチル-パラベンなどのパラベン類（シャンプー、コンディショナー、洗顔剤や皮膚洗浄剤、保湿剤、デオドラント、日焼け止め剤、歯みがき粉、化粧品に含まれる防腐剤）。お気に入りのパーソナルケア製品をくわしく調べるなら、「環境ワーキンググループ」の「スキン・ディープ（Skin Deep）」データベースで詳細を確認するとよい。このように選ぶ際の対策を取ることで状況を改善することができる。ある研究で、一〇代の少女たちが、成分表にフタル酸エステル類、パラベン類、トリクロサン、ベンゾフェノン3（日焼け止め剤によく配合されている有機化合物）を含まないと書かれているパーソナルケア製品に切り替えたところ、これらの潜在的内分泌かく乱化学物質の尿中濃度が二七～四四パーセント減少した――わずか三日でである！

使わなかった医薬品を適切に処分する　トイレに流してはいけない。代わりにコーヒーかすやネコ砂と混ぜ、*プラスチック袋に入れて封をし、ゴミとして出すようにするとよい。

＊　その理由は、未使用の医薬品をこのようなものに混ぜることで子供やペットの気をひきにくくなり、また（できれば）薬物を求めてゴミ漁りをする人間に気づかれなくなるためである。

ビニルのシャワーカーテンを捨てる　新品のビニルのシャワーカーテンや裏地から匂うにおいをご存じだろうか？　これは化学物質のガス放出で、揮発性の有機化合物やフタル酸エステル類が空気中に放出されることによるものである。これは健康に良くないため、綿、リネン、麻製の環境に優しい素材を選ぶようにする。

消臭剤は使わない　コンセントに挿すタイプ、芯タイプ、あるいはスプレータイプの消臭剤のいずれであれ、使わないようにする。どれもフタル酸エステル類などの潜在的に有害な化学物質を含んでいるからだ。バスルームの空気のにおいを改善するには、換気扇を使ったり、窓を開けたり、悪臭を吸収する重曹の箱を空けて部屋の中に置いておくとよい。またバスルームでは毒性のない洗浄剤を使うようにする。

◉家庭内の他の場所

家庭内でさまざまな化学物質が定着している可能性のある場所としては、他に寝室、居間、クローゼットなどがある。主な有害物質は、フタル酸エステル類、難燃剤（PBDE）、PCB類（製造されなくなったがなおも多くの家庭に存在する）などである。なにも自宅を屋根から地下室まで改装するのを勧めているわけではない。それでは費用がかかりすぎる。それでもあなたの家の化学物質の量を大きく減らすことは可能なのだ。以下に具体的な方法を示そう。

床一面に敷くカーペットは使わない　ナイロン製やポリプロピレン製などの合成カーペットは、長年にわたり有害化学物質を空気中に放つ可能性がある（これもガス放出の一例）。天然の硬木やセラミックタイルはほこりや有害化学物質をほとんど吸収しないので、良い選択肢である。床の一部に敷物を置きたい場合は、ウールまたはジュート、サイザル麻などの天然植物性の素材を選ぶようにする。PBDEを含むクッションは使わないようにし、ウール製やフェルト製のものを選ぶ。また防水あるいは防汚処理されたカーペットやクッションは有害化学物質を含むため、使わないようにする。HEPAフィルター付きの掃除機で、少なくとも週一回はすべてのカーペットを徹底的に掃除するとよい。

ほこりをためない　ハウスダストはアレルゲンになり、また見苦しくやっかいなだけでなく、有害化学物質を吸収し、ため込む場所ともなる。過度にきれい好きになる必要はないが、これまで以上にほこり掃除に励むのは賢明である。特にハウスダストは家の中のいろいろな製品から出た有害化学物質を含んでいるからだ。二〇一七年の研究では、フタル酸エステル類、フェノール類、代替難燃剤、ペルフルオロアルキル化合物（PFAS）†などの四五種の潜在的に有害な化学物質が、米国中でサンプル採取された家庭の九〇パーセントでほこりの中から発見されている。このため、板張りの床やセラミックタイル製の床はぬれ雑巾で拭くようにする。家具、窓の下枠、出入り口のモールディング、天井ファンはマイクロファイバー製の布や濡らした綿布で拭くようにすると、他の布（乾布など）よりうまくほこりの粒子をつかまえることができる。テレビなどの電子機器は難燃剤の発生源であることが多いので、頻繁にほこりを掃除する。掃除中は窓や戸を開け、ほこりを拭い、掃除した後はしっかり手を洗うようにしよう。

買い替えどきには適切なものを選ぶ　新しいAV機器を買う場合は、PBDEなどの臭素系難燃剤を含まない機器を選ぶようにする。ソファ、安楽椅子、マットレスを新たに買う場合は、難燃化学物質、有毒接着剤（ホルムアルデヒドを含むものなど）、プラスチックを含まないものを選ぶ（カバーの裂けた古い発泡体製品を買い換えられない場合は、綿製またはリネン製の家具カバーをかけて表面の傷をふさぐのもよい）。テーブルや戸棚は、合成木材やパーティクルボードを使わずに作られた天然木のものを選ぶ。マットレスパッドは有機栽培の綿製のものを選び、プラスチックで覆われたものはそれ自体が化学物質を空気中に放出するため、買わないようにする。

ペットの足を拭く　ペットは、戸外の土ぼこりを踏みしめてきたことに加え、微生物だけでなく、土壌に含まれる重金属や農薬の残留物を持ち込むことがある。ペットは、芝生にまかれた除草剤などの農薬を、散布後最長一週間にわたり家の中に持ち込む場合があることが研究で判明しているため、家の中に入ってきたら足を拭いてやるようにする。

クローゼットをきれいにする　衣類用防虫剤は、有害化学物質であるナフタレンやパラジクロロベンゼンが含まれているため処分する。クローゼットの衣類を虫食いから守るには、クローゼットの中でスギのチップや木片あるいはラベンダーを入れた匂い袋を使うとよい。可能であれば、「環境にやさしい」ドライクリーニングや液体二酸化炭素を使ったサービス、またはウェットクリーニング法を選ぶようにする。あるいは、衣類をドライクリーニングに出した場合は、プラスチックの袋を取り、ガレージやベランダで一日吊り下げて外気にさらしてからクローゼットにしまうようにする。

レジ袋は断る　再利用のできる布製や帆布製のさまざまな大きさの袋を購入し、買い物用に携帯するか、車の中に積んでおく。定期的に洗濯して常に清潔に保つようにする。

◉遊び部屋

幼い子供がいる場合は、玩具などの子供向け製品に有害化学物質が含まれている可能性があることに注意しよう。米国と欧州連合では、子供用玩具やおしゃぶり製品については、数種類のフタル酸エステル類の濃度は〇・一パーセントを超えないよう規制されているが、世界の他の地域から輸入される玩具にはそのような物質が含まれていることも多い。子供は身体的にまだ発達途上であるため、とりわけ内分泌かく乱化学物質の影響を受けやすい。加えて身体が小さいため、体重一キログラムあたりで肺、消化管、皮膚を通じて吸収する汚染物質の量が大人より多い。また幼児は玩具をよく口に入れるため、曝露量がさらに増えることがある。

一番良いのは玩具を購入したり、子供の活動を選んだりするときに選択肢をよく検討することである。プラスチック製の玩具を買う場合は、「フタル酸フリー」や「PVCフリー」の表示があるものを探す。同じく、哺乳ビンやふた付きカップは「BPAフリー」の表示があるものを買う（注意：これでもBPSやBPFなどの、BPAの類似物質を避けられるわけではない）。遊び部屋に家具を備える場合は、できるだけ天然素材のものにする。テーブルやイスは木製のものを、必要ならクッションつきで選び、また玩具や絵描き道具の収納にはプラスチック製の収納箱ではなく木製のバスケットを選ぶ。次のことを覚えておこう。綿製の織物や敷物は洗いやすく、カビが生えにくい。

●庭

一戸建てに住んでいる場合は、園芸の趣味がなくても、大自然——自宅の芝生や庭園——で生じるかもしれない化学物質の悪影響について注意したい。つまり合成殺虫剤、除草剤、肥料を使わないということである。これらの物質は子供やペットにとって、また私たちすべてにとって有害である。雑草をなんとかして退治したければ、安全にやることである——根っこから引き抜いたり、酢や塩をまいたり、厚いマルチ（スギマルチや樹皮のチップ）の層を使って雑草の成長を抑えたりするなどの方法がある。自宅の芝生や庭園に「農薬不使用」という標識を立ててあなたの地球にやさしい取り組みをまわりの人に知らせ、そのやり方に続いてもらうよう促そう。また、水まき用ホースが古いPVC製だと、水とともに大量の鉛、BPA、フタル酸エステル類をまき散らしているかもしれないことに注意しよう。「フタル酸フリー」の表示のあるPVCを含まないホースを探すとよい。「飲用に安全」とあればさらによい。

これまでに挙げた項目は、精子数や男女のリプロダクティブヘルスの他の側面に目立たない形で影響を及ぼしうる原因として、最も一般的なものである。かかる費用を考えれば、このような有害化学物質を含むカーペット、ソファ、調理器具、その他の家庭用品をすぐに処分するわけにはいかないかもしれないが、新しいものを買う際には、フタル酸エステル類、PFOA、難燃剤、その他の潜在的に有害な化学物質を含まないものを探すとよい。その間にも、防虫剤、消臭剤、香料入りキャンドル、抗菌せっけん、その他の精子や健康全般を脅かす可能性のある製品は処分しよう。沈黙の春研究所(Silent Spring Institute)は、自宅でこのような化学物質に対する曝露量を減らすためのエビデンスに基づく簡便なアドバイスを提供する「デトックス・ミー(Detox Me)」という無料のスマートフォン用アプリ、また体内でよくみられる家庭内毒素を検出できる尿検査「デトックス・ミー・アクション・キット(Detox Me Action Kit)」を提供している。またレシートはビスフェノールAを含むものが多く、それが体内に吸収されることもあるため、手で触らないようにしたい。

これらの重要な対策を、体内と周囲を清潔にして暮らすために取り組むべき方法と考えて欲しい。食品の選び方や調理法を含む生活習慣を改善し、家庭から有害な化学物質を取り除くことで、生殖器系と全般的健康を守るための賢い予防策を取ることになるのだ。これまでに述べたように、あなたの身体にのしかかる化学物質の負荷を減らすことは可能である。だが身近にあるかく乱化学物質が潜む地雷原をくぐり抜けられるようになるまではこつこつ取り組む必要がある。それがあなたとあなたの家族の未来を守る機会なのだ。

第13章 より健康な未来を思い描く

なにをなす必要があるのか

一八九八年、英国の工場監督官ルーシー・ディーンがアスベスト粉塵への曝露により生じる有害作用について警告を発したが、彼女が書いた報告書はほとんど相手にされなかった。一〇年以上経った一九一一年に、ラットの実験で、アスベスト粉塵にさらされることが生物の健康にとって有害ではないかとの疑いに関する「合理的根拠」が得られた。一九三五年から一九四九年の間に、アスベスト製造労働者の間で驚くべき数の肺がん症例が報告され、一九五五年には、英国ロッチデールのアスベスト労働者の間では肺がんリスクが高いことが研究で立証された。一九五九年から一九六四年の間に、南アフリカ、英国、米国のアスベスト製造労働者とアスベストを扱う工場近隣の住民の間で、肺を覆う組織に生じるがんである中皮腫が重大な問題となっていることが判明した。

にもかかわらず、あらゆる種類のアスベストがヒトの発がん物質として認められるのは一九七三年になってからのことであり、一九九九年になってようやく西ヨーロッパの多くの国で全種類のアスベストの使用が禁止された。まる一世紀かかっているのだ！　だがここで事態は意外な展開をみせる。知らない人も多いが、米国は現在でも若干のアスベストの使用を認めており、また一部の発展途上国

（インドなど）ではアスベスト産業がいまも活況を呈しているのだ。大規模な科学的研究と規制の取り組みがなされたにもかかわらず、五〇年以上を経たいまでも、私たちはなおも発がん性が判明しているこの物質を環境からなくすことができていないのである。

この話はリプロダクティブヘルスとはほとんど関係がなく、関わりが深いのは呼吸器の健康である。だがこれは、重要な保護対策が実施されるまでにどれほどの時間がかかるものなのか、それがどれほど難しいものとなりうるのかを示す説得力ある実例なのである。

商業目的で作り出された化学物質が約八万五〇〇〇種あり、そのうち安全性について検証された化学物質は数少なく、規制されているものはいわずもがなという状況を踏まえれば、私たちには危険な化学物質への曝露を明らかにし、曝露量を減らすためのより適切な――つまり時間と費用があまりかからない――方法が必要である。一例として、テストステロン値を低下させるフタル酸エステル類であるフタル酸ジ-2-エチルヘキシル（DEHP）を考えてみよう。二〇〇〇年、環境化学者のジョン・ブロック博士が、米国在住者のサンプル中のフタル酸エステル類を初めて測定するCDCの新たな取り組みについて私に話してくれた。彼にその物質を調べるよう勧められたとき、私の反応は「フタル酸エステル類ってなんですか？」という程度だった。彼はこのような「どこにでも存在する化学物質」がオスのラットの生殖器に大混乱を引き起こしていることを示す説得力のある研究をいくつか教えてくれた。少し飛んで二〇〇五年、私は同僚と、妊娠早期のDEHP値が高い妊婦ほど、生まれた息子に「男性的」でない生殖器――たとえば短い肛門生殖突起間距離（AGD）や小さいペニス――が生じる可能性が高くなることを示す研究を発表した。この研究と後続の研究をあわせて二〇年の期間と一〇〇〇万ドル以上の費用がかかったが、そのおかげで重要な公衆衛生上の措置が取られることになった。フタル酸症候群のリスクはかなり確実だと考えられたため、二〇〇八年に玩具とふた付きカップでのDEHPと他の二種のテストステロン値を低下させるフタル酸エステル類の使用が禁止されたのである。

この法律と、このような健康リスクに関する社会の懸念の高まりために、米国では人々の体内の「従来の」フタル酸エステル類の値が顕著に低下した。二〇一〇年の研究用に募集した妊婦のDEHP値は、二〇〇〇年の妊婦での測定値の五〇パーセントしかなかったのである。これは明らかに良い兆しだった。だが残念な事態が生じる。DEHPや同様に問題のあるフタル酸エステル類に対する代替物質として、別のフタル酸エステル類が登場しており、その中にフタル酸ジイソノニル（DINP）があるのだが、スウェーデンの研究で、この新たな代替フタル酸エステル類の尿中の値が高い妊婦ほど、低い妊婦よりも生まれた男児のAGDが短い傾向があったのだ。つまりDEHPをDINPに替えたところで問題はいささかも解決していなかったのであり、これは非常にいらだたしいことである。

しばらく立ち止まって製造業者に好意的に考えてみよう。業者はDINPの有害性がDEHPとなんら変わらないことを知らなかったのかもしれないとする。それなら業者はしかるべき注意を払い、DINPが製造される前にこの代替物質の作用について調べるべきではなかったのだろうか？　そして有害であることが判明したなら、即座にその製造を中止すべきではなかったのだろうか？　読者もおそらくおわかりのように、このふたつの疑問に対する私の答えは断固たるイエスだ！　だが化学とビジネスの世界は必ずしもそのように動くわけではない。これまでのところ、この問題は怠慢な政治の犠牲であり、その状況下で製造業者は自社製品に含まれる化学物質の安全性を確保する責任をほぼ逃れてきたのである——そして米国の規制制度はそれを許してきたのだ。

読者も間違いなくご存じのように、この世にはワクチンや水道水中のフッ素の安全性について深い不信を抱いている人たちがいる。私は常々不思議に思っているのだが、日用品に有害なEDCが含まれていることについて憤慨する人たちはどこにいるのだろうか？　この問題に対する憤慨はなぜ聞こえてこないのだろう？

率直にいって、このような有害物質について公衆衛生の専門家や世間の人々がもっと憤慨しないことに私は驚いてばかりである。地球規模でEDCの負荷を大きく減らし、人類の未来をより健康なものとするためにはやらなければならないことがいくつもあるのだから、彼らが憤慨すれば確実に力になるはずである。私たちは、身体の内分泌系を妨げることのない安全性の高い化学物質を設計し、また自分たちをEDCから守る検査法――低用量の化学物質や化学物質の混合物の悪影響を明らかにするものを含む――を採用する必要がある。取り締まる側は、長らく用いられてきた化学物質を例外扱いする（「適用を免除する」）のを止めることが不可欠である。規制措置の目的を、問題が明らかになった後の被害対策から、問題が起こる前にリスクを予測し、その予測に基づいて化学物質の市場への投入を許可する方向へと変える必要がある。言葉を変えれば、私たちは自分たちやまだ生まれていない子供たちをEDC曝露のモルモットにするのをやめる必要があるのだ。そして業界と製造業者に、自分たちが製造し、環境中に放出する化学物質により生じるリスクについて責任を担うよう求める法律が必要なのである。

◉面倒で形式ばった規制の仕組みを作り変える

米国では規制制度を変更することは、危険であることが証明された化学物質を特定して禁止することを含め、きわめて面倒なプロセスである――そして規制機関がその解決にあたっている間にもかなりの被害が生じてしまう可能性がある。それでも制度を変更する努力は確かにやる価値がある。人類と地球の健康、活力、存続がそこにかかっているからだ。このこともあって、科学者、環境保護活動家、医療専門家らの間で、公衆衛生と環境政策上の意思決定において「予防原則」を採用すべきとの声が高まっている。

予防原則では、規制措置を、問題が明らかとなった後で被害対策を始めることから、被害が生じる前に予防策を取る形に変える。社会と環境の健康を守るために私たちが必要としているのはこの原則なのである。米国、カナダ、ヨーロッパの条約交渉者、活動家、学者、科学者が参加した一九九八年の「ウィングスプレッド会議 Wingspread Conference」の合意声明ではこの原則を次のようにまとめている。「ある行為が人間の健康あるいは環境への脅威を引き起こす恐れがあるときには、たとえ原因と結果の因果関係が科学的に十分に立証されていなくても、予防的措置がとられなくてはならない」。

予防原則が実施されれば、安全性を証明する責任が社会から製造業者に移ることになる。また保護措置や予防措置を取るために科学的確実性が得られるまで待つ必要もなくなる。事例によっては、潜在的に有害な化学物質を日用品に使用させないようにするために、強い疑いで足りる場合もありうる。精子数の減少や男女の生殖発達障害の原因である可能性が高い、内分泌かく乱化学物質などの有害化学物質に予防原則を適用できれば、人類が日常的にさらされる曝露量ははるかに少なくなることだろう。私たちが本当に必要としているのは、化学業界に「なによりもまず、害を与えてはならない」というヒポクラテスの誓いを独自の形で取り入れてもらうことである。

欧州連合には、REACH（化学品の登録、評価、認可および制限に関する規則）と呼ばれる優れた規制モデルがすでに存在している。データなくして市場なしという方針により、「REACH規則は化学物質のリスクを管理し、当該物質に関する安全情報を提供する責任を産業界に負わせている」。この規則は、人間の健康と環境を、化学物質によりもたらされる潜在的リスクから高いレベルで保護することを目的に、二〇〇七年に施行された。この規則は企業にも責任を負わせている。製造業者は日常生活における自社の化学物質を使用した場合のリスクを理解し、管理する責任を負わされる。私の考えでは、市場に出る前にホルモンをかく乱する可能性のある化学物質を検証することを全世界で求めるべきなのである。

REACH規則では、製造業者と輸入業者は、自社が扱う化学物質の特性に関する情報を収集し、欧州化学物質庁が構築・維持する中央データベースにその情報を登録することも求められる。健康活動団体や環境保護団体が期待していたよりペースは遅いものの、REACHはEUにおいて化学物質製造によるヒトの健康への脅威を現実に減らしている。たとえば、環境中のダイオキシン類、フラン類、PCB類の存在量を減らすことを目的とするREACHのダイオキシン戦略（REACH Dioxin Strategy）が成果を上げている。二〇一四年までにこれらの汚染物質の産業排出量について、約八〇パーセントの削減を達成しているのだ。

希望のひとつは、REACH規則が「残念な代替」（危険なことがわかっている物質の機能〔とリスク〕を検証されていない化合物で置き換えること）として知られる不適切な慣例をなくすのに役立つことである。BPAとその代替物質のケースを思い出して欲しい。これまでに述べたように、BPAはレジのレシート、ポリカーボネート製の水ボトル、食品の缶詰の内側コーティングに使用されている化学物質である。この物質は一九三〇年代に開発されたときに女性ホルモンのエストロゲンに似た作用を示すことが最初に発見され、現在では乳がん、習慣流産、男児の行動上の問題、またBPAに曝露された男性工場労働者における精液の質の低下などの健康上の悪影響を生じることがわかっている。

欧州連合はBPAについて、哺乳ビンでは使用を禁止し、レジのレシートについては段階的に廃止しつつあるものの、食品や飲料の缶の内側コーディングなど、他の製品ではなおも広く使用されている。急いで代わりになる化学物質を見つけようとする中で、製造業者は最も容易な選択肢はビスフェノールSやビスフェノールFなどの、近縁の別のビスフェノール類に切り替えることだと気づいた。これで問題は解決した、と思うだろうか? それがそうではないのだ。なぜなら今度はこのようなBPA代替物質の多くが世界中の人々の尿サンプル中で検出されおり――そしてそのような代替化学物質もやはりホルモンかく乱物質であり、BPAと同じリスク(あるいは場合によってはさらに大きいリスク)をもたらすことを研究者が見出しているからだ。つまり、有害な化学物質を置き換えるために別の有害な化学物質が使われているだけの話なのだ――容認しがたいやり方である。二〇一九年秋に、EUのREACHによる化学物質規制に働きかけている有力非営利組織、CHEMトラストの科学責任者であるニンジャ・ライネキと話す機会があったが、彼女はREACH規則が施行されたにもかかわらず、確かに規制機関は残念な代替物質の使用を、EU内においてさえまだ抑制できていないと語っていた。

これでいいはずがない。二〇一六年にハーヴァード大学のT・H・チャン公衆衛生大学院の曝露評価科学の助教授ジョセフ・アレンがワシントンポスト紙の意見記事に記しているように、「推定無罪は刑事司法では妥当な前提かもしれないが、化学政策では大きな損害をもたらしてしまう。私たちは残念な代替が実際にどのようなものなのかを知る必要がある。それは危険な実験として、有害化学物質を同じように毒性のある化学物質で置き換え続けることであり、その実験に私たちは全員が事情も知らずに参加させられているのである」。

私は心の底から彼に同意する。私たちは誰もが生殖に関わる化学版ロシアンルーレットに、実質的にそれと知ることなく参加しているのだ。なぜなら化学業界と製造業界に対する規制が、有罪と証明されるまで化学物質を安全とみなす「惰性的なやり方」で施行され続けているからだ。私が最も懸念する化学物質は「ステルス化学物質」――フタル酸エステル類、ＢＰＡ、フッ素化化合物、ＰＢＤＥ――である。なぜなら私たちの体内に静かに、密かに、知らない間に入り込んでくるからだ。ＦＤＡにより安全性が監視され、詳細な警告ラベルとともに販売される医薬品とは異なり、環境化学物質は基本的に規制が行われておらず、ラベルに記載されているものはほとんどないのである。

◉白紙に戻す

私たちの日常生活からＥＤＣをなくすための重要な一歩は、「環境に優しい化学《グリーンケミストリー》」が約束するような新世代のスマートな化学物質を創り出すことである。この分野は、資源効率が高く、本質的により安全な分子、素材、製品を開発することを最重要の目標として掲げている。かかる目標を実現するためには、化学者たちは自らが開発している化学物質の潜在的危険性を評価することができなければならない。このような目標の最優先項目は内分泌かく乱作用の排除とすべきである。

特に有望とみられる新たなアプローチに「内分泌かく乱物質の段階的プロトコル（ＴｉＰＥＤ：Tiered Protocol for Endocrine Disruption）」として知られるものがあり、これは環境保健科学分野の原則と検査を潜在的内分泌かく乱物質の確認に適用するものである。このプロトコルは複数分野の著名科学者からなるチームにより策定されたもので、化学者がヒトの内分泌系をかく乱する可能性の高い化学物質を確認し、排除するのに役立つよう設計されている。このシステムを用いることで、EDCの可能性ありと特定された化学物質を製品開発から除外したり、特定されたEDC作用が働かないように――これらの製品が市場に出る前に――設計し直したりすることが可能となる。TiPEDの最終目的は、EDCを早い段階で特定できるよう促すことで、このような化学物質による環境リスクや公衆衛生リスクを減らすことにある。

これは確かに正しい方向への一歩であり、特にこのような化学物質に低用量または低濃度で曝露されることで生じる有害作用の検出については重要である。「量が多ければなんでも毒になる」という考え方は従来の毒性学の基礎にある中核的な前提だが、時代遅れになってしまっている。この前提はスイスの医師、錬金術師、占星術師であるパラケルススのものとされ、彼は約五〇〇年前に次の基本原理を示した。「あらゆるものは毒であり、毒なきものなど存在しない。毒かどうかを決めるのは用量である」。彼の考え方は、用量が多いほど、ヒトまたおそらく他の生物に対する（悪）影響が強まるというものだった。だがこれは必ずしも正しくはなく、私たちは高用量だけでなく、低用量によるリスクも探り出すためのより適切な検査法を必要としているのだ。

カーネギーメロン大学のグリーンケミストリー教授でTiPEDの利用者かつ提唱者のひとりであるテリー・コリンズ博士は、「低用量毒性は高用量毒性よりはるかに目立たず、複数の生物種で認められている生殖障害の、ほとんどとはいわないまでも、多くの原因である可能性が高い」と記している。私たちが公衆衛生を守るために、有効性の高い検査法や化学物質をスクリーニングする優れた方法を開発することができれば、現在進行中の男女の生殖機能の着実な低下を食い止められる可能性がはるかに高まるだろう。

化学物質規制の初期段階のひとつは、問題の化学物質の有害作用を明らかにすることである。EDCや危険な鉛、放射線への曝露の有害作用を示す研究結果のほとんどは、これまでに述べてきたように動物試験から得られている。このような初期の結果を受け、次に多くの場合、ヒトを対象として一件につき数百万ドルの費用と五年から一〇年の期間をかけた研究が行われる。将来的には、このような研究は、ヒトのものも動物のものも、人々が実際の暮らしの中でこのような化学物質にどのように曝露されているかを反映した形で行われる必要がある。なぜなら発見される被害は、特定の化学物質の用量や濃度、また曝露のタイミングや複数の曝露の組み合わせによってさまざまだからである。条件を常に現実に即したものにする必要があるのだ。

◉問題の多い仮定や前提

実際には、現在の検査法は、とりわけEDCがヒトの健康にもたらすリスクの性質について、根拠のない前提を置いているために、公衆衛生を守るには不適当なのである。「量が多ければなんでも毒になる」という原則に従い、現在の検査は高（毒性）用量で始まり、リスクがほとんどないか、まったくない用量が確認されるまでその用量が下げられていく。そしてパラケルススの格言に基づいて曝露量が少なければ安全とみなされ、このため検査や規制が行われなくなる。この原則はヨーロッパや米国のほとんどの規制の基礎にあり、人々を有毒物質への曝露によるリスクから守ることを意図しているのである。誰もがこの前提を正しいものと考えている——だが実は全体像の重要な部分を見逃しているのだ。なぜなら、場合によっては、ある種の化学物質では低用量で曝露された場合のリスクが、高用量で曝露された場合と同じくらい、さらにはより高くなることがあるからである。

このようなケースは、特定の化学物質が引き起こす有害作用が低用量と高用量で異なる場合に起こることがある。たとえば、サリドマイドは一九五〇年代後半から一九六〇年代にかけてヨーロッパで鎮静薬・睡眠薬として使用されていたが、やがて四肢奇形、特に無肢や短肢の原因となり、高用量では胎児が死亡する場合もあることが判明した。出生前にサリドマイドに曝露されていた出生児の四肢欠損を調べ、用量と四肢欠損リスクの関係を示すグラフを描けば、ある高用量でリスクが急減するように見えるはずである。なぜか？　高用量では強い影響を受けた胎児の多くが死んでしまい、生き延びた胎児では四肢欠損が比較的少なくなるためである。どう見ても、この急減はこの薬剤がヒトの発達に有害ではないことを意味しているわけではない。いうまでもなく死は毒性の確実な現れなのだから。

実際、毒性学、発生生物学、内分泌学、生化学を組み合わせた数十年にわたる研究で得られた証拠は、ＥＤＣについてはこのパラケルススの「格言」を前提にできないことを実証している。それどころか、一部の化学物質、特にエストロゲン作用を持つ化学物質のＢＰＡのように、ホルモンのようにふるまう物質は、高用量より低用量でのほうが有害作用が強い可能性すらあるのである。

グラフを作成して用量とリスクの関係を記すなら、パラケルススによるグラフは用量が増えるにしたがって上がり続けるだろう。これは単調曲線、つまり方向が変わらない曲線の例である。だが低用量のほうが高用量よりリスクが高い場合は、その線は用量増加とともにある一定のポイントまでは上昇するが、その後下降する（逆Ｕ字を描く）。このような用量反応曲線は非単調用量反応（ＮＭＤＲ）

曲線の例である。長たらしいが、知っておくとよい言葉である。

第6章で述べた運動と生殖能力についての「最適な範囲」を思い返していただきたい。お読みになったように、身体活動の量と強度が増すにつれてリプロダクティブヘルスは高まるが、それが一定のレベルを超えると、不妊リスクとなり始める。見返りが減るポイントがあるだけでなく、どこかのポイントで生殖上の有害性が生じる可能性もあるのだ。つまり、女性の運動量に基づいて、女性が妊娠するまでにかかった時間を示す曲線を描けば、それはU字のように見えるだろう——これもやはりNMDR曲線である。

二〇〇七年から二〇一三年の間に発表されたBPAの影響に関する一〇九の研究をレビューしたところ、全研究の三〇パーセント以上にNMDR曲線が認められた。このレビューが示唆しているのは、高用量の曝露を調べて低用量の曝露ならおそらく安全だろうと予測する現在のリスク評価法では、潜在的にリスクのあるBPAの用量から社会を守れないということである。このようなケースでは、低用量が高用量より安全だとみなすことは不正確なのだ——だがこの前提はいまも環境化学物質の規制に関する検査法の基礎となっているのである。

特定の化学物質の高用量について検査をしても、低用量での安全性を推定することはできない。タモキシフェンという薬剤によるエストロゲン依存性乳がんの治療が好例である。乳がん細胞の研究で、タモキシフェンを高い治療濃度で使うとエストロゲンの刺激による乳がん細胞の増殖が抑制されたのに対し、同じ薬剤を低濃度で使った場合、エストロゲン依存性のがんでは実際には乳がん細胞の増殖が刺激されたことが認められたのだ。これはがん治療では周知の現象であり、「タモキシフェンフレア」と呼ばれる。

つまり、ひとつの化学物質が、低用量では、高用量では生じない作用を引き起こすことがあり、その逆の場合もあるということである。ヒトの健康を守るうえで、規制に関する検査法についてのアプローチ全体を見直す必要があるのはこのためだ。

◉希望の指針

検査法を適切なものにすべく努力している規制機関、また「内分泌かく乱物質を含まず」かつ「化石燃料に依存しない」化学物質を設計している化学者が直面する非常に困難な課題を考えれば、なにがしかの進歩が得られたこと自体が驚きである。だが有効性を高めた規制に向けての重要な前進が現実に生じており、その過程で、空気と水が浄化され、多くの絶滅危惧種が救われているのだ。たとえば、第9章で述べたように、農地での鳥の減少に関する二〇一八年の研究には若干の明るい材料も含まれていた。保護の取り組みにより、カモやガチョウなどの湿地の鳥の個体数が増加しているのである。勇気づけられることに、殺虫剤のDDTが禁止される以前は絶滅の危機に瀕していたハクトウワシなどの猛禽類《もうきんるい》の個体数も、絶滅危惧種の保護法や他の連邦法のおかげで増加しつつある。以前はDDTによって卵の殻が非常にもろくなったため、親鳥が抱卵しようとして押しつぶしてしまっていたのである。

一九六三年にはつがいのハクトウワシはわずか四一七組しか残っていなかった。一九七二年にDDTの使用が禁止されてからのハクトウワシの復活は劇的であり、現在では米国本土四八州に一万組のつがいがいる。これは、いってみれば生殖の勝利である。持続可能な農業の手法を採用し、農薬の使用量を最小限に抑え、農家に野生動物のための土地を確保する奨励金を提供することで他の生物種も助けることが可能である。

一九七二年のDDTの禁止、一九七三年の「絶滅の危機に瀕する種の保存に関する法律（ESA）」、またはその前身である一九六六年の「絶滅危惧種保護法」により他の生物種も保護されている。アメリカシロヅルはESA法によりもたらされた別の、少なくとも部分的な成功例である。帽子製造業界が婦人用帽子の飾りとしてこのツルの羽根を珍重したことから、この鳥は絶滅寸前まで狩られ、一九四一年には米国にはわずか一六羽しか残っていなかった。ESA法が施行されて以降、生き残っていた個体が人工繁殖用にかき集められた。現在では数百羽が野生に戻っており、複数の繁殖集団、渡り集団として生息している。

このような重要な進歩はあったもののなおも先の道のりは長く、このような種を守る取り組みを継続し、新たな取り組みを始めることが不可欠である。二〇一九年の世界自然保護基金のリストには絶滅危惧種が四一種（うち一八種は近絶滅種〔日本の環境省の分類では絶滅危惧ⅠA類〕）、危急種〔同絶滅危惧Ⅱ類〕が一九種、近危急種〔同準絶滅危惧種〕が九種挙げられている。まだやらなければならないことがあるのだ。

◉化学物質規制の改善

毎日のように、私たちは米国や海外での環境汚染物質を効果的に減らす取り組みについて励まされるニュースを耳にしている。二〇二〇年七月一日、デンマークは食品包装中の化学物質PFASの使用を禁止した最初の国となった。PFASはハンバーガーやケーキといった油脂と水分を多く含む食品用の包装で、油や水をはじくために使われる。PFASは「永遠の化学物質」（環境中で分解しないことからそう呼ばれる）に分類されることから、これは素晴らしいニュースである。さらに保護のための立法例を挙げよう。ハワイ州は、海洋生物と人間の生活にとって不可欠なサンゴ礁にダメージを与えていることから、化学物質のオキシベンゾンとオクチノキサートを含むスキンケア製品の販売や流通を禁じる法律を最近成立させ、二〇二一年から施行している。このような立法のおかげで進歩は続いている。だがやはりなおもやらなければならないことがあるのだ。

一九七二年に米国議会が「消費者製品に関連する傷害および死亡の不条理なリスクから公衆を保護する」ために創設した連邦政府機関である、米国消費者製品安全委員会（ＣＰＳＣ：Consumer Product Safety Commission）について知っている人はあまりいない。ＣＰＳＣは数千種もの消費者製品を管轄としており、これらの製品に含まれるフタル酸エステル類によるさまざまなリスクについて調査を行ってきた。この調査の一環として、委員会は慢性有害性諮問委員会（ＣＨＡＰ：Chronic Hazard Advisory Panel）を立ち上げ、子供用玩具や育児用品に含まれるフタル酸エステル類の健康への影響を調べ、またこの物質による健康リスクを研究対象としている研究者を迎え入れた。二〇一五年、私はフタル酸エステル類に関する自分たちの研究結果を委員会に示した。二年後、ＣＰＳＣは八種類のフタル酸エステル類が男児の生殖発達に悪影響をもたらすと判定し、これらの物質を最低量（〇・一パーセント）を超えて含む子供用玩具や育児用品を禁止した。二〇〇八年の消費者製品安全改善法のおかげで、すでに子供用玩具や育児用品については、三種のフタル酸エステル類使用の短期的禁止が課されていた。この二〇一七年の裁定はこの禁止を恒久的なものとし、範囲を拡大するものとなった。だがそれでも……他の新たなホルモンかく乱作用を持つフタル酸エステル類が市場に残っているのである。

世界中で、さまざまな国が環境被害を抑え、ヒトのEDC曝露量を減らす取り組みを強化している。再生可能資源で先頭を走る上位五か国のうちに数えられるコスタリカは、二〇二一年までに使い捨てプラスチックをなくし、あらゆるエネルギーを非化石燃料源から得ることに力を入れている。パキスタンは使い捨てプラスチック袋の禁止へと乗り出している。オーストラリアはプラスチックなどのゴミが海洋に流入する量を減らす方法を考案している。クウィナーナの町では近ごろ大きなゴミをすべてつかまえるフィルターシステムを排水管の出口に設置し、環境をゴミやプラスチックによる汚染から保護しているのだ。ネットがいっぱいになると回収され、専用トラックに積まれる。環境中のプラスチックが減れば、あらゆる生物のリプロダクティブヘルスを危険にさらす可能性のあるEDCの存在量が自ずと減ることになる。

事業者や小売業者からも、消費者が有害化学物質にさらされる量を減らすのを支援する動きが出ている。たとえばウェグマンズという、二〇〇五年から二〇一〇年まで私がニューヨークのロチェスターで暮らしていたころに好んで買い物をしていたスーパーのチェーンがある。私がロチェスター大学にいたころにフタル酸エステル類について行った研究を、地元の新聞が報じたことがあった。その新聞を読んだ同チェーンの経営陣が、フタル酸エステル類を含む製品について自社の仕入れ担当者たちに教えて欲しいと私に依頼してきたのである。私が担当者たちと会った後、店側が商品棚のフタル酸フリー商品に目印をつけ、消費者はその種の商品を見つけやすくなったのだった。

興味深いことに、世界最大のディスカウントストアチェーンであるウォルマートは、自社が扱う商品から段階的になくしたい化学物質の一覧を作成し、供給業者と共有している。あまり知られていないことだが、ウォルマートは、食品廃棄物、森林伐採、プラスチック廃棄物の削減という三つの重点分野を持つ大規模な持続可能性プログラムを支援している。近ごろ、世界最大のホームセンターチェーンであるホームデポが、カナダ、米国、またオンラインでペルフルオロアルキル化合物とポリフルオロアルキル化合物で処理されたカーペットや小型の敷物の扱いをやめることを発表している。

私たちが日常生活で触れるEDCなどの毒性物質を削減する世界的取り組みに貢献している、環境に優しい製造業者が増えており、この貢献はときに「企業の社会的責任（CSR）」という考えのもとに行われている。CSRを最初期に採用し、非常に効果的に推進している企業にパタゴニアがある。同社は一九七三年以来アウトドア用衣料品を専門としており、現在もその創業者で著名な山岳登山家であるイヴォン・シュイナードと妻のマリンダが社主である。同社はその歴史の大半を通じ、アパレル産業界を持続可能な方向へと向ける取り組みを先導してきた。二〇一〇年には「サステイナブル・アパレル・コーリション」の設立に助力している。これは素材を調達し、製品を開発するにあたり、よりサステイナブルな意思決定を行うことに取り組んでいるアパレル産業や履物産業の加盟企業の同盟である。

重要なのは次の点である。サステイナビリティに投資することで社会的、経済的、環境的価値が得られることがますます明らかになってきているのだ。スイスのダボスで開催される世界経済フォーラムでは毎年、いずれも年間一〇億ドル以上の収益を上げている約七五〇〇社のリストから、世界で最もサステイナブルな企業（グローバル一〇〇）が選ばれている。このリストは、炭素生成量と廃棄物量の削減、指導者におけるジェンダー多様性、クリーンな製品で得られた収益、および総合的なサステイナビリティにおける実績により企業をランクづけするものである。サステイナビリティを企業価値に組み入れることが事業にとってプラスになると認識しているグローバル企業が増えている。現在求められているのは、「サステイナビリティ」に毒性のない、ホルモン活性のない、生体内蓄積性のない（生物の組織中に蓄積しない）製品の開発を含める必要があるという認識をさらに広げることである。私たちは消費者として、企業によるサステイナブルな製品開発とサステイナブルな投資を、お金の使い方によって支援するべきである。

人間がこのような有害化学物質を生み出し、世界に放出してきたことは確かである。私たちにはその流れを抑え、反転させる力も備わっている。私たちはこの最前線で前進を始めたが、いま述べたような取り組みをさらに多く、さらに迅速に実施することを必要としている。このような化学物質について市販前試験を求め、企業がそれに従っているかを監視する責任は政府が負うべきである（現在、私たち自身を守るために適切な対策を取る負担は私たち消費者にかかっているが、本来はそうあるべきではない）。私たちが世界中で必要としているのは、地球を毒している有害化学物質や産業の慣行を禁止することを優先事項とする指導者に票を投じる人たちなのだ。

現状はあまりに長く続きすぎている――そして人間と他の生物種のリプロダクティブヘルスと生存を危機にさらしているのだ。この流れを正すための行動は待ったなしであり、現在ではかつてなく重要になっている。私はこのことを科学的、道義的至上命題ととらえている。そうしなければ、私たちと他の生物種は絶滅の淵または衰退に向かって進むことになりかねないからだ。

終わりに

SF作家のアイザック・アシモフが記したように、「現在、この世の中の最も悲しい側面は、社会が知恵を蓄積する速度よりも、科学が知識を蓄積する速度のほうが速いことだ」。明らかに彼はEDC、生活習慣、あるいはリプロダクティブヘルスについては語っていなかった――だがこの引用文は確かにこれらの問題について当てはまるのだ。これまでに述べてきたように、多くの有害因子が西洋諸国における精子数の激減や男女のリプロダクティブヘルスの問題の驚くべき増加に寄与している。このような傾向の多くはおおよそ同じ率――年一パーセント――で生じており、これは偶然の一致とはいいがたい。

私たち人間だけではない。このような因子は他の生物種、また私たちもその一部をなす生態系にも毒をもたらしているのだ。生物種として私たちは繁殖し、個体数を維持することに失敗しつつあり、また他の生物種のそのような能力を妨げている。私たちは、このような現実に関する認識を深めつつある（アシモフがほのめかした「知識」）が、未来をより健康な道筋へと戻す変化を生み出すのに必要な知恵をまだ培ってはいない。

本書をこのような問題に関する意識を高めるためのかけ声と考えていただきたい。私が望むのは、ここまで本書を読んだ読者が、この現代世界で有害となりうる生活習慣や環境の影響に注目し、その悪影響をなんらかの形で反転させたり、軽減したり、阻止したりすることができるよう行動する気を起こしてくれることである。私たちには現状をいつも通りの状況と受け止めてふるまう余裕がもはやないのだ。カナリアは大きく、明瞭に、甲高く鳴いている。そしてそのメッセージに耳を傾け、私たちの遺産を守るための対策をとる責任は私たちにかかっているのだ。

私たちは健康習慣を改善し、また使うもの、自宅や職場に持ち込んだりするものを選ぶ際にはもっと気をつける必要がある。精子の数と質の問題は、これまでに述べたように、男性が生活習慣を改善したり、環境中の毒性因子の曝露量を減らしたりすることで回復させられる場合がある。女性にはリプロダクティブヘルスについてリセットボタンを押せる機会は男性ほどはないものの、場合によっては、特に食事習慣や運動習慣を改善することで、月経周期の規則正しさや排卵パターンを改善し、生殖能力を高めることは可能である。そして、もちろん女性はお腹の中の赤ちゃんを守るうえで非常に大きな役割を果たすことができ、そうすることで後に続く世代に好影響を与えることができる。

また私たちはさまざまな生態系で人類が生み出してきた混乱を正すことにも力を注がなければならない。生物種は互いに依存しあっているので、ある生息地のダメージを回復させることができれば、種の間でプラスのフィードバック作用が生じる可能性がある。典型例を挙げよう。二〇一九年の秋、サンゴ礁の手入れをしている人々が、ジャマイカの「海中の熱帯雨林」とそこを住み家とする驚くほど多様な生物を徐々に回復させているとの報告があった。ワシントンポスト紙の報道によると、「一九八〇年代と一九九〇年代に何度かの自然災害と人災に見舞われた後、ジャマイカはかつては豊かだったサンゴ礁の八五パーセントを失った。その間に漁獲高は一九五〇年代の六分の一にまで減少し、海産物で生計を立てている世帯を貧困へと押しやった」。現在、人々の根気強い取り組みによって、サンゴ礁と多様な種類の熱帯魚は再び徐々に増えつつある。カリフォルニア州ラホーヤのスクリップス海洋研究所の海洋生物学者スチュアート・サンディンは「チャンスを与えれば、自然は自らを修復することができるのです」と語る。

個人的に、同じことが人間にとってもいえると私は信じている。人間の創意工夫の力をみくびるのは誤りだ。人間は、適切な目標に心を定めたなら、並外れた回復力があり、機知に富んだ生き物なのだ。私たちはこれまでに驚くほどの状況の逆転をやってのけてきた——米国での天然痘やポリオの根絶、一九七〇年の米国の大気浄化法の成立後の全米での大気の質の改善、そして一九八〇年代以降の五大湖地域の汚染の最もひどい地区の浄化と環境回復の成功などだ。一九七六年から一九九一年の間にヒトの血液中の鉛値は七八パーセント減少したが、これは主にガソリン中の鉛が九九・八パーセント除去され、はんだ付けの缶の鉛が取り除かれたためである。EDCがリプロダクティブヘルスに及ぼす影響についても、同じように目覚ましい回復が得られると私は信じている。

今後、米国また世界中で必要となる対策を取るために、私たちは内分泌かく乱化学物質の危険性、またそのような物質を環境中からなくすことがなぜ重要なのかについて周知を図る必要がある。驚いたことに、私が内分泌かく乱についてどれほどの人が知っているのか尋ねても、手を挙げる人の数は、科学会議の場でさえなおも落胆するほど少ないのだ。この情報は、医学部のカリキュラムとともに、中学校や高校の科学の授業でも教えることができるし、そうすべきである。このような知識が広まれば、将来的に、主治医からリスクありと認められた製品や生活習慣、また身のまわりの環境の安全性を評価する方法について最新のアドバイスをごく普通に受けられる日が来るだろう。

私たちは自身のため、子孫のため、そして地球の健康のために、リプロダクティブヘルスの重要性について意識を高める必要がある。残念ながら、リプロダクティブヘルスは医学研究では不運なのけ者である。米国国立衛生研究所（ＮＩＨ）には二七の施設があり、がん、糖尿病、アレルギーと感染症、歯科疾患と頭蓋顔面疾患、さらには加齢に至るさまざまな疾患に関する研究の助成を行っている――だが生殖については対象外なのだ。ＮＩＨに最も近い存在に米国国立小児保健・発育学研究所があり、先天異常や妊産婦死亡に関する研究を支援しているが、精子数減少は対象外である。

このように研究、知識、行動に空白はあるものの、人命を脅かし、危険にさらしている問題を人類が解決することは確かに可能だと私は考えている。以下にその理由を示そう。日用品に触れることでいかに私たちのホルモン系に悪影響が生じうるかについて、私たちは大きく理解を深めている。また現在では胎児に鋭敏な感受性があることを理解している。これは胎児は胎盤と子宮に守られていると信じられていたころには夢想だにしなかったことである。私たちは、新生児を含むあらゆる人間が、一〇〇種類を超える、基本的な生物としての機能を大きく変える可能性のある化学物質に絶えずさらされていることを知っている。そして、化学物質に関する大半の規制の基礎にある旧来の考え方では自分たちが守られないことを知っている。科学的懐疑主義は別にして、私は人類全体の未来について、慎重ではあるがなおも楽観的である。楽観的でなければならない。

私は身のまわりの環境が健康な子供を妊娠し、出産するという基本的機能をどのように損なうことがあるのか――そしてどうすれば自分たちを守ることができるのかを解明することに職業人生の大半を費やしてきた。これまで自分の研究の成果について、他の科学者に向けて書いたり話したりはしたが、残念ながら状況を変える力があるだろう人々の耳にはなおも私のメッセージは届いていないと感じてきた。確かに、二〇一七年に私が同僚と手がけた精子数減少に関するメタアナリシスに（予期しない）津波のような関心が寄せられたことには勇気づけられた。ようやく科学者、ジャーナリスト、そして社会がこの脅威を真剣に受け止めてくれていると感じられたのだ。だがいかに検索数や引用数が多くても、別の興味深い科学的発見に関心が向かえばすぐに忘れ去られてしまう可能性がある。

朗報は、人間、また他の生物種のリプロダクティブヘルスを守るために必要な答えのいくつかを私たちがようやく手に入れつつあるということである。それが本書を執筆した理由である。第二次世界大戦後に生み出された「第一世代」の化学物質が人類や地球の健康にとって良くなかったことは明らかである。世界が緊急に必要としているのは私たちの健康や将来世代、他の生物種、そして環境全体の健康を脅かすことなく、日用品に使用することのできる新世代の化学物質なのである。これは重大な分岐点であり、現時点で私たちは「一パーセント効果」が続くのを——少なくとも同じ速度で続くのを——阻止するのに必要となる、少なくともなにがしかの変化を生み出すに足るデータを手にし、また阻止する意欲を持っているのだ。

だがまだ答えが得られていない疑問もたくさんある。私が精子数減少のデータを示すとよく尋ねられる質問がある。それはどれくらい続きそうですか？　改善しているのですか？　それとも悪化しているのですか？　精子数を回復させることはできますか？

科学者であり統計学者として、私には推測はできないが、過去を調べてパターンを引き出すことはできる。正直にいおう。現時点で精子数の減少がとどまる兆しはみえない。だがそれでも減少した精子数は回復可能だと考えている。なんといっても、ＤＢＣＰにより精子がすべて失われてしまった男性でも、農薬を扱う仕事をやめることで子供を作ることができたのである。これは現に存在する、力づけられる証拠である。他の化学物質への曝露をなくすことで、同じように生殖能力を回復させることは可能ではないかと私は考えている。

やはり、私にとっての究極の問いは、どうすれば先行世代の危険な曝露が将来世代の発達中の胎児に受け継がれる可能性を減らしたり、予防したりできるのかということである。自身の曝露についてなにができるのかという問題は比較的容易な部分である。だが世代間の影響をいかに減らせるかは将来の科学のテーマである。人類が最終的にこの問題についても解明し、それにより将来世代のために人類、地球、私たちの遺産の未来を守れるようになることを私は願っている。

謝辞

人生がどのように展開するのか、ときに予測がつかないことがある――本書『生殖危機』もその一例だ。それも素晴らしくびっくりするような形の。二〇一七年、私が共同執筆者となった精子数の急減を示すメタアナリシス研究が発表され、その衝撃波が世界を駆けめぐってからまもなく、私の元に著作権代理人のジェーン・フォン・メーレンから電話があった。精子数の激減とそれが人類そして世界全体にとって意味するところについて本を書く気はないかというのである。私はこの研究について世界中の何十人ものジャーナリストからインタビューを受けていた。そのうちのひとりに、Vice.comのインタビューを担当し、私の職業上の知人との関係が深く、彼らに高く評価されていたステイシー・コリーノがいた。ジェーンと私がステイシーに本の共同執筆について持ちかけると、幸いなことに彼女の返事は「イエス!」だった。私たちは素晴らしいチームになった。ステイシーは常に穏やかかつプロフェッショナルに、私の視界をくっきりピントの合ったものにしてくれ、また本書で扱う内容の幅を広げるのを手伝ってくれた。これ以上の共同執筆者を私は思いつかない。

スクリブナー社が本書の版権を取得してくれたのは私にとってさらなる幸運だった! 本書の可能性を見抜き、熱心に支えてくれたナン・グラハム、執筆の前半で編集上の貴重な見識を与えてくれたダニエル・ローデル、そしてこのプロジェクトを最後まで巧みに、穏やかに成功へと導いてくれたリック・ホーガン、それにアシスタントとして大いに力になってくれたベケット・ルエダに感謝申し上げる。彼らの質問が、いつもなら研究者の聞き手に語っていただろう内容の限界を超えるのに役立った。彼らの興味と支持のおかげで大胆になることができた。また私の手を取り、作業全体を通じて賢明な助言を与えてくれたジェーン・フォン・メーレンにも感謝している。また素晴らしいグラフィックデザイナーで、本書のヴィジュアル面に多大な貢献をしてくれたグレース・マルティネスに大いに感謝する。本書は、元となっている科学研究と同じく、多くの点で共同作業であり、関係者のそれぞれから影響を受けることで一層豊かで興味深いものになった。

　本書の作業中に支援と助言をいただいたことについて、サイエンス・コミュニケーション・ネットワーク、特にピート・マイヤーズ、エイミー・コスタント、テリー・コリンズに感謝申し上げる。いつも私を支えてくれたことに感謝してもしきれない。二〇一七年の私の研究の共同研究者のハガイ・レヴィン、アンダーソン・マルティノ＝アンドレード、レイチェル・ピノッティ、ニエルズ・ジョーゲンセン、ジェイミー・メンディオラ、ダン・ウェクスラー＝デリ、そしてイリーナ・ミンドリスに大いに感謝する。精子数減少に対する関心と、私の研究、そして『生殖危機』に対する支援について、グランサム財団のジェレミー・グランサム、ジェイミー・リー、ラムゼイ・ラヴェネルに深く感謝申し上げる。『生殖危機』とそのメッセージのインパクトを高めるのに欠かせない仕事を行ったデイのリンジン・デイ、アンドリュー・デシオ、その他の方々に感謝申し上げる。また私たちが参考にした研究を行ったり、本書に盛り込んだ重要な見識をもたらしたりしてくれた以下の科学者や専門家の方々にも大いに感謝申し上げる。ジェーン・ムンケ、エレナ・ラホナ、マイケル・アイゼンバーグ、ダリル・ブリッカー、リッチ・サヴィン＝ウィリアムズ、ミシェル・オッティ、ジャック・ドレシャー、アリス・ドマー、マルシア・C・インホーン、シャロン・コヴィントン、デイヴィッド・ムビヤーグ・クリステンセン、パット・ハント、シーア・エドワーズ、ブランドン・ムーア、アリソン・カールソン、シンシア・ダニエルズ、シェリ・ベレンバウム、ダニエル・ペリン、リック・スミス。不妊、流産、ジェンダーアイデンティティ、生殖器の異常について自らの体験談や心配について寛大にも教えてくださった多くの方々に感謝申し上げる。

長年の専念と尽力により『生殖危機』に記した科学的知見の多くを生み出した多くの研究者の方々にお礼を申し上げる――あなた方がいなければ本書は実現しなかっただろう。ルー・ジレット、フレッド・フォム・サール、アナ・ソト、一九九五年にウェブサイト「ジャンク・サイエンス」が私たちのことを名づけた「内分泌かく乱物質クライ・ベイビーズ（Endocrine Disruptor Cry Babies）」の仲間たち。あなた方「初期のEDC闘士」であるジョン・マクラクラン、ハワード・バーン、シーア・コルボーンと前線にいたことは、心を鼓舞され、人生を変える体験となった。その体験が、この厳しくもエキサイティングで、恐ろしく重要な研究分野へと私を引き込んでくれたのである。コペンハーゲン大学のニルス・エリク・スキャケベクと所属部門のメンバーとの研究には目を見開かされた。ニルス・エリクが男性生殖機能の低下に気づき、それが胎児の時期に始まるとの洞察を得たことで、この分野と私の個人的研究は違う道筋をたどることになった。

最初に私にフタル酸エステル類を研究するよう勧めてくれたジョン・ブロック、そしてCDCのアントニア・カラファト――あなた方優れた環境化学者は胎児がどの程度環境化学物質に曝露されているかについて理解が得られるデータを生み出した。あなた方がいなければ、私たちはいまでも胎児環境を「ブラックボックス」として見ていただろう。またこのような環境化学物質が哺乳類のホルモン系にどのような混乱を引き起こしうるか、またどのように引き起こすかを示してくれたジェリー・ハインデル、アール・グレイ、ポール・フォスター、デイヴィッド・クリステンセンら環境毒性学者にも感謝申し上げる。あなた方がいなければ、私たち疫学者は観察所見を報告するだけで、そのメカニズムや生物学的妥当性についての洞察を得ることはできなかっただろう。

私のコホート研究（TIDESおよびSFF）の施設長を務めた研究者の方々——ブルース・レドモン、エイミー・スパークス、クリスティナ・ワン、エルマ・ドロブニス、シーラ・サシヤナラヤナ、エミリー・バレット、ニコル・ブッシュ、ルビー・グエン——そしてわずかな報酬でこれらの研究に参加してくださった数千の家族の方々に対し、私たちとともに頑張り、このような研究を実現させてくださったことに感謝する。科学と行動の間の非常に価値あるつながりをもたらす研究を行ったルーサン・ルデル（沈黙の春研究所）、ニンジャ・ライネキ（CHEMトラスト）、ケン・クック（EWG）らに、その取り組みすべてに感謝する。

そして最後に、寛容で辛抱強い夫スティーヴンに感謝する。私が本書の執筆中に強い不安に耐えているとき、さらにはパニックを起こしたときもいつもそばにいて話を聴き、助けてくれた。本書の執筆は私にとってとてもエキサイティングな道のりとなり、とても多くのことを学ぶことができた！『生殖危機』を世に出すのに手を貸してくださったすべての方に感謝申し上げる。

訳者あとがき

本書は、二〇世紀末に世の中の関心を集めた内分泌かく乱化学物質（いわゆる「環境ホルモン」）の問題に関する最新情報を、「精子数の減少」というショッキングなテーマをとっかかりに改めて取り上げたものである。著者のシャナ・スワン博士は世界的な環境・生殖疫学者で、米国マウントサイナイ・アイカーン医科大学の環境医学・公衆衛生学教授を務めており、長年にわたり化学物質が男女のリプロダクティブヘルスや子どもの神経発達に及ぼす影響を調べてきた研究者である。

内分泌かく乱化学物質は、一九九〇年代にシーア・コルボーンらの『奪われし未来』やデボラ・キャドバリーの『メス化する自然』などの書籍でセンセーショナルな話題をさらったが、その後はあまり取り上げられることがなくなっていた。だが決して問題がなくなったわけではないようだ。それどころか、本書に述べられているように、内分泌かく乱化学物質が原因のひとつとされる精子数の減少傾向には歯止めがかかる気配がなく、他にもリプロダクティブヘルスの幅広い領域で悪影響が続いているとのことであり、読んでいて冷や汗のにじむ思いがする。

近年、マイクロプラスチックが人間の活動圏から隔絶しているはずの北極や南極、さらには地球最深部のマリアナ海溝の海底でも発見されたとのニュースを耳にする。現在ではこのような微細なプラスチックは地球上のいたるところに存在するとみられており、さまざまな生物の体内からの報告例が相次いでいる。このような事実を踏まえれば、プラスチックに含まれている内分泌かく乱化学物質も、地球上のあらゆる場所に広がっていると考えられるだろう。

現在、世界的にはアフリカなどの地域を筆頭に人口増加が続き、地球環境への悪影響が取りざたされている。だが、いろいろなデータを詳細に見れば、世界の出生率は、人口増加が著しい地域も含めて低下傾向をたどっているとのことで、今世紀半ばには世界人口は減少に転じるのではないかとの見方も出てきている。このような出生率低下の原因については、特に女性の教育水準の向上などの社会経済的なものを含め、多くの要因が関わっているとされる。だが、あまりマスコミなどでは触れられない要因が、本書で詳細に描かれている内分泌かく乱化学物質による生殖能力の低下なのである。生殖補助医療による出産は、たとえば日本では二〇一八年には全出生数の六・二パーセントを占めていたとのことで[*]、決してめずらしいことではなくなっているようだ。本書でも触れられているように、カップルに子供を作りたい気持ちがあっても、その仕事を成し遂げるための男女の身体機能が弱まってしまっているということなのだろうか。

特にこれからの社会を担っていく若い人たちには、ぜひこのような問題についての最新の知見を手に入れ、これからのライフスタイル、また社会のあり方について考えるきっかけとしていただければと思う。人類が野放図な欲望を無邪気に追及しても地球環境や生物の世界がその影響を吸収してくれる時代は終わってしまった。温室効果ガスによる地球温暖化とも軌を一にする問題だが、本書の示唆するように、これまでに製造され、地球環境内に放出された有毒化学物質が、人類を含む生物の存続というきわめて重大な問題につながっているなら、その解決のためには、そのような物質の製造を減らし、環境中の濃度を低下させていくことが避けて通れないだろう。そのためには、著者が説くように、根本的な発想の転換が必要になる。これまで世界を築いてきた世代よりも強い影響を受け、さらに未来の世代へと命をつないでいく若い世代の人たちには、このような事態の重みはひときわ敏感に感じられることだろう。そして、これまでの暮らしの延長線で考えることにすっかり慣れてしまった先行世代では難しい発想、行動を生み出す一助として、本書は多くの示唆を与えてくれるのではないだろうか。

本書には、女性のリプロダクティブヘルス機能の低下、ほかの生物の生殖機能にみられる異常、内分泌かく乱化学物質が胎児期の発達中の脳に影響を及ぼし、ジェンダー問題の増加の原因となっている可能性、生殖能力の低下が社会全般にもたらす影響、問題の物質の種類や用途、日常生活でそれらを避けるための具体的なアドバイスなど、さまざまなテーマが盛り込まれている。読者は、身近な暮らしに関する話題から地球全体の生態系に対する影響に至るまで、内分泌かく乱化学物質の問題の広がりについての概観を得ることができるだろう。

二〇二一年一二月　野口正雄

＊「日本は実は「不妊治療パラダイス」、保険を適用する意義は本当にあるか」ダイヤモンド・オンライン／二〇二〇年一〇月二二日配信（https://diamond.jp/articles/-/251348）より訳者が計算。また、【識者の眼】「全出生の約6％に上る生殖補助医療の現状」ウェブ医事新報／片桐由起子執筆／二〇二〇年五月三〇日発行（https://www.jmedj.co.jp/journal/paper/detail.php?id=14665）も参考にした。

学校，そして日々使用する製品に含まれる有毒化学物質から家族たちを守る活動をしている団体や企業の連合（saferchemicals.org/）。

セーファー・メイド **Safer Made**　消費者製品やサプライチェーンにおける有害化学物質の使用量を削減する企業や技術に投資している団体。ニュースレターでは，特定の化学物質の段階的削減の進展や他の環境問題に関する進歩を取り上げている（www.safermade.net/）。

沈黙の春研究所 **Silent Spring Institute**　環境化学物質と人間の健康の関わりを解明することに尽力している科学研究機関（silentspring.org/）。予防面では，消費者が日常生活で身のまわりに存在する有毒化学物質による曝露量を減らすのに役立つ無料のスマートフォン用アプリ，Detox Me（silentspring.org/project/detox-me-mobile-app）を開発している。

有毒物質のない未来 **Toxic Free Future**　より健康な未来を実現するために，環境衛生のさまざまな側面の複雑な科学的背景について独創的な研究を行い，より安全な製品，化学物質の使用，習慣の実践を提唱している団体（toxicfreefuture.org/）。

本書『生殖危機』で取り上げた有害な環境曝露についてさらに知りたい場合は，以下の書籍を推奨する。

『沈黙の春』（1962年）レイチェル・カーソン著　合成殺虫剤，特にDDTが昆虫だけでなく，鳥や魚の個体集団，さらには子供にまで与えた悪影響を考察した書。この画期的な書籍により環境保護運動に弾みがつき，DDTの禁止へとつながった。

『奪われし未来』（1996年）シーア・コルボーン，ダイアン・ダマノスキ，ジョン・ピーターソン・マイヤーズ著　本書もこの分野の古典である。最終的に政府の政策に影響を与え，米国環境保護庁内で研究および規制課題の策定を進めるのに一役買った。

『*Slow Death by Rubber Duck: How the Toxic Chemistry of Everyday Life Affects Our Health*』（2009年）Rick Smith，Bruce Lourie著　日々の生活で私たちの体内にどのように化学物質のスープが生じているのか，また化学物質の曝露量を減らすためになにができるかについて考察した実際的で面白さに満ちた書籍。

『*Better Safe Than Sorry: How Consumers Navigate Exposure to Everyday Toxics*』（2018年）Norah MacKendrick著　私たちが日々直面する化学物質への曝露，化学物質に関わる政策や規制，そしてどのようにすれば消費者がそのような物質を避けられるかについての洞察を示している。

『*The Obesogen Effect: Why We Eat Less and Exercise More but Still Struggle to Lose Weight*』（2018年）Bruce Blumberg著　私たちのホルモン系をかく乱し，体脂肪を生み出し，蓄える働きを変えてしまう化学物質であるオビソゲンに関する書籍。本書はこのような化学物質がどのように作用し，どこに存在するのか，また曝露量を減らすために私たちが現実的にどのような対策が取れるかを探る。

関係機関・関連書籍

ビコーズ・ヘルス **Because Health**　人々がより健康的な生活を送るために，より安全な調理器具や食器類，汚染されていない食品，毒性のないパーソナルケア製品を購入するのに役立つ，科学に基づくアドバイスや指針を提供する非営利環境衛生サイト（www.becausehealth.org/）。

乳がん予防パートナーズ **Breast Cancer Prevention Partners**　乳房の健康やリプロダクティブヘルスを守るために——食品包装，化粧品，その他の日用品に含まれる——毒物への曝露量を減らすのに役立つ情報を提供する団体（www.bcpp.org/）。

CHEM トラスト **CHEM Trust**　ヨーロッパの化学法令（REACH など）に関するニュースとともに，有害化学物質とそれが健康に及ぼす影響についての優れた概要報告を提供するウェブサイト（chemtrust.org/）。

環境防衛基金 **Environmental Defense Fund**　環境とそのなかで暮らす，人間を含む生物集団の健康の保護に関わる研究を推進する有力な世界的非営利団体（www.edf.org/）。

環境健康ニュース **Environmental Health News**　気候変動，プラスチック汚染危機，BPA などの有害化学物質といった，環境衛生問題を専門とする非営利団体である環境健康科学（Environmental Health Sciences）の出版物（www.ehn.org/）。

環境ワーキンググループ **Environmental Working Group**　人の健康と環境を守ることに尽力している非営利団体。健康的な消費者製品（化粧品から洗浄剤まで）や汚染されていない食品（農産物を含む）を選ぶのに役立つ，科学に基づく推奨を記した素晴らしい Shopper's Guides を提供している（https//www.ewg.org/）。また消費者がなるべく健康によい選択をするのに役立つよう，12万種以上の食品やパーソナルケア製品を評価したスマートフォン用アプリ，Healthy Living App（www.ewg.org/apps/）も提供している。

メイド・セーフ **Made Safe**　化粧品，家庭用品，衣料品，寝具，その他の製品について，成分や素材を厳格にスクリーニング，評価したうえで安全なブランドを認証するプログラム。新しい Healthy Pregnancy Guide を参照（www.madesafe.org/）。

天然資源保護協会 **National Resources Defense Council**　地球を，空気，水，人間，植物，動物を含め，汚染，化学物質，その他の有毒作用から守るために活動している団体（www.nrdc.org/）。

リプロダクティブヘルスと環境に関するプログラム **Program on Reproductive Health and the Environment**　カリフォルニア大学サンフランシスコ校の後援により，日常生活で人々が生殖毒素に曝露される量をできるだけ減らすのに役立つ有益な情報を提供している（prhe.ucsf.edu/）。

より安全な化学物質・健康な家族 **Safer Chemicals, Healthy Families**　家庭内，職場，

参考文献

プロローグ

Levine, H., N. Jorgensen, A. Martino-Andrade, J. Mendiola, D. Weksler-Derri, I. Mindlis, R. Pinotti, and S. H. Swan. "Temporal trends in sperm count: A systematic review and meta-regression analysis." *Human Reproduction Update* 23 (6) (November 2017): 646-59. https://www.ncbi.nlm.nih.gov/pmc/articles/PMC6455044/.

第1章　生殖ショック――私たちの中で起こっているホルモンの大混乱

Carlsen, E., A. Giwercman, N. Keiding, and N. E. Skakkebaek. "Evidence for decreasing quality of semen during past 50 years." *BMJ* 305 (6854) (September 12, 1992): 609-13. https://www.ncbi.nlm.nih.gov/pmc/articles/PMC1883354/.

Levine, H., N. Jorgensen, A. Martino-Andrade, J. Mendiola, D. Weksler-Derri, I. Mindlis, R. Pinotti, and S. H. Swan. "Temporal trends in sperm count: A systematic review and meta-regression analysis." *Human Reproduction Update* 23 (6) (November 2017): 646-59. https://www.ncbi.nlm.nih.gov/pmc/articles/PMC6455044/.

Swan, S. H., E. P. Elkin, and L. Fenster. "Have sperm densities declined? A reanalysis of global trend data." *Environmental Health Perspectives* 105 (11) (1997): 1228-32. https://www.ncbi.nlm.nih.gov/pmc/articles/PMC1470335/.

——. "The question of declining sperm density revisited: An analysis of 101 studies published 1934-1996." *Environmental Health Perspectives* 108 (10) (October 2000): 961-66. https://www.ncbi.nlm.nih.gov/pmc/articles/PMC1240129/.

第2章　男性性の低下――良い精子はどこへ行ってしまったのか？

Capogrosso, P., M. Colicchia, E. Ventimiglia, G. Castagna, M. C. Clementi, N. Suardi, F. Castiglione, A. Briganti, F. Cantiello, R. Damiano, F. Montorsi, and A. Salonia. "One patient out of four with newly diagnosed erectile dysfunction is a young man-worrisome picture from the everyday clinical practice." *Journal of Sexual Medicine* 10 (7) (July 2013): 1833-41. https://onlinelibrary.wiley .com/doi/full/10.1111/jsm.12179.

Centola, G. M., A. Blanchard, J. Demick, S. Li, and M. L. Eisenberg. "Decline in sperm count and motility in young adult men from 2003 to 2013: Observations from a U.S. sperm bank." *Andrology*, January 20, 2016. https://onlinelibrary.wiley.com/doi/full/10.1111/andr.12149.

Daniels, C. *Exposing Men: The Science and Politics of Male Reproduction.* New York: Oxford University Press, 2006.

Daumler, D., P. Chan, K. C. Lo, J. Takefman, and P. Zelkowitz. "Men's knowledge of their

own fertility: A population-based survey examining the awareness of factors that are associated with male infertility." *Human Reproduction* 31（12）(December 2016): 2781-90. https://www.ncbi.nlm.nih.gov/pmc/articles/PMC5193328/.

Dolan, A., T. Lomas, T. Ghobara, and G. Hartshorne. " 'It's like taking a bit of masculinity away from you': Towards a theoretical understanding of men's experiences of infertility." *Sociology of Health & Illness* 39（6）(July 2017): 878-92. https://onlinelibrary.wiley.com/doi/full/10.1111/1467-9566.12548.

Fisch, H., G. Hyun, R. Golden, R. W. Hensle, C. A. Olsson, and G. L. Liberson. "The influence of paternal age on down syndrome." *Journal of Urology* 169（6）(June 2003): 2275-78. https://www.ncbi.nlm.nih.gov/pubmed/12771769.

Goisis, A., H. Remes, P. Martikainen, R. Klemetti, and M. Myrskyla. "Medically assisted reproduction and birth outcomes: A within-family analysis using Finnish population registers." *Lancet* 393（10177）(March 23, 2019): 1225-32. https://www.ncbi.nlm.nih.gov/pubmed/30655015.

Grand View Research. "Sperm bank market size analysis report by service type（sperm storage, semen analysis, genetic consultation), by donor type（known, anonymous), by end use, and segment forecasts, 2019-2025." May 2019. https://www.grandviewresearch.com/industry-analysis/sperm-bank-market.

——. "Sperm bank market worth $5.45 billion by 2025." May 2019. https://www.grandviewresearch.com/press-release/global-sperm-bank-market.

Guzick, D. S., J. W. Overstreet, P. Factor-Litvak, C. K. Brazil, S. T. Nakajima, C. Coutifaris, S. A. Carson et al. "Sperm morphology, motility, and concentration in fertile and infertile men." *New England Journal of Medicine* 345（19）(November 8, 2001): 1388-93.

Hsieh, F-I., T-S. Hwang, Y-C. Hsieh, H-C. Lo, C-T. Su, H-S. Hsu, H-Y. Chiou, and C-J. Chen. "Risk of erectile dysfunction induced by arsenic exposure through well water consumption in Taiwan." *Environmental Health Perspectives* 116（4）(April 2008): 532-36. https://www.ncbi.nlm.nih.gov/pmc/articles/PMC2291004/.

Huang, C., B. Li, K. Xu, D. Liu, J. Hu, Y. Yang, H. C. Nie, L. Fan, and W. Zhu. "Decline in semen quality among 30,636 young Chinese men from 2001 to 2015." *Fertility and Sterility* 107（1）(January 2017): 83-88. https://www.fertstert.org/article/S0015-0282（16）62866-2/pdf.

Inhorn, M. C., and P. Patrizio. "Infertility around the globe: New thinking on gender, reproductive technologies and global movements in the 21st century." *Human Reproduction Update* 21（4）(July/August 2015): 411-26. https://academic.oup.com/humupd/article/21/4/411/683746.

Kleinhaus, K., M. Perrin, Y. Friedlander, O. Paltiel, D. Malaspina, and S. Harlap. "Paternal age and spontaneous abortion." *Obstetrics and Gynecology* 108（2）(August 2006):

369-77. https://www.ncbi.nlm.nih.gov/pubmed/16880308.
Marin Fertility Center. "Infertility basics." http://marinfertilitycenter.com/new-getting-started/infertility-basics/.
May, G. "Erectile dysfunction is on the rise among young men and here's why." *Marie Claire*, March 13, 2018. https://www.marieclaire.co.uk/life/sex-and-relationships/erectile-dysfunction-579283.
Oliva, A., A. Giami, and L. Multigner. "Environmental agents and erectile dysfunction: A study in a consulting population." *Journal of Andrology* 23 (4) (July-August 2002): 546-50. https://www.ncbi.nlm.nih.gov/pubmed/12065462.
Planned Parenthood. "When do boys start producing sperm?" October 5, 2010. https://www.plannedparenthood.org/learn/teens/ask-experts/when-do-boys-start-producing-sperm.
Rais, A., S. Zarka, E. Derazne, D. Tzur, R. Calderon-Margalit, N. Davidovitch, A. Afek, R. Carel, and H. Levine. "Varicocoele among 1,300,000 Israeli adolescent males: Time trends and association with body mass index." *Andrology* 1 (5) (September 2013): 663-69. https://onlinelibrary.wiley.com/doi/full/10.1111/j.2047-2927.2013.00113.x.
Richard, J., I. Badillo-Amberg, and P. Zelkowitz. " 'So much of this story could be me': Men's use of support in online infertility discussion boards." *American Journal of Men's Health* 11 (3) (2017): 663-73. https://journals.sagepub.com/doi/pdf/10.1177/1557988316671460.
Slama, R., J. Bouyer, G. Windham, L. Fenster, A. Werwatz, and S. H. Swan. "Influence of paternal age on the risk of spontaneous abortion." *American Journal of Epidemiology* 161 (9) (May 1, 2005): 816-23. https://www.ncbi.nlm.nih.gov/pubmed/15840613.
Smith, J. F., T. J. Walsh, A. W. Shindel, P. J. Turek, H. Wing, L. Pasch, P. P. Katz, and the Infertility Outcomes Project Group. "Sexual, marital, and social impact of a man's perceived infertility diagnosis." *Journal of Sexual Medicine* 6 (9) (September 2009): 2505-15. https://www.ncbi.nlm.nih.gov/pmc/articles/PMC2888139/.
Tiegs, A., J. Landis, N. Garrido, R. Scott, and J. Hotaling. "Total motile sperm count trend over time: Evaluation of semen analyses from 119,972 subfertile men from 2002 to 2017." Urology 132 (October 2019): 109-16. https://www.ncbi.nlm.nih.gov/pubmed/31326545.

第3章　男性だけで話は終わらない——女性の側の問題

Aksglaede, L., K. Sorensen, J. H. Petersen, N. E. Skakkebaek, and A. Juul. "Recent decline in age at breast development: The Copenhagen Puberty Study." *Pediatrics* 123 (5) (May 2009): e932-e939. https://www.ncbi.nlm.nih.gov/pubmed/19403485.
American College of Obstetricians and Gynecologists. "Early pregnancy loss." Practice Bulletin, November 2018. https://www.acog.org/Clinical-Guidance-and-Publications/

Practice-Bulletins/Committee-on-Practice-Bulletins-Gynecology/Early-Pregnancy-Loss.
——. "Female age-related fertility decline." Committee Opinion, March 2014. https://www.acog.org/Clinical-Guidance-and-Publications/Committee-Opinions/Committee-on-Gynecologic-Practice/Female-Age-Related-Fertility-Decline.
American Psychological Association. "The risks of earlier puberty." March 2016. https://www.apa.org/monitor/2016/03/puberty.
"Ava International Fertility & TTC 2017 Report." Press release, September 13, 2017. https://3xwa2438796x1hj4o4m8vrk1-wpengine.netdna-ssl.com/wp-content/uploads/2017/09/Ava-Fertility-Survey-Press-Release.pdf.
Balasch, J. "Ageing and infertility: An overview." *Gynecological Endocrinology* 26 (12) (December 2010): 855-60. https://www.ncbi.nlm.nih.gov/pubmed/20642380.
Bjelland, E. K., S. Hofvind, L. Byberg, and A. Eskild. "The relation of age at menarche with age at natural menopause: A population study of 336,788 women in Norway." *Human Reproduction* 33 (6) (June 1, 2018): 1149-57. https://www.ncbi.nlm.nih.gov/pmc/articles/PMC5972645/.
BMJ Best Practice. "Precocious puberty." Last reviewed February 2020. https://bestpractice.bmj.com/topics/en-us/1127.
Bretherick, K. L., N. Fairbrother, L. Avila, S. H. Harbord, and W. P. Robinson. "Fertility and aging: Do reproductive-aged Canadian women know what they need to know?" *Fertility and Sterility* 93 (7) (May 2010): 2162-68. https://www.ncbi .nlm.nih.gov/pubmed/19296943.
Brix, N., A. Ernst, L. L. B. Lauridsen, E. Parner, H. Stovring, J. Olsen, T. B. Henriksen, and C. H. Ramlau-Hansen. "Timing of puberty in boys and girls: A population-based study." *Paediatric and Perinatal Epidemiology* 33 (1) (January 2019): 70-78. https://www.ncbi.nlm.nih.gov/pmc/articles/PMC6378593/.
Cedars, M. I., S. E. Taymans, L. V. DePaolo, L. Warner, S. B. Moss, and M. Eisenberg. "The sixth vital sign: What reproduction tells us about overall health. Proceedings from a NICHD/CDC workshop." *Human Reproduction Open*, 2017, 1-8. https://urology.stanford.edu/content/dam/sm/urology/JJimages/publications/The-sixth-vital-sign-what-reproduction-tells-us-about-overall-health-Proceedings-from-a-NICHD-CDC-workshop.pdf.
Devine, K., S. L. Mumford, M. Wu, A. H. DeCherney, M. J. Hill, and A. Propst. "Diminished ovarian reserve (DOR) in the US ART population: Diagnostic trends among 181,536 cycles from the Society for Assisted Reproductive Technology Clinic Outcomes Reporting System (SART CORS)." *Fertility and Sterility* 104 (3) (September 2015): 612-19. https://www.ncbi.nlm.nih.gov/pmc/articles/PMC4560955/.
Gleicher, N., V. A. Kushnir, A. Weghofer, and D. H. Barad. "The 'graying' of infertility ser-

vices: An impending revolution nobody is ready for." *Reproductive Biology and Endocrinology* 12 (2014): 63. https://www.ncbi.nlm.nih.gov/pmc/articles/PMC4105876/.

Gossett, D. R., S. Nayak, S. Bhatt, and S. C. Bailey. "What do healthy women know about the consequences of delayed childbearing?" *Journal of Health Communication* 18 (Suppl 1) (December 2013): 118-28. https://www.ncbi.nlm.nih.gov/pmc/articles/PMC3814907/.

Grand View Research. "Assisted reproductive technology (ART) market size, share & trends analysis report by type (IVF, others), by end use (hospitals, fertility clinics), by procedures and segment forecasts, 2018-2025." May 2018. https://www.grandviewresearch.com/industry-analysis/assisted-reproductive-technology-market.

Harrington, R. "Elective human egg freezing on the rise." *Scientific American*, February 18, 2015. https://www.scientificamerican.com/article/elective-human-egg-freezing-on-the-rise/.

Hayden, E. C. "Cursed Royal Blood: Was Henry VIII to blame for his wives' many miscarriages?" *Slate*, May 15, 2013. https://slate.com/technology/2013/05/henry-viii-wives-and-children-were-kell-proteins-to-blame-for-many-miscarriages.html.

Herman-Giddens, M. E., E. J. Slora, R. C. Wasserman, C. J. Bourdony, M. V.

Bhapkar, G. G. Koch, and C. M. Hasemeier. "Secondary sexual characteristics and menses in young girls seen in office practice: A study from the pediatric research in office settings network." *Pediatrics* 99 (4) (April 1997): 505-12. https://www.ncbi.nlm.nih.gov/pubmed/9093289.

Hosokawa, M., S. Imazeki, H. Mizunuma, T. Kubota, and K. Hayashi. "Secular trends in age at menarche and time to establish regular menstrual cycling in Japanese women born between 1930 and 1985." *BMC Womens Health* 12 (19) (2012). https://www.ncbi.nlm.nih.gov/pmc/articles/PMC3434095/.

Hunter, A., L. Tussis, and A. MacBeth. "The presence of anxiety, depression and stress in women and their partners during pregnancies following perinatal loss: A meta-analysis." *Journal of Affective Disorders* 223 (December 2017): 153-64. https://www.ncbi.nlm.nih.gov/pubmed/28755623.

InterLACE Study Team. "Variations in reproductive events across life: A pooled analysis of data from 505,147 women across 10 countries." *Human Reproduction* 34 (5) (March 2019): 881-93. https://www.ncbi.nlm.nih.gov/pubmed/30835788.

Jayasena, C. N., U. K. Radia, M. Figueiredo, L. F. Revill, A. Dimakopoulou, M. Osagie, W. Vessey, L. Regan, R. Rai, and W. S. Dhillo. "Reduced testicular steroidogenesis and increased semen oxidative stress in male partners as novel markers of recurrent miscarriage." *Clinical Chemistry* 65 (1) (2019): 161-69. https://www.ncbi.nlm.nih.gov/pubmed/30602480.

Jensen, M. B., L. Priskorn, T. K. Jensen, A. Juul, and N. E. Skakkebaek. "Temporal trends

in fertility rates: A nationwide registry based study from 1901 to 2014." *PLoS One* 10 (12) (2015): e0143722. https://www.ncbi.nlm.nih.gov/pmc/articles/PMC4668020/.
Kinsey, C. B., K. Baptiste-Roberts, J. Zhu, and K. H. Kjerulff. "Effect of previous miscarriage on depressive symptoms during subsequent pregnancy and postpartum in the first baby study." *Maternal and Child Health Journal* 19 (2) (February 2015): 391-400. https://www.ncbi.nlm.nih.gov/pmc/articles/PMC4256135/.
Kolte, A. M., L. R. Olsen, E. M. Mikkelsen, O. B. Christiansen, and H. S. Nielsen. "Depression and emotional stress is highly prevalent among women with recurrent pregnancy loss." *Human Reproduction* 30 (4) (April 2015): 777-82. https://www.ncbi.nlm.nih.gov/pmc/articles/PMC4359400/.
Kudesia, R., E. Chernyak, and B. McAvey. "Low fertility awareness in United States reproductive-aged women and medical trainees: Creation and validation of the Fertility & Infertility Treatment Knowledge Score (FIT-KS)." *Fertility and Sterility* 108 (4) (October 2017): 711-17. https://www.ncbi.nlm.nih.gov/pubmed/28911930.
Lundsberg, L. S., L. Pal, A. M. Gariepy, X. Xu, M. C. Chu, and J. L. Illuzzi. "Knowledge, attitudes, and practices regarding conception and fertility: A population-based survey among reproductive-age United States women." *Fertility and Sterility* 101 (3) (March 2014): 767-74. https://www.ncbi.nlm.nih.gov/pubmed/24484995.
Matthews, T. J., and B. E. Hamilton. "Total fertility rates by state and race and Hispanic origin: United States, 2017." *National Vital Statistics Reports* 68 (1) (January 2019): 1-11. https://www.ncbi.nlm.nih.gov/pubmed/30707671.
Menasha, J., B. Levy, K. Hirschhorn, and N. B. Kardon. "Incidence and spectrum of chromosome abnormalities in spontaneous abortions: New insights from a 12-year study." *Genetics in Medicine* 7 (4) (April 2005): 251-63. https://www.ncbi.nlm.nih.gov/pubmed/15834243.
Mendle, J., E. Turkheimer, and R. E. Emery. "Detrimental psychological outcomes associated with early pubertal timing in adolescent girls." *Developmental Review* 27 (2) (June 2007): 151-71. https://www.ncbi.nlm.nih.gov/pmc/articles/PMC2927128/.
Obama, M. *Becoming*. New York: Crown, 2018. [『マイ・ストーリー』ミシェル・オバマ著／長尾莉紗・柴田さとみ訳／集英社／2019年]
O'Connor, K. A., D. J. Holman, and J. W. Wood. "Declining fecundity and ovarian ageing in natural fertility populations." *Maturitas* 30 (2) (October 1998): 127-36. https://www.ncbi.nlm.nih.gov/pubmed/9871907.
Paris, K., and A. Aris. "Endometriosis-associated infertility: A decade's trend study of women from the Estrie region of Quebec, Canada." *Gynecological Endocrinology* 26 (11) (November 2010): 838-42. https://www.ncbi.nlm.nih.gov/pubmed/20486880.
Perkins, K. M., S. L. Boulet, D. J. Jamieson, D. M. Kissin; National Assisted Reproductive Technology Surveillance System Group. "Trends and outcomes of gestational surroga-

cy in the United States." *Fertility and Sterility* 106 (2) (August 2016): 435-42. https://www.ncbi.nlm.nih.gov/pubmed/27087401.
Practice Committee of the American Society for Reproductive Medicine. "Testing and interpreting measures of ovarian reserve: A committee opinion." *Fertility and Sterility* 103 (3) (March 2015): e9-e17. https://www.fertstert.org/article/S0015-0282 (14) 02518-7/pdf.
Pylyp, L. Y., L. O. Spynenko, N. V. Verhoglyad, A. O. Mishenko, D. O. Mykytenko, and V. D. Zukin. "Chromosomal abnormalities in products of conception of first-trimester miscarriages detected by conventional cytogenetic analysis: A review of 1,000 cases." *Journal of Assisted Reproduction and Genetics* 35 (2) (February 2018): 265-71. https://www.ncbi.nlm.nih.gov/pmc/articles/PMC5845039/.
Roepke, E. R., L. Matthiesen, R. Rylance, and O. B. Christiansen. "Is the incidence of recurrent pregnancy loss increasing? A retrospective register-based study in Sweden." *Acta Obstetricia et Gynecolgica Scandinavica* 96 (11) (November 2017): 1365-72. https://obgyn.onlinelibrary.wiley.com/doi/full/10.1111/aogs.13210.
Rossen, L. M., K. A. Ahrens, and A. M. Branum. "Trends in risk of pregnancy loss among US women, 1990-2011." *Paediatric and Perinatal Epidemiology* 32 (1) (January 2018): 19-29. https://www.ncbi.nlm.nih.gov/pmc/articles/PMC5771868/.
Swan, S. H., I. Hertz-Picciotto, A. Chandra, and E. H. Stephen. "Reasons for infecundity." *Family Planning Perspectives* 31 (3) (May-June 1999): 156-57.https://www.jstor.org/stable/2991707?seq=1.
Swift, B. E., and K. E. Liu. "The effect of age, ethnicity, and level of education on fertility awareness and duration of infertility." *Journal of Obstetrics and Gynaecology Canada* 36 (11) (November 2014): 990-96. https://www.ncbi.nlm.nih.gov/pubmed/25574676.
Tavoli, Z., M. Mohammadi, A. Tavoli, A. Moini, M. Effatpanah, L. Khedmat, and A. Montazeri. "Quality of life and psychological distress in women with recurrent miscarriage: A comparative study." *Health and Quality of Life Outcomes*, July 2018. https://www.ncbi.nlm.nih.gov/pmc/articles/PMC6064101/.
Thomas, H. N., M. Hamm, R. Hess, S. Borreoro, and R. C. Thurston. " 'I want to feel like I used to feel': A qualitative study of causes of low libido in postmenopausal women." *Menopause* 27 (3) (March 2020): 289-94. https://www.ncbi.nlm.nih.gov/pubmed/31834161.
WebMD. "What is a normal period?" https://www.webmd.com/women/normal-period.
Wilcox, A. J., C. R. Weinberg, J. F. O'Connor, D. D. Baird, J. P. Schlatterer, R. E. Canfield, E. G. Armstrong, and B. C. Nisula. "Incidence of early loss of pregnancy." *New England Journal of Medicine* 319 (4) (July 28, 1988): 189-94. https://www.ncbi.nlm.nih.gov/pubmed/3393170.
World Bank. "Fertility rate, total (births per woman) -United States." https://data.world-

bank.org/indicator/SP.DYN.TFRT.IN?locations=US.
Worsley, R., R. J. Bell, P. Gartoulla, and S. R. Davis. "Prevalence and predictors of low sexual desire, sexually related personal distress, and hypoactive sexual desire dysfunction in a community-based sample of midlife women." *Journal of Sexual Medicine* 14（5）（May 2017）: 675-86. https://www.jsm.jsexmed.org/article/S1743-6095（17）30418-6/fulltext.
Yu, L., B. Peterson, M. C. Inhorn, J. K. Boehm, and P. Patrizio. "Knowledge, attitudes, and intentions toward fertility awareness and oocyte cryopreservation among obstetrics and gynecology resident physicians." *Human Reproduction* 31（2）（February 2016）: 402-11. https://www.ncbi.nlm.nih.gov/pubmed/26677956.

第4章　ジェンダー流動性――男女を超えて

Airton, L. *Gender: Your Guide*. Avon, MA: Adams Media, 2018.
American Psychological Association. "Answers to your questions about individuals with intersex conditions." https://www.apa.org/topics/lgbt/intersex.pdf.
Bejerot, S., M. B. Humble, and A. Gardner. "Endocrine disruptors, the increase of autism spectrum disorder and its comorbidity with gender identity disorder-a hypothetical association." *International Journal of Andrology* 34（5 pt. 2）（October 2011）: e350. https://onlinelibrary.wiley.com/doi/full/10.1111/j.1365-2605.2011.01149.x.
Berenbaum, S. A. "Beyond pink and blue: The complexity of early androgen effects on gender development." *Child Development Perspectives* 12（1）（March 2018）: 58-64. https://www.ncbi.nlm.nih.gov/pmc/articles/PMC5935256/.
Berenbaum, S. A., and E. Snyder. "Early hormonal influences on childhood sex-typed activity and playmate preferences: Implications for the development of sexual orientation." *Developmental Psychology* 3（1）（1995）: 31-42. https://psycnet.apa.org/doiLanding?doi=10.1037%2F0012-1649.31.1.31.
Children's National. "Pediatric differences in sex development." https://childrensnational.org/visit/conditions-and-treatments/diabetes-hormonal-disorders/differences-in-sex-development.
Dastagir, A. E. " 'Born this way'? It's way more complicated than that." *USA Today*, June 15, 2017. https://www.usatoday.com/story/news/2017/06/16/born-way-many-lgbt-community-its-way-more-complex/395035001/.
Ehrensaft, D. *Gender Born, Gender Made: Raising Healthy Gender-Nonconforming Children*. New York: Experiment, 2011.
Gaspari, L., F. Paris, C. Jandel, N. Kalfa, M. Orsini, J. P. Daures, and C. Sultan. "Prenatal environmental risk factors for genital malformations in a population of 1,442 French male newborns: A nested case-control study." *Human Reproduction* 26（11）（November 2011）: 3155-62. https://www.ncbi.nlm.nih.gov/pubmed/21868402.

Glidden, D., W. P. Bouman, B. A. Jönes, and J. Arcelus. "Gender dysphoria and autism spectrum disorder: A systematic review of the literature." *Sexual Medicine Reviews* 4 (1) (January 2016): 3-14. https://www.ncbi.nlm.nih.gov/pubmed/27872002.

Hadhazy, A. "What makes Michael Phelps so good?" *Scientific American*, August 18, 2008. https://www.scientificamerican.com/article/what-makes-michael-phelps-so-good1/.

Hedaya, R. J. "The dissolution of gender: The role of hormones." *Psychology Today*, February 13, 2019. https://www.psychologytoday.com/us/blog/health-matters/201902/the-dissolution-gender.

Intersex Society of North America. "How common is intersex?" http://www.isna.org/faq/frequency.

——. "What is intersex?" http://www.isna.org/faq/what_is_intersex.

Ives, M. "Sprinter Dutee Chand Becomes India's First Openly Gay Athlete." *New York Times*, May 20, 2019. https://www.nytimes.com/2019/05/20/world/asia/india-dutee-chand-gay.html.

Katwala, A. "The controversial science behind the Caster Semenya verdict." *Wired*, May 1, 2019. https://www.wired.co.uk/article/caster-semenya-testosterone-ruling-gender-science-analysis.

Kazemian, L. "Desistance." *Oxford Bibliographies*. Last reviewed April 21, 2017. https://www.oxfordbibliographies.com/view/document/obo-9780195396607/obo-9780195396607-0056.xml.

Keating, S. "Gender dysphoria isn't a 'social contagion,' according to a new study." *BuzzFeed News*, April 22, 2019. https://www.buzzfeednews.com/article/shannonkeating/rapid-onset-gender-dysphoria-flawed-methods-transgender.

Lehrman, S. "When a person is neither XX nor XY: A Q & A with geneticist Eric Vilain." *Scientific American*, May 30, 2007. https://www.scientificamerican.com/article/q-a-mixed-sex-biology/.

Littman, L. "Parent reports of adolescents and young adults perceived to show signs of a rapid onset of gender dysphoria." *PLoS One* 13 (8) (August 16, 2018): e0202330. https://journals.plos.org/plosone/article?id=10.1371/journal.pone.0202330.

Magliozzi, D., A. Saperstein, and L. Westbrook. "Scaling up: Representing gender diversity in survey research." *Socius: Sociological Research for a Dynamic World*, August 19, 2016. https://journals.sagepub.com/doi/10.1177/2378023116664352.

Mukherjee, S. *The Gene: An Intimate History*. New York: Scribner, 2016. [『遺伝子——親密なる人類史』シッダールタ・ムカジー著／仲野徹監修／田中文訳／早川書房／(上) 2018年，(下) 2021年]

Nakagami, A., T. Negishi, K. Kawasaki, N. Imai, Y. Nishida, T. Ihara, Y. Kuroda, Y. Yoshikawa, and T. Koyama. "Alterations in male infant behaviors towards its mother by prenatal exposure to bisphenol A in cynomolgus monkeys (*Macaca fascicularis*) during

early suckling period." *Psychoneuroendocrinology* 34 (8) (2009): 1189-97. https://www.ncbi.nlm.nih.gov/pubmed/19345509.

Newhook, J. T., J. Pyne, K. Winters, S. Feder, C. Holmes, J. Tosh, M-L Sinnott, A. Jamieson, and S. Pickett. "A critical commentary on follow-up studies and 'desistance' theories about transgender and gender-nonconforming children." *International Journal of Transgenderism* 19 (2) (2018): 212-24. https://www.tandfonline.com/doi/abs/10.1080/15532739.2018.1456390.

Newport, F. "In U.S., estimate of LGBT population rises to 4.5%." Gallup, May 22, 2018. https://news.gallup.com/poll/234863/estimate-lgbt-population-rises.aspx.

Padawer, R. "The humiliating practice of sex-testing female athletes." *New York Times*, June 28, 2016. https://www.nytimes.com/2016/07/03/magazine/the-humiliating-practice-of-sex-testing-female-athletes.html?_r=0.

Pasterski, V. L., M. E. Geffner, C. Brain, P. Hindmarsh, C. Brook, and M. Hines. "Prenatal hormones and postnatal socialization by parents as determinants of male-typical toy play in girls with congenital adrenal hyperplasia." *Child Development* 76 (1) (January-February 2005): 264-78. https://www.ncbi.nlm.nih.gov/pubmed/15693771.

Restar, A. J. "Methodological critique of Littman's (2018) parental-respondents accounts of 'rapid-onset gender dysphoria.' " *Archives of Sexual Behavior* 49 (2020): 61-66. https://link.springer.com/article/10.1007/s10508-019-1453-2.

Rich, A. L., L. M. Phipps, S. Tiwari, H. Rudraraju, and P. O. Dokpesi. "The increasing prevalence in intersex variation from toxicological dysregulation in fetal reproductive tissue differentiation and development by endocrinedisrupting chemicals." *Environmental Health Insights* 10 (2016): 163-71. https://www.ncbi.nlm.nih.gov/pmc/articles/PMC5017538/.

Saguy, A. C., J. A. Williams, R. Dembroff, and D. Wodak. "We should all use they/them-pronouns . . . eventually." *Scientific American*, May 30, 2019. https://blogs.scientificamerican.com/voices/we-should-all-use-they-them-pronouns-eventually/.

Saperstein, A. "State of the Union 2018: Gender identification." *Stanford Center on Poverty and Inequality*. https://inequality.stanford.edu/sites/default/files/Pathways_SOTU_2018_gender-ID.pdf.

"Swiss court blocks Semenya from 800 at worlds." Associated Press, July 30, 2019. https://www.espn.com/olympics/trackandfield/story/_/id/27288611/swiss-court-blocks-semenya-800-worlds.

Tobia, J. *Sissy: A Coming-of-Gender Story*. New York: Putnam, 2019.

Vandenbergh, J. G., and C. L. Huggett. "The anogenital distance index, a predictor of the intrauterine position effects on reproduction in female house mice." *Laboratory Animal Science* 45 (5) (October 1995): 567-73. https://www.ncbi.nlm.nih.gov/pubmed/8569159.

"What is congenital adrenal hyperplasia?" You and Your Hormones. https://www.yourhormones.info/endocrine-conditions/congenital-adrenal-hyperplasia/.

第5章　脆弱性が生じる時期――タイミングがすべて

Axelsson J., S. Sabra, L. Rylander, A. Rignell-Hydbom, C. H. Lindh, and A. Giwercman. "Association between paternal smoking at the time of pregnancy and the semen quality in sons." *PLoS ONE* 13（11）(November 21, 2018): e0207221. https://www.ncbi.nlm.nih.gov/pmc/articles/PMC6248964/.

Bell, M. R., L. M. Thompson, K. Rodriguez, and A. C. Gore. "Two-hit exposure to polychlorinated biphenyls at gestational and juvenile life stages: 1. Sexually dimorphic effects on social and anxiety-like behaviors." *Hormones and Behavior* 78（February 2016）: 168-77. https://www.ncbi.nlm.nih.gov/pubmed/26592453.

Binder, A. M., C. Corvalan, A. Pereira, A. M. Calafat, X. Ye, J. Shepherd, and K. B. Michels. "Prepubertal and pubertal endocrine-disrupting chemical exposure and breast density among Chilean adolescents." *Cancer Epidemiology, Biomarkers & Prevention* 27（12）（December 2018）: 1491-99. https://www.ncbi.nlm.nih.gov/pmc/articles/PMC6541222/.

Brauner, E. V., D. A. Doherty, J. E. Dickinson, D. J. Handelsman, M. Hickey, N. E. Skakkebaek, A. Juul, and R. Hart. "The association between in-utero exposure to stressful life events during pregnancy and male reproductive function in a cohort of 20-year-old offspring: The Raine Study." *Human Reproduction* 34（7）（July 8, 2019）: 1345-55. https://www.ncbi.nlm.nih.gov/pubmed/31143949.

Dees, W. L., J. K. Hiney, and V. K. Srivastava. "Alcohol and puberty." *Alcohol Research* 38（2）（2017）: 277-82. https://www.ncbi.nlm.nih.gov/pmc/articles/PMC5513690/.

Dranow, D. B., R. P. Tucker, and B. W. Draper. "Germ cells are required to maintain a stable sexual phenotype in adult zebrafish." *Developmental Biology* 376:43-50. http://thenode.biologists.com/sex-reversal-in-adult-fish/research/.

Durmaz, E., E. N. Ozmert, P. Erkekoglu, B. Giray, O. Derman, F. Hincal, and K. Yurdakok. "Plasma phthalate levels in pubertal gynecomastia." *Pediatrics* 125（1）（January 2010）: e122-e129. https://www.ncbi.nlm.nih.gov/pubmed/20008419.

Edwards, A., A. Megens, M. Peek, and E. M. Wallace. "Sexual origins of placental dysfunction." *Lancet* 355（9199）（January 15, 2000）: 203-4. www.thelancet.com/journals/lancet/article/PIIS0140-6736（99）05061-8/fulltext.

Eriksson, J. G., E. Kajantie, C. Osmond, K. Thornburg, and D. J. P. Barker. "Boys live dangerously in the womb." *American Journal of Human Biology* 22（3）（2010）: 330-35. https://www.ncbi.nlm.nih.gov/pmc/articles/PMC3923652/pdf/nihms240904.pdf.

"5 crazy things doctors used to tell pregnant women." Kodiak Birth and Wellness, November 9, 2016. http://birthgoals.com/blog/2016/7/25/5-surprising-things-doctors-used-

to-tell-pregnant-women.
Gray, L. E, Jr., V. S. Wilson, T. E. Stoker, C. R. Lambright, J. R. Furr, N. C. Noriega, P. C. Hartig et al. "Environmental androgens and antiandrogens: An expanding chemical universe." EPA Home, Science Inventory, 2004, 313-45. https://cfpub.epa.gov/si/si_public_record_report.cfm?dirEntryId=104084&Lab=NHEERL.
Grech, V. "Terrorist attacks and the male-to-female ratio at birth: The Troubles in Northern Ireland, the Rodney King riots, and the Breivik and Sandy Hook shootings." *Early Human Development* 91（12）(December 2015): 837-40.www.ncbi.nlm.nih.gov/pubmed/26525896.
Hill, M. A. "Timeline human development." Embryology. https://embryology.med.unsw.edu.au/embryology/index.php/Timeline_human_development.
Lund, L., M. C. Engebjerg, L. Pedersen, V. Ehrenstein, M. Norgaard, and H. T. Sorensen. "Prevalence of hypospadias in Danish boys: A longitudinal study, 1977-2005." *European Urology* 55（5）(May 2009): 1022-26. https://www.ncbi.nlm.nih.gov/pubmed/19155122.
MacLeod, D. J., R. M. Sharpe, M. Welsh, M. Fisken, H. M. Scott, G .R. Hutchison, A. J. Drake, and S. van den Driesche. "Androgen action in the masculinization programming window and development of male reproductive organs." *International Journal of Andrology* 33（2）(April 2010): 279-87. https://www.ncbi.nlm.nih.gov/pubmed/20002220.
Martino-Andrade, A. J., F. Liu, S. Sathyanarayana, E. S. Barrett, J. B. Redmon, R. H. Nguyen, H. Levine, S. H. Swan, and the TIDES Study Team. "Timing of prenatal phthalate exposure in relation to genital endpoints in male newborns." *Andrology* 4（4）(July 2016): 585-93. https://www.ncbi.nlm.nih.gov/pubmed/27062102.
Masukume, G., S. M. O'Neill, A. S. Khashan, L. C. Kenny, and V. Grech. "The terrorist attacks and the human live birth sex ratio: A systematic review and meta-analysis." *Acta Medica* 60（2）(2017): 59-65. https://actamedica.lfhk.cuni.cz/media/pdf/am_2017060020059.pdf.
Minguez-Alarcon, L., I. Souter, Y-H. Chiu, P. L. Williams, J. B. Ford, A. Ye, A. M. Calafat, and R. Hauser. "Urinary concentrations of cyclohexane-1,2-dicarboxylic acid monohydroxy isononyl ester, a metabolite of the non-phthalate plasticizer di（isononyl) cyclohexane-1,2-dicarboxylate（DINCH), and markers of ovarian response among women attending a fertility center." *Environmental Research* 151（November 2016）: 595-600. https://www.ncbi.nlm.nih.gov/pmc/articles/PMC5071161/.
National Cancer Institute. "Diethylstilbestrol（DES）and cancer." Reviewed October 5, 2011. https://www.cancer.gov/about-cancer/causes-prevention/risk/hormones/des-fact-sheet.
Nordenvall, A. S., L. Frisen, A. Nordenstrom, P. Lichtenstein, and A. Nordenskjold. "Pop-

ulation based nationwide study of hypospadias in Sweden, 1973 to 2009: Incidence and risk factors." *Journal of Urology* 191（3）(March 2014): 783-89. https://www.ncbi.nlm.nih.gov/pubmed/24096117.

Olson, E. R. "Why are 250 million sperm cells released during sex?" LiveScience, January 24, 2013. https://www.livescience.com/32437-why-are-250-million-sperm-cells-released-during-sex.html.

Pasterski, V., C. L. Acerini, D. B. Dunger, K. K. Ong, I. A. Hughes, A. Thankamony, and M. Hines. "Postnatal penile growth concurrent with mini-puberty predicts later sex-typed play behavior: Evidence for neurobehavioral effects of the postnatal androgen surge in typically developing boys." *Hormones and Behavior* 69（March 2015）: 98-105. https://www.ncbi.nlm.nih.gov/pubmed/25597916.

Pennisi, E. "Why women's bodies abort males during tough times." *Science*, December 11, 2014. https://www.sciencemag.org/news/2014/12/why-women-s-bodies-abort-males-during-tough-times.

Roy, P., A. Kumar, I. R. Kaur, and M. M. Faridi. "Gender differences in outcomes of low birth weight and preterm neonates: The male disadvantage." *Journal of Tropical Pediatrics* 60（6）(December 2014）: 480-81. https://www.ncbi.nlm.nih.gov/pubmed/25096219.

SexInfoOnline. "Sex determination and differentiation." Last updated November 3, 2016. http://www.soc.ucsb.edu/sexinfo/article/sex-determination-and-differentiation.

Skakkebaek, N. E., E. Rajpert-De Meyts, G. M. Buck Louis, J. Toppari, A. M. Andersson, M. L. Eisenberg, T. K. Jensen. "Male reproductive disorders and fertility trends: Influences of environment and genetic susceptibility." *Physiological Reviews* 96（1）(January 2016）: 55-97. https://www.ncbi.nlm.nih.gov/pmc/articles/PMC4698396/.

Swan, S. H., K. M. Main, F. Liu, S. L. Stewart, R. L. Kruse, A. M. Calafat, C. S. Mao et al. "Decrease in anogenital distance among male infants with prenatal phthalate exposure." *Environmental Health Perspectives* 113（8）(2005）: 1056-61. https://www.ncbi.nlm.nih.gov/pmc/articles/PMC1280349/.

Wu, Y., G. Zhong, S. Chen, C. Zheng, D. Liao, and M. Xie. "Polycystic ovary syndrome is associated with anogenital distance, a marker of prenatal androgen exposure." *Human Reproduction* 32（4）(April 1, 2017): 937-43. https://www.ncbi.nlm.nih.gov/pubmed/28333243.

第6章　くわしく知る――生殖能力を損なう生活習慣

Afeiche, M., A. J. Gaskins, P. L. Williams, T. L. Toth, D. L. Wright, C. Tanrikut, R. Hauser, and J. E. Chavarro. "Processed meat intake is unfavorably and fish intake favorably associated with semen quality indicators among men attending a fertility clinic." *Journal of Nutrition* 144（7）(July 2014): 1091-98. https://www.ncbi.nlm.nih.gov/pmc/

articles/PMC4056648/.

Afeiche, M. C., P. L. Williams, A. J. Gaskins, J. Mendiola, N. Jorgensen, S. H. Swan, and J. E. Chavarro. "Meat intake and reproductive parameters among young men." *Epidemiology* 25（3）（May 2014）: 323-30. https://www.ncbi.nlm.nih.gov/pmc/articles/PMC4180710/.

Afeiche, M., P. L. Williams, J. Mendiola, A. J. Gaskins, N. Jorgensen, S. H. Swan, and J. E. Chavarro. "Dairy food intake in relation to semen quality and reproductive hormone levels among physically active young men." *Human Reproduction* 28（8）（August 2013）: 2265-75. https://www.ncbi.nlm.nih.gov/pmc/articles/PMC3712661/.

American Academy of Orthopaedic Surgeons. "Female athlete triad: Problems caused by extreme exercise and dieting." Last reviewed June 2016. https://orthoinfo.aaos.org/en/diseases--conditions/female-athlete-triad-problems-caused-by-extreme-exercise-and-dieting/.

American Society for Reproductive Medicine. "Third-party reproduction: A guide for patients." Revised 2017. https://www.reproductivefacts.org/globalassets/rf/news-and-publications/bookletsfact-sheets/english-fact-sheets-and-info-booklets/third-party_reproduction_booklet_web.pdf.

Bae, J., S. Park, and J-W. Kwon. "Factors associated with menstrual cycle irregularity and menopause." *BMC Women's Health* 18（2018）: 36. https://www.ncbi.nlm.nih.gov/pmc/articles/PMC5801702/.

Balsells, M., A. Garcia-Patterson, and R. Corcov. "Systematic review and meta-analysis on the association of prepregnancy underweight and miscarriage." *European Journal of Obstetrics, Gynecology, and Reproductive Biology* 207（December 2016）: 73-79. https://www.ncbi.nlm.nih.gov/pubmed/27825031.

Banihani, S. A. "Effect of paracetamol on semen quality." *Andrologia* 50（1）（February 2018）. https://www.ncbi.nlm.nih.gov/pubmed/28752572.

California Cryobank. "Sperm donor requirements." http://www.spermbank.com/how-it-works/sperm-donor-requirements.

Carlsen, E., A. M. Andersson, J. H. Petersen, and N. E. Skakkebaek. "History of febrile illness and variation in semen quality." *Human Reproduction* 18（10）（October 2003）: 2089-92. https://www.ncbi.nlm.nih.gov/pubmed/14507826.

Carroll, K., A. M. Pottinger, S. Wynter, and V. DaCosta. "Marijuana use and its influence on sperm morphology and motility: Identified risk for fertility among Jamaican men." *Andrology* 8（1）（January 2020）: 136-42. https://www.ncbi.nlm.nih.gov/pubmed/31267718.

Casilla-Lennon, M. M., S. Meltzer-Brody, and A. Z. Steiner. "The effect of antidepressants on fertility." *American Journal of Obstetrics and Gynecology* 215（3）（September 2016）: 314.e1-314.e5. doi:10.1016/j.ajog.2016.01.170. https://www.ncbi.nlm.nih.

gov/pmc/articles/PMC4965341/.
Cavalcante, M. B., M. Sarno, A. B. Peixoto, E. Araujo Junior, and R. Barini. "Obesity and recurrent miscarriage: A systematic review and meta-analysis." *Journal of Obstetrics and Gynaecology Research* 45 (1) (January 2019): 30-38. https://www.ncbi.nlm.nih.gov/pubmed/30156037.
Centers for Disease Control and Prevention. "Antidepressant use among persons aged 12 and over: United States, 2011-2014." August 2017. https://www.cdc.gov/nchs/products/databriefs/db283.htm.
——. "Prevalence of obesity among adults and youth: United States, 2015-2016." NCHS Data Brief No. 288, October 2017. https://www.cdc.gov/nchs/products/databriefs/db288.htm.
——. "Smoking is down, but almost 38 million American adults still smoke." January 18, 2018. https://www.cdc.gov/media/releases/2018/p0118-smoking-rates-declining.html.
——. "Trends in meeting the 2008 physical activity guidelines, 2008-2018 percentage." https://www.cdc.gov/physicalactivity/downloads/trends-in-the-prevalence-of-physical-activity-508.pdf.
Chiu, Y. H., M. C. Afeiche, A. J. Gaskins, P. L. Williams, J. Mendiola, N. Jorgensen, S. H. Swan, and J. E. Chavarro. "Sugar-sweetened beverage intake in relation to semen quality and reproductive hormone levels in young men." *Human Reproduction* 29 (7) (July 2014): 1575-84. https://www.ncbi.nlm.nih.gov/pmc/articles/PMC4168308/.
Christou, M. A., P. A. Christou, G. Markozannes, A. Tsatsoulis, G. Mastorakos, and S. Tigas. "Effects of anabolic androgenic steroids on the reproductive system of athletes and recreational users: A systematic review and meta-analysis." *Sports Medicine* 47 (9) (September 2017): 1869-83. https://www.ncbi.nlm.nih.gov/pubmed/28258581.
Cullen, K. A., A. S. Gentzke, M. D. Sawdey, J. T. Chang, G. M. Anic, T. W. Wang, M. R. Creamer, A. Jamal, B. K. Ambrose, and B. A. King. "E-cigarette use among youth in the United States, 2019." *JAMA* 322 (21) (November 5, 2019): 2095-103. https://jamanetwork.com/journals/jama/fullarticle/2755265.
Dachille, G., M. Lamuraglia, M. Leone, A. Pagliarulo, G. Palasciano, M. T. Salerno, and G. M. Ludovico. "Erectile dysfunction and alcohol intake." *Urologia* 75 (3) (July-September 2008): 170-76. https://www.ncbi.nlm.nih.gov/pubmed/21086346.
De Souza, M. J., A. Nattiv, E. Joy, M. Misra, N. I. Williams, R. J. Mallinson, J. C. Gibbs, M. Olmsted, M. Goolsby, and G. Matheson. "2014 Female Athlete Triad Coalition consensus statement on treatment and return to play of the female athlete triad: 1st International Conference held in San Francisco, California, May 2012, and 2nd International Conference held in Indianapolis, Indiana, May 2013." *British Journal of Sports Medicine* 48 (4). https://bjsm.bmj.com/content/48/4/289.
Ding, J., X. Shang, Z. Zhang, H. Jing, J. Shao, Q. Fei, E. R. Rayburn, and H. Li.

"FDA-approved medications that impair human spermatogenesis." *Oncotarget* 8 (6) (February 7, 2017): 10714-25. https://www.ncbi.nlm.nih.gov/pmc/articles/PMC5354694/.

Dorey, G. "Is smoking a cause of erectile dysfunction? A literature review." *British Journal of Nursing* 10 (7) (April 2001): 455-65. https://www.ncbi.nlm.nih.gov/pubmed/12070390.

Drobnis, E. Z., and A. K. Nangia. "Pain medications and male reproduction." *Advances in Experimental Medicine and Biology* 1034 (2017): 39-57. https://www.ncbi.nlm.nih.gov/pubmed/29256126.

Furukawa, S., T. Sakai, T. Niiya, H. Miyaoka, T. Miyake, S. Yamamoto, K. Maruyama et al. "Alcohol consumption and prevalence of erectile dysfunction in Japanese patients with type 2 diabetes mellitus: Baseline data from the Dogo Study." *Alcohol* 55 (September 2016): 17-22. https://www.ncbi.nlm.nih.gov/pubmed/27788774.

Gaskins, A. J., and J. E. Chavarro. "Diet and fertility: A review." *American Journal of Obstetrics and Gynecology* 218 (4) (April 2018): 379-89. https://www.ncbi.nlm.nih.gov/pmc/articles/PMC5826784/.

Gaskins, A. J., M. C. Afeiche, R. Hauser, P. L. Williams, M. W. Gillman, C. Tanrikut, J. C. Petrozza, and J. E. Chavarro. "Paternal physical and sedentary activities in relation to semen quality and reproductive outcomes among couples from a fertility center." *Human Reproduction* 29 (11) (November 2014): 2575-82. https://www.ncbi.nlm.nih.gov/pmc/articles/PMC4191451/.

Gaskins, A. J., J. W. Rich-Edwards, P. L. Williams, T. L. Toth, S. A. Missmer, and J. E. Chavarro. "Pre-pregnancy caffeine and caffeinated beverage intake and risk of spontaneous abortion." *European Journal of Nutrition* 57 (1) (February 2018): 107-17. https://www.ncbi.nlm.nih.gov/pmc/articles/PMC5332346/.

——. "Prepregnancy Low to Moderate Alcohol Intake Is Not Associated with Risk of Spontaneous Abortion or Stillbirth." *Journal of Nutrition* 146 (4) (April 2016): 799-805. https://www.ncbi.nlm.nih.gov/pmc/articles/PMC4807650/.

Gebreegziabher, Y., E. Marcos, W. McKinon, and G. Rogers. "Sperm characteristics of endurance trained cyclists." *International Journal of Sports Medicine* 25 (4) (May 2004): 247-51. https://www.ncbi.nlm.nih.gov/pubmed/15162242.

Gollenberg, A. L., F. Liu, C. Brazil, E. Z. Drobnis, D. Guzick, J. W. Overstreet, J. B. Redmon, A. Sparks, C. Wang, and S. H. Swan. "Semen quality in fertile men in relation to psychosocial stress." *Fertility and Sterility* 93 (4) (March 1, 2010): 1104-11. https://www.ncbi.nlm.nih.gov/pubmed/19243749.

Grant, B. F., S. P. Chou, T. D. Saha, R. P. Pickering, B. T. Kerridge, W. J. Ruan, B. Huang et al. "Prevalence of 12-month alcohol use, high-risk drinking, and *DSM-IV* alcohol use disorder in the United States, 2001-2002 to 2012-2013." *JAMA Psychiatry* 74 (9)

(2017): 911-23. https://jamanetwork.com/journals/jamapsychiatry/fullarticle/2647079.

Gundersen, T. D., N. Jorgensen, A. M. Andersson, A. K. Bang, L. Nordkap, N. E. Skakkebak, L. Priskorn, A. Juul, and T. K. Jensen. "Association between use of marijuana and male reproductive hormones and semen quality: A study among 1,215 healthy young men." *American Journal of Epidemiology* 182 (6) (August 16, 2015): 473-81. https://www.ncbi.nlm.nih.gov/pubmed/26283092.

Hamzelou, J. "Weird cells in your semen? Don't panic, you might just have flu." *New Scientist*, June 30, 2015. https://www.newscientist.com/article/dn27809-weird-cells-in-your-semen-dont-panic-you-might-just-have-flu/.

Hawkins Bressler, L., L. A. Bernardi, P. J. De Chavez, D. D. Baird, M. R. Carnethon, and E. E. Marsh. "Alcohol, cigarette smoking, and ovarian reserve in reproductive-age African-American women." *American Journal of Obstetrics and Gynecology* 215 (6) (December 2016): 758.e1-758.e9. https://www.ncbi.nlm.nih.gov/pmc/articles/PMC5124512/.

Hyland, A., K. M. Piazza, K. M. Hovey, J. K. Ockene, C. A. Andrews, C. Rivard, and J. Wactawski-Wende. "Associations of lifetime active and passive smoking with spontaneous abortion, stillbirth and tubal ectopic pregnancy: A cross-sectional analysis of historical data from the Women's Health Initiative." *Tobacco Control* 24 (4) (July 2015): 328-35. https://www.ncbi.nlm.nih.gov/pubmed/24572626.

Hyland, A., K. Piazza, K. M. Hovey, H. A. Tindle, J. E. Manson, C. Messina, C. Rivard, D. Smith, and J. Wactawski-Wende. "Associations between lifetime tobacco exposure with infertility and age at natural menopause: The Women's Health Initiative Observational Study." *Tobacco Control* 25 (6) (November 2016): 706-14. https://www.ncbi.nlm.nih.gov/pubmed/26666428.

Ippolito, A. C., A. D. Seelig, T. M. Powell, A. M. S. Conlin, N. F. Crum-Cianflone, H. Lemus, C. J. Sevick, and C. A. LeardMann. "Risk factors associated with miscarriage and impaired fecundity among United States servicewomen during the recent conflicts in Iraq and Afghanistan." *Women's Health Issues* 27 (3) (May-June 2017): 356-65. https://www.ncbi.nlm.nih.gov/pubmed/28160994.

Jensen, T. K., M. Gottschau, J. O. B. Madsen, A-M. Andersson, T. H. Lassen, N. E. Skakkebaek, S. H. Swan, L. Priskorn, A. Juul, and N. Jorgensen. "Habitual alcohol consumption associated with reduced semen quality and changes in reproductive hormones: A cross-sectional study among 1,221 young Danish men." *BMJ Open* 4 (9) (2014): e005462. https://www.ncbi.nlm.nih.gov/pmc/articles/PMC4185337/.

Lania, A., L. Gianotti, I. Gagliardi, M. Bondanelli, W. Vena, and M. R. Ambrosio. "Functional hypothalamic and drug-induced amenorrhea: An overview." *Journal of Endocrinological Investigation* 42 (9) (September 2019): 1001-10. https://www.ncbi.nlm.

nih.gov/pubmed/30742257.

Luque, E. M., A. Tissera, M. P. Gaggino, R. I. Molina, A. Mangeaud, L. M. Vincenti, F. Beltramone et al. "Body mass index and human sperm quality: Neither one extreme nor the other." *Reproduction, Fertility, and Development* 29（4）(April 2017): 731-39.
https://www.ncbi.nlm.nih.gov/pubmed/26678380.

Millett, C., L. M. Wen, C. Rissel, A. Smith, J. Richters, A. Grulich, and R. de Visser. "Smoking and erectile dysfunction: Findings from a representative sample of Australian men." *Tobacco Control* 15（2）(April 2006): 136-39. https://www.ncbi.nlm.nih.gov/pmc/articles/PMC2563576/.

Mulligan, T., M. F. Frick, Q. C. Zuraw, A. Stemhagen, and C. McWhirter. "Prevalence of hypogonadism in males aged at least 45 years: The HIM study." *International Journal of Clinical Practice* 60（7）(July 2006): 762-69. https://www.ncbi.nlm.nih.gov/pmc/articles/PMC1569444/.

Nagma, S., G. Kapoor, R. Bharti, A. Batra, A. Batra, A. Aggarwal, and A. Sablok. "To evaluate the effect of perceived stress on menstrual function." *Journal of Clinical and Diagnostic Research* 9（3）(March 2015): QC01-QC03. https://www.ncbi.nlm.nih.gov/pmc/articles/PMC4413117/.

Nassan, F. L., M. Arvizu, L. Minguez-Alarcon, A. J. Gaskins, P. L. Williams, J. C. Petrozza, R. Hauser, J. E. Chavarro, and EARTH Study Team. "Marijuana smoking and outcomes of infertility treatment with assisted reproductive technologies." *Human Reproduction* 34（9）(September 29, 2019): 1818-29. https://www.ncbi.nlm.nih.gov/pubmed/31505640.

National Institute on Drug Abuse. "What is the scope of marijuana use in the United States?" Last updated December 2019. https://www.drugabuse.gov/publications/research-reports/marijuana/what-scope-marijuana-use-in-united-states.

Nordkap, L., T. K. Jensen, A. M. Hansen, T. H. Lassen, A. K. Bang, U. N. Joensen, M. Blomberg Jensen, N. E. Skakkebaek, and N. Jorgensen. "Psychological stress and testicular function: A cross-sectional study of 1,215 Danish men." *Fertility and Sterility* 105（1）(January 2016): 174-87. https://www.ncbi.nlm.nih.gov/pubmed/26477499.

NW Cryobank. "NW Cryobank sperm donor requirements." https://www.nwsperm.com/how-it-works/sperm-donor-requirements.

Office on Women's Health. "Weight, fertility, and pregnancy." Page last updated December 27, 2018. https://www.womenshealth.gov/healthy-weight/weight-fertility-and-pregnancy.

Palermo, G. D., Q. V. Neri, T. Cozzubbo, S. Cheung, N. Pereira, and Z. Rosenwaks. "Shedding light on the nature of seminal round cells." *PLoS One* 11（3）(March 16, 2016): e0151640. https://journals.plos.org/plosone/article?id=10.1371/journal.pone.0151640.

Panara, K., J. M. Masterson, L. F. Savio, and R. Ramasamy. "Adverse effects of common sports and recreational activities on male reproduction." *European Urology Focus* 5 (6) (November 2019): 1146-51. https://www.ncbi.nlm.nih.gov/pubmed/29731401.

Patra, P. B., and R. M. Wadsworth. "Quantitative evaluation of spermatogenesis in mice following chronic exposure to cannabinoids." *Andrologia* 23 (2) (March-April 1991): 151-56. https://www.ncbi.nlm.nih.gov/pubmed/1659250.

Priskorn, L., T. K. Jensen, A. K. Bang, L. Nordkap, U. N. Joensen, T. H. Lassen, I. A. Olesen, S. H. Swan, N. E. Skakkebaek, and N. Jorgensen. "Is sedentary lifestyle associated with testicular function? A cross-sectional study of 1,210 men." *American Journal of Epidemiology* 184 (4) (August 15, 2016): 284-94. https://www.ncbi.nlm.nih.gov/pubmed/27501721.

Qu, F., Y. Wu, Y-H. Zhu, J. Barry, T. Ding, G. Baio, R. Muscat, B. K. Todd, F-F. Wang, and P. J. Hardiman. "The association between psychological stress and miscarriage: A systematic review and meta-analysis." *Scientific Reports* 7 (May 2017): 1731. https://www.ncbi.nlm.nih.gov/pmc/articles/PMC5431920/.

Radwan, M., J. Jurewicz, D. Merecz-Kot, W. Sobala, P. Radwan, M. Bochenek, and W. Hanke. "Sperm DNA damage-the effect of stress and everyday life factors." *International Journal of Impotence Research* 28 (4) (July 2016): 148-54. https://www.ncbi.nlm.nih.gov/pubmed/27076112.

Rahali, D., A. Jrad-Lamine, Y. Dallagi, Y. Bdiri, N. Ba, M. El May, S. El Fazaa, and N. El Golli. "Semen parameter alteration, histological changes and role of oxidative stress in adult rat epididymis on exposure to electronic cigarette refill liquid." *Chinese Journal of Physiology* 61 (2) (April 30, 2018): 75-84. https://www.ncbi.nlm.nih.gov/pubmed/29526076.

Ramaraju, G. A., S. Teppala, K. Prathigudupu, M. Kalagara, S. Thota, M. Kota, and R. Cheemakurthi. "Association between obesity and sperm quality." *Andrologia* 50 (3) (April 2018). https://www.ncbi.nlm.nih.gov/pubmed/28929508.

Remes, O., C. Brayne, R. van der Linde, and L. Lafortune. "A systematic review of reviews on the prevalence of anxiety disorders in adult populations." *Brain and Behavior* 6 (7) (July 2016): e00497. https://onlinelibrary.wiley.com/doi/full/10.1002/brb3.497.

Ricci, E., S. Noli, S. Ferrari, I. La Vecchia, S. Cipriani, V. De Cosmi, E. Somigliana, and F. Parazzini. "Alcohol intake and semen variables: Cross-sectional analysis of a prospective cohort study of men referring to an Italian fertility clinic." *Andrology* 6 (5) (September 2018): 690-96. https://www.ncbi.nlm.nih.gov/pubmed/30019500.

Santillano, V. "Is height advantage a tall tale?" *More*. Updated December 27, 2009. https://www.more.com/lifestyle/exercise-health/height-advantage-tall-tale/.

Schlossberg, M. "5 Things you need to know about whiskey dick, the greatest curse known to mankind." *Men's Health*, September 21, 2017. https://www.menshealth.com/sex-

women/a19535862/whiskey-dick-is-real-and-heres-the-science-behind-it/.
Schuel, H., R. Schuel, A. M. Zimmerman, and S. Zimmerman. "Cannabinoids reduce fertility of sea urchin sperm." *Biochemistry and Cell Biology* 65 (2) (February 1987): 130-36. https://www.ncbi.nlm.nih.gov/pubmed/3030370.
Sharma, R., A. Harley, A. Agarwal, and S. C. Esteves. "Cigarette smoking and semen quality: A new meta-analysis examining the effect of the 2010 World Health Organization laboratory methods for the examination of human semen." *European Urology* 70 (4) (October 2016): 635-45. https://www.ncbi.nlm.nih.gov/pubmed/27113031.
Sperm Bank of California. "How to qualify as a sperm donor?" https://www.thespermbankofca.org/content/how-qualify-sperm-donor.
Swan, S. H., F. Liu, J. W. Overstreet, C. Brazil, and N. E. Skakkebaek. "Semen quality of fertile US males in relation to their mothers' beef consumption during pregnancy." *Human Reproduction* 22 (6) (June 2007): 1497-1502. https://www.ncbi.nlm.nih.gov/pubmed/17392290.
Tatem, A. J., J. Beilan, J. R. Kovac, and L. I. Lipshultz. "Management of anabolic steroid-induced infertility: Novel strategies for fertility maintenance and recovery." *World Journal of Men's Health* 38 (2) (April 2020): 141-50. https://wjmh.org/DOIx.php?id=10.5534/wjmh.190002.

第7章　音もなく遍在する脅威——プラスチックと現代の化学物質の危険性

Barrett, E. S., S. Sathyanarayana, O. Mbowe, S. W. Thurston, J. B. Redmon, R. H. N. Nguyen, and S. H. Swan. "First-trimester urinary bisphenol A concentration in relation to anogenital distance, an androgen-sensitive measure of reproductive development, in infant girls." *Environmental Health Perspectives*, July 11, 2017. https://ehp.niehs.nih.gov/doi/10.1289/EHP875.
Barrett, E. S., and M. Sobolewski. "Polycystic ovary syndrome: Do endocrine disrupting chemicals play a role?" *Seminars in Reproductive Medicine* 32 (3) (May 2014): 166-76. https://www.ncbi.nlm.nih.gov/pmc/articles/PMC4086778/.
Bienkowski, B. " 'Environmentally friendly' flame retardants break down into potentially toxic chemicals." *Environmental Health News*, January 9, 2019. https://www.ehn.org/environmentally-friendly-flame-retardants-break-down-into-potentially-toxic-chemicals-2625440344.html.
Bloom, M. S., B. W. Whitcomb, Z. Chen, A. Ye, K. Kannan, and G. M. Buck Louis. "Associations between urinary phthalate concentrations and semen quality parameters in a general population." *Human Reproduction* 30 (11) (September 2015): 2645-57. https://www.ncbi.nlm.nih.gov/pmc/articles/PMC4605371/pdf/dev219.pdf.
Bornehag, C. G., F. Carlstedt, B. A. Jönsson, C. H. Lindh, T. K. Jensen, A. Bodin, C. Jonsson, S. Janson, and S. H. Swan. "Prenatal phthalate exposures and anogenital distance

in Swedish boys." *Environmental Health Perspectives* 123 (1) (January 2015): 101-7. https://www.ncbi.nlm.nih.gov/pmc/articles/PMC4286276/.

Bretveld, R., G. A. Zielhuis, and N. Roeleveld. "Time to pregnancy among female greenhouse workers." *Scandinavian Journal of Work, Environment, & Health* 32 (5) (October 2006): 359-67. https://www.ncbi.nlm.nih.gov/pubmed/17091203.

Carson, R. *Silent Spring*. Boston: Houghton Mifflin, 1962. [『沈黙の春』レイチェル・カーソン著/青樹簗一訳/新潮社/2001年]

Caserta, D., N. Di Segni, M. Mallozzi, V. Giovanale, A. Mantovani, R. Marci, and M. Moscarini. "Bisphenol A and the female reproductive tract: An overview of recent laboratory evidence and epidemiological studies." *Reproductive Biology and Endocrinology* 12 (2014): 37. https://www.ncbi.nlm.nih.gov/pmc/articles/PMC4019948/.

Centers for Disease Control and Prevention. "National report on human exposure to environmental chemicals." Updated tables, January 2019. https://www.cdc.gov/exposurereport/index.html.

Chevrier, C., C. Warembourg, E. Gaudreau, C. Monfort, A. Le Blanc, L. Guldner, and S. Cordier. "Organochlorine pesticides, polychlorinated biphenyls, seafood consumption, and time-to-pregnancy." *Epidemiology* 24 (2) (March 2013): 251-60. https://www.ncbi.nlm.nih.gov/pubmed/23348067.

Choi, G., Y. B. Wang, R. Sundaram, Z. Chen, D. B. Barr, G. M. Buck Louis, and M. M. Smarr. "Polybrominated diphenyl ethers and incident pregnancy loss: The LIFE Study." *Environmental Research* 168 (January 2019): 375-81. https://www.ncbi.nlm.nih.gov/pmc/articles/PMC6294303/.

Collaborative on Health and the Environment. "Regrettable replacements: The next generation of endocrine disrupting chemicals." October 24, 2017. https://www.healthandenvironment.org/partnership_calls/95948.

Condorelli, R., A. E. Calogero, and S. La Vignera. "Relationship between testicular volume and conventional or nonconventional sperm parameters." *International Journal of Endocrinology*, 2013. Article ID 145792. https://www.hindawi.com/journals/ije/2013/145792/.

Di Nisio, A., I. Sabovic, U. Valente, S. Tescari, M. S. Rocca, D. Guidolin, S. Dall'Acqua et al. "Endocrine disruption of androgenic activity by perfluoroalkyl substances: Clinical and experimental evidence." *Journal of Clinical Endocrinology and Metabolism* 104 (4) (April 1, 2019): 1259-71. https://www.ncbi.nlm.nih.gov/pubmed/30403786."The dose makes the poison." ChemistrySafetyFacts.org. https://www.chemicalsafetyfacts.org/dose-makes-poison-gallery/.

Eskenazi, B., P. Mocarelli, M. Warner, S. Samuels, P. Vercellini, D. Olive, L. L. Needham et al. "Serum dioxin concentrations and endometriosis: A cohort study in Seveso, Italy." *Environmental Health Perspectives* 110 (7) (July 2002): 629-34. https://www.ncbi.

nlm.nih.gov/pmc/articles/PMC1240907/.
Eskenazi, B., M. Warner, A. R. Marks, S. Samuels, L. Needham, P. Brambilla, and P. Mocarelli. "Serum dioxin concentrations and time to pregnancy." *Epidemiology* 21 (2) (March 2010): 224-31. https://www.ncbi.nlm.nih.gov/pmc/articles/PMC6267871/.
Harley, K. G., A. R. Marks, J. Chevrier, A. Bradman, A. Sjodin, and B. Eskenazi. "PBDE concentrations in women's serum and fecundability." *Environmental Health Perspectives* 118 (5) (May 2010): 699-704. https://www.ncbi.nlm.nih.gov/pmc/articles/PMC2866688/.
Harley, K. G., S. A. Rauch, J. Chevrier, K. Kogut, K. L. Parra, C. Trujillo, R. H. Lustig et al. "Association of prenatal and childhood PBDE exposure with timing of puberty in boys and girls." *Environment International* 100 (March 2017): 132-38. https://www.ncbi.nlm.nih.gov/pmc/articles/PMC5308219/.
Hart, R. J., H. Frederiksen, D. A. Doherty, J. A. Keelan, N. E. Skakkebaek, N. S. Minaee, R. McLachlan et al. "The possible impact of antenatal exposure to ubiquitous phthalates upon male reproductive function at 20 years of age." *Frontiers in Endocrinology* 9 (June 2018): 288. https://www.ncbi.nlm.nih.gov/pmc/articles/PMC5996240/.
Herrero, O., M. Aquilino, P. Sanchez-Arguello, and R. Planello. "The BPAsubstitute bisphenol S alters the transcription of genes related to endocrine, stress response and biotransformation pathways in the aquatic midge *Chironomus riparius* (Diptera, Chironomidae)." *PLoS One* 13 (2) (2018): e0193387.
https://www.ncbi.nlm.nih.gov/pmc/articles/PMC5821402/.
Hormone Health Network. "Endocrine-disrupting chemicals (EDCs)." https://www.hormone.org/your-health-and-hormones/endocrine-disrupting-chemicals-edcs.
Houlihan, J., C. Brody, and B. Schwan. "Not too pretty: Phthalates, beauty products & the FDA." Environmental Working Group, July 2002. https://www.safecosmetics.org/wp-content/uploads/2015/02/Not-Too-Pretty.pdf.
Hu, Y., L. Ji, Y. Zhang, R. Shi, W. Han, L. A. Tse, R. Pan et al. "Organophosphate and pyrethroid pesticide exposures measured before conception and associations with time to pregnancy in Chinese couples enrolled in the Shanghai Birth Cohort." *Environmental Health Perspectives* 126 (7) (July 9, 2018): 077001. https://www.ncbi.nlm.nih.gov/pmc/articles/PMC6108871/.
Kandaraki, E., A. Chatzigeorgiou, S. Livadas, E. Palioura, F. Economou, M. Koutsilieris, S. Palimeri, D. Panidis, and E. Diamanti-Kandarakis. "Endocrine disruptors and polycystic ovary syndrome (PCOS) : Elevated serum levels of bisphenol A in women with PCOS." *Journal of Clinical Endocrinology and Metabolism* 96 (3) (March 2011): E480-E484. https://academic.oup.com/jcem/article/96/3/E480/2597282.
Lathi, R. B., C. A. Liebert, K. F. Brookfield, J. A. Taylor, F. S. vom Saal, V. Y. Fujimoto, and V. L. Baker. "Conjugated bisphenol A (BPA) in maternal serum in relation to

miscarriage risk." *Fertility and Sterility* 102 (1) (July 2014): 123-28. https://www.ncbi.nlm.nih.gov/pmc/articles/PMC4711263/.

Li, D. K., Z. Zhou, M. Miao, Y. He, J. T. Wang, J. Ferber, L. J. Herrinton, E. S. Gao, and W. Yuan. "Urine bisphenol-A (BPA) level in relation to semen quality." *Fertility and Sterility* 95 (2) (February 2011): 625-30. https://www.sciencedirect.com/science/article/abs/pii/S0015028210025872.

MacKendrick, N. *Better Safe Than Sorry*. Oakland: University of California Press, 2018.

Miao, M., W. Yuan, Y. He, Z. Zhou, J. Wang, E. Gao, G. Li, and D. K. Li. "In utero exposure to bisphenol-A and anogenital distance of male offspring." *Birth Defects Research Part A: Clinical and Molecular Teratology* 91 (10) (October 2011): 867-72. https://pubmed.ncbi.nlm.nih.gov/21987463/.

"Microplastics found in human stools for first time." Technology Networks, October 23, 2018. https://www.technologynetworks.com/applied-sciences/news/microplastics-found-in-human-stools-for-first-time-310862.

Minguez-Alarcon, L., O. Sergeyev, J. S. Burns, P. L. Williams, M. M. Lee, S. A. Korrick, L. Smigulina, B. Revich, and R. Hauser. "A longitudinal study of peripubertal serum organochlorine concentrations and semen parameters in young men: The Russian Children's Study." *Environmental Health Perspectives* 125 (3) (March 2017): 160-466. https://www.ncbi.nlm.nih.gov/pmc/articles/PMC5332179/.

Mitro, S. D., R. E. Dodson, V. Singla, G. Adamkiewicz, A. F. Elmi, M. K. Tilly, and A. R. Zota. "Consumer product chemicals in indoor dust: A quantitative meta-analysis of U.S. studies." *Environmental Science & Technology* 50 (19) (October 4, 2016): 10661-72. https://www.ncbi.nlm.nih.gov/pmc/articles/PMC5052660/.

National Pesticide Information Center. "Pesticides-what's my risk?" Last updated April 11, 2012. http://npic.orst.edu/factsheets/WhatsMyRisk.html.

Nevoral, J., Y. Kolinko, J. Moravec, T. Žalmanová, K. Hošková, Š. Prokešová, P. Klein et al. "Long-term exposure to very low doses of bisphenol S affects female reproduction." *Reproduction* 156 (1) (July 2018): 47-57. https://www.ncbi.nlm.nih.gov/pubmed/29748175.

Özel, S., A. Tokmak, O. Aykut, A. Aktulay, N. Hancerlioğullari, and Y. Engin Ustun. "Serum levels of phthalates and bisphenol-A in patients with primary ovarian insufficiency." *Gynecological Endocrinology* 35 (4) (April 2019): 364-67. https://www.ncbi.nlm.nih.gov/pubmed/30638094.

Planned Parenthood. "Sexual and reproductive anatomy." https://www.plannedparenthood.org/learn/health-and-wellness/sexual-and-reproductive-anatomy.

Radke, E. G., J. M. Braun, J. D. Meeker, and G. S. Cooper. "Phthalate exposure and male reproductive outcomes: A systematic review of the human epidemiological evidence." *Environment International* 121 (pt. 1) (December 2018): 764-93. https://www.sci-

encedirect.com/science/article/pii/S0160412018303404.
Rafizadeh, D. "BPA-free isn't always better: The dangers of BPS, a BPA substitute." *Yale Scientific*, August 17, 2016. http://www.yalescientific.org/2016/08/bpa-free-isnt-always-better-the-dangers-of-bps-a-bpa-substitute/.
Ratcliffe, J. M., S. M. Schrader, K. Steenland, D. E. Clapp, T. Turner, and R. W. Hornung. "Semen quality in papaya workers with long term exposure to ethylene dibromide." *British Journal of Industrial Medicine* 44 (5) (May 1987): 317-26. https://www.ncbi.nlm.nih.gov/pmc/articles/PMC1007829/.
Rutkowska, A. Z., and E. Diamanti-Kandarakis. "Polycystic ovary syndrome and environmental toxins." *Fertility and Sterility* 106 (4) (September 15, 2016): 948-58. https://www.ncbi.nlm.nih.gov/pubmed/27559705.
Smith, R., and B. Lourie. *Slow Death by Rubber Duck: How the Toxicity of Everyday Life Affects Our Health*. Toronto: Knopf Canada, expanded, updated edition, 2019.
Stoiber, T. "Study: Banned since 2004, toxic flame retardants persist in U.S. newborns." Environmental Working Group, July 11, 2017. https://www.ewg.org/enviroblog/2017/07/study-banned-2004-toxic-flame-retardants-persist-us-newborns.
Swan, S. H., R. L. Kruse, F. Liu, D. B. Barr, E. Z. Drobnis, J. B. Redmon, C. Wang, C. Brazil, and J. W. Overstreet. "Semen quality in relation to biomarkers of pesticide exposure." *Environmental Health Perspectives* 111 (12) (September 2003): 1478-84. https://www.ncbi.nlm.nih.gov/pmc/articles/PMC1241650/.
Toft, G., A. M. Thulstrup, B. A. Jönsson, H. S. Pedersen, J. K. Ludwicki, V. Zvezday, and J. P. Bonde. "Fetal loss and maternal serum levels of 2,2',4,4',5,5'hexachlorbiphenyl (CB-153) and 1,1-dichloro-2,2-bis (*p*-chlorophenyl) ethylene (p,p'-DDE) exposure: A cohort study in Greenland and two European populations." *Environmental Health* 9 (2010): 22. https://www.ncbi.nlm.nih.gov/pmc/articles/PMC2877014/.
Toumi, K., L. Joly, C. Vleminckx, and B. Schiffers. "Risk assessment of florists exposed to pesticide residues through handling of flowers and preparing bouquets." *International Journal of Environmental Research and Public Health* 14 (5) (May 2017): 526. https://www.ncbi.nlm.nih.gov/pmc/articles/PMC5451977/.
Vabre, P., N. Gatimel, J. Moreau, V. Gayrard, N. Picard-Hagen, J. Parinaud, and R. D. Leandri. "Environmental pollutants, a possible etiology for premature ovarian insufficiency: A narrative review of animal and human data." *Environmental Health* 16 (37) (2017). https://www.ncbi.nlm.nih.gov/pmc/articles/PMC5384040/.
Vandenberg, L. N., T. Colborn, T. B. Hayes, J. J. Heindel, D. R. Jacobs Jr., D-H. Lee, T. Shioda et al. "Hormones and endocrine-disrupting chemicals: Lowdose effects and nonmonotonic dose responses." *Endocrine Reviews* 33 (3) (June 2012): 378-455. https://www.ncbi.nlm.nih.gov/pmc/articles/PMC3365860/.
Vogel, S. A. "The politics of plastics: The making and unmaking of bisphenol A 'safety.' "

American Journal of Public Health 99 (S3) (2009): S559-S566. https://www.ncbi.nlm.nih.gov/pmc/articles/PMC2774166/.

Zhang, J., L. Chen, L. Xiao, F. Ouyang, Q. Y. Zhang, and Z. C. Luo. "Polybrominated diphenyl ether concentrations in human breast milk specimens worldwide." *Epidemiology* 28 (suppl. 1) (October 2017): S89-S97. https://www.ncbi.nlm.nih.gov/pubmed/29028681.

Ziv-Gal, A., and J. A. Flaws. "Evidence for bisphenol A-induced female infertility: Review (2007-2016)." *Fertility and Sterility* 106 (4) (September 15, 2016): 827-56. https://www.ncbi.nlm.nih.gov/pmc/articles/PMC5026908/.

Ziv-Gal, A., L. Gallicchio, C. Chiang, S. N. Ther, S. R. Miller, H. A. Zacur, R. L. Dills, and J. A. Flaws. "Phthalate metabolite levels and menopausal hot flashes in midlife women." *Reproductive Toxicology* 60 (April 2016): 76-81. https://www.ncbi.nlm.nih.gov/pmc/articles/PMC4867120/.

第8章　曝露の影響の広さ——生殖能力への波及作用

Brown, A. S., and E. S. Susser. "Prenatal nutritional deficiency and risk of adult schizophrenia." *Schizophrenia Bulletin* 34 (6) (November 2008): 1054-63. https://www.ncbi.nlm.nih.gov/pmc/articles/PMC2632499/.

Bygren, L. O., P. Tinghog, J. Carstensen, S. Edvinsson, G. Kaati, M. E. Pembrey, and M. Sjostrom. "Change in paternal grandmothers' early food supply influenced cardiovascular mortality of the female grandchildren." *BMC Genetics* 15 (February 2014): 12. https://www.ncbi.nlm.nih.gov/pmc/articles/PMC3929550/.

Cedars, M. I., S. E. Taymans, L. V. DePaolo, L. Warner, S. B. Moss, and M. L. Eisenberg. "The sixth vital sign: What reproduction tells us about overall health. Proceedings from a NICHD/CDC Workshop." *Human Reproduction Open* 2017 (2) (2017). https://www.ncbi.nlm.nih.gov/pmc/articles/PMC6276647/.

Charalampopoulos, D., A. McLoughlin, C. E. Elks, and K. K. Ong. "Age at menarche and risks of all-cause and cardiovascular death: A systematic review and meta-analysis." *American Journal of Epidemiology* 180 (1) (July 2014): 29-40. https://www.ncbi.nlm.nih.gov/pmc/articles/PMC4070937/.

Dolinoy, D. C., D. Huang, and R. L. Jirtle. "Maternal nutrient supplementation counteracts bisphenol A-induced DNA hypomethylation in early development." *Proceedings of the National Academy of Sciences* 104 (32) (August 2007): 13056-61. https://www.ncbi.nlm.nih.gov/pmc/articles/PMC1941790/.

Eisenberg, M. L., S. Li, B. Behr, M. R. Cullen, D. Galusha, D. J. Lamb, and L. I. Lipshultz. "Semen quality, infertility and mortality in the USA." *Human Reproduction* 29 (7) (July 2014): 1567-74. https://www.ncbi.nlm.nih.gov/pmc/articles/PMC4059337/pdf/deu106.pdf.

Eisenberg, M. L., S. Li, M. R. Cullen, and L. C. Baker. "Increased risk of incident chronic medical conditions in infertile men: Analysis of United States claims data." *Fertility and Sterility* 105 (3) (March 2016): 629-36. https://www.ncbi.nlm.nih.gov/pubmed/26674559.

Elias, S. G., P. A. H. van Noord, P. H. M. Peeters, I. D. Tonkelaar, and D. E. Grobbee. "Caloric restriction reduces age at menopause: The effect of the 1944-1945 Dutch famine." *Menopause* 25 (11) (November 2018): 1232-37. https://www.ncbi.nlm.nih.gov/pubmed/30358718.

Hatipoğlu, N., and S. Kurtoğlu. "Micropenis: Etiology, diagnosis and treatment approaches." *Journal of Clinical Research in Pediatric Endocrinology* 5 (4) (December 2013): 217-23. https://www.ncbi.nlm.nih.gov/pmc/articles/PMC3890219/.

Jensen, T. K., R. Jacobsen, K. Christensen, N. C. Nielsen, and E. Bostofte. "Good semen quality and life expectancy: A cohort study of 43,277 men." *American Journal of Epidemiology* 170 (5) (September 2009): 559-65. https://www.ncbi.nlm.nih.gov/pubmed/19635736.

Kanherkar, R. R., N. Bhatia-Dey, and A. B. Csoka. "Epigenetics across the human lifespan." *Frontiers in Cell Developmental Biology* 2 (49) (September 9, 2014). https://www.frontiersin.org/articles/10.3389/fcell.2014.00049/full.

Ly, L., D. Chan, M. Aarabi, M. Landry, N. A. Behan, A. J. MacFarlane, and J. Trasler. "Intergenerational impact of paternal lifetime exposures to both folic acid deficiency and supplementation on reproductive outcomes and imprinted gene methylation." *Molecular Human Reproduction* 23 (7) (July 2017): 461-77. https://www.ncbi.nlm.nih.gov/pmc/articles/PMC5909862/.

MacMahon, B., P. Cole, T. M. Lin, C. R. Lowe, A. P. Mirra, B. Ravnihar, E. J. Salber, V. G. Valaoras, and S. Yuasa. "Age at first birth and breast cancer risk." *Bulletin of the World Health Organization* 43 (2) (1970): 209-21. https://www.ncbi.nlm.nih.gov/pmc/articles/PMC2427645/.

Menezo, Y., B. Dale, and K. Elder. "The negative impact of the environment on methylation/epigenetic marking in gametes and embryos: A plea for action to protect the fertility of future generations." *Molecular Reproduction & Development* 86 (10) (October 2019): 1273-82. https://www.ncbi.nlm.nih.gov/pubmed/30653787.

"Menstruation and breastfeeding." La Leche League International. https://www.llli.org/breastfeeding-info/menstruation/.

Morkve Knudsen, T., F. I. Rezwan, Y. Jiang, W. Karmaus, C. Svanes, and J. W. Holloway. "Transgenerational and intergenerational epigenetic inheritance in allergic diseases." *Journal of Allergy and Clinical Immunology* 142 (3) (September 2018): 765-72. https://www.ncbi.nlm.nih.gov/pmc/articles/PMC6167012/.

Murugappan, G., S. Li, R. B. Lathi, V. L. Baker, and M. L. Eisenberg. "Risk of cancer in

infertile women: Analysis of US claims data." *Human Reproduction* 34 (5) (May 1, 2019): 894-902. https://www.ncbi.nlm.nih.gov/pubmed/30863841.

Myers, P. "Science: Are we in a male fertility death spiral?" *Environmental Health News*, July 26, 2017. https://www.ehn.org/science_are_we_in_a_male_fertility_death_spiral-2497202098.html.

Nilsson, E. E., I. Sadler-Riggleman, and M. K. Skinner. "Environmentally induced epigenetic transgenerational inheritance of disease." *Environmental Epigenetics* 4 (2) (April 2018): 1-13. https://www.ncbi.nlm.nih.gov/pmc/articles/PMC6051467/.

Northstone, K., J. Golding, G. Davey Smith, L. L. Miller, and M. Pembrey. "Prepubertal start of father's smoking and increased body fat in his sons: Further characterisation of paternal transgenerational responses." *European Journal of Human Genetics* 22 (12) (December 2014): 1382-86. https://www.ncbi.nlm.nih.gov/pmc/articles/PMC4085023/.

Painter, R. C., C. Osmond, P. Gluckman, M. Hanson, D. I. W. Phillips, and T. J. Roseboom. "Transgenerational effects of prenatal exposure to the Dutch famine on neonatal adiposity and health in later life." *BJOG* 115 (10) (September 2008): 1243-49. https://obgyn.onlinelibrary.wiley.com/doi/full/10.1111/j.1471-0528.2008.01822.x.

Palmer, J. R., A. L. Herbst, K. L. Noller, D. A. Boggs, R. Troisi, L. Titus-Ernstoff, E. E. Hatch, L. A. Wise, W. C. Strohsnitter, and R. N. Hooever. "Urogenital abnormalities in men exposed to diethylstilbestrol *in utero*: A cohort study." *Environmental Health* 8 (37) (August 2009). https://www.ncbi.nlm.nih.gov/pmc/articles/PMC2739506/.

Pembrey, M. E., L. O. Bygren, G. Kaati, S. Edvinsson, K. Northstone, M. Sjostrom, J. Golding, and ALSPAC Study Team. "Sex-specific, male-line transgenerational responses in humans." *European Journal of Human Genetics* 14 (2) (February 2006): 159-66. https://www.ncbi.nlm.nih.gov/pubmed/16391557.

Rodgers, A. B., and T. L. Bale. "Germ cell origins of PTSD risk: The transgenerational impact of parental stress experience." *Biological Psychiatry* 78 (5) (September 1, 2015): 307-14. https://www.ncbi.nlm.nih.gov/pmc/articles/PMC4526334/.

Rodgers, A. B., C. P. Morgan, S. L. Bronson, S. Revello, and T. L. Bale. "Paternal stress exposure alters sperm microRNA content and reprograms offspring HPA stress axis regulation." *Journal of Neuroscience* 33 (21) (May 22, 2013): 9003-12. https://www.ncbi.nlm.nih.gov/pmc/articles/PMC3712504/.

Schulz, L. C. "The Dutch Hunger Winter and the developmental origins of health and disease." *Proceedings of the National Academy of Sciences* 107 (39) (September 28, 2010) : 16757-58. https://www.ncbi.nlm.nih.gov/pmc/articles/PMC2947916/.

Tournaire, M. D., E. Devouche, S. Epelboin, A. Cabau, A. Dunbavand, and A. Levadou. "Birth defects in children of men exposed in utero to diethylstilbestrol (DES)." *Therapie* 73 (5) (October 2018): 399-407. https://www.ncbi.nlm.nih.gov/pubmed/

29609831.
Van Dijk, S. J., P. L. Molloy, H. Varinli, J. L. Morrison, B. S. Muhlhausler; Members of EpiSCOPE. "Epigenetics and human obesity." *International Journal of Obesity* 39 (1) (January 2015): 85-97. https://www.ncbi.nlm.nih.gov/pubmed/24566855.
Veenendaal, M. V. E., R. C. Painter, S. R. de Rooij, P. M. M. Bossuyt, J. A. M. van der Post, P. D. Gluckman, M. A. Hanson, and T. J. Roseboom. "Transgenerational effects of prenatal exposure to the 1944-45 Dutch famine." *BJOG* 120 (5) (April 2013): 548-54. https://obgyn.onlinelibrary.wiley.com/doi/full/10.1111/1471-0528.12136.
Ventimiglia, E., P. Capogrosso, L. Boeri, A. Serino, M. Colicchia, S. Ippolito, R. Scano et al. "Infertility as a proxy of general male health: Results of a cross-sectional survey." *Fertility and Sterility* 104 (1) (July 2015): 48-55. https://www.ncbi.nlm.nih.gov/pubmed/26006735.
Wu, H., M. S. Estill, A. Shershebnev, A. Suvorov, S. A. Krawetz, B. W. Whitcomb, H. Dinnie, T. Rahil, C. K. Sites, and J. R. Pilsner. "Preconception urinary phthalate concentrations and sperm DNA methylation profiles among men undergoing IVF treatment: A cross-sectional study." *Human Reproduction* 32 (11) (November 2017): 2159-69. https://www.ncbi.nlm.nih.gov/pmc/articles/PMC5850785/.
Yasmin, S. "Experts debunk study that found Holocaust trauma is inherited." *Dallas Morning News*, June 9, 2017. www.chicagotribune.com/lifestyles/health/ct-holocaust-trauma-not-inherited-20170609-story.html.
Yehuda, R., N. P. Daskalakis, A. Lehrner, F. Desarnaud, H. N. Bader, I. Makotkine, J. D. Flory, L. M. Bierer, and M. J. Meaney. "Influences of maternal and paternal PTSD on epigenetic regulation of the glucocorticoid receptor gene in Holocaust survivor offspring." *American Journal of Psychiatry* 171 (8) (August 2014): 872-80. https://www.ncbi.nlm.nih.gov/pmc/articles/PMC4127390/.

第9章　地球全体が危機に――人類だけの問題ではない

Andrews, G. "Plastics in the ocean affecting human health." Geology and Human Resources. https://serc.carleton.edu/NAGTWorkshops/health/case_studies/plastics.html.
Ankley, G. T., K. K. Coady, M. Gross, H. Holbech, S. L. Levine, G. Maack, and M. Williams. "A critical review of the environmental occurrence and potential effects in aquatic vertebrates of the potent androgen receptor agonist 17s-trenbolone." *Environmental Toxicology and Chemistry* 37 (8) (August 2018): 2064-78. https://www.ncbi.nlm.nih.gov/pmc/articles/PMC6129983/.
Batt, A. L., J. B. Wathen, J. M. Lazorchak, A. R. Olsen, and T. M. Kincaid. "Statistical survey of persistent organic pollutants: Risk estimations to humans and wildlife through consumption of fish from U.S. rivers." *Environmental Science & Technology* 51 (2017): 3021-31. https://digitalcommons.unl.edu/cgi/viewcontent.cgi?article=1262&contex-

t=usepapapers.

Bergman, A., J. J. Heindel, S. Jobling, K. A. Kidd, and R. T. Zoeller, eds. *State of the Science of Endocrine Disrupting Chemicals-2012*. World Health Organization, 2013.［『内分泌攪乱化学物質の科学の現状2012年版（要約）』世界保健機関，国連環境計画／2013年］https://apps.who.int/iris/bitstream/handle/10665/78102/WHO_HSE_PHE_IHE_2013.1_eng.pdf;jsessionid=EFCF73DBEDC17052C00F22B3BD03EB-B2?sequence=1.

Davey, J. C., A. P. Nomikos, M. Wungjiranirun, J. R. Sherman, L. Ingram, C. Batki, J. P. Lariviere, and J. W. Hamilton. "Arsenic as an endocrine disruptor: Arsenic disrupts retinoic-acid-receptor- and thyroid-hormone-receptormediated gene regulation and thyroid-hormone-mediated amphibian tail metamorphosis." *Environmental Health Perspectives* 116（2）(February 2008): 165-72. https://www.ncbi.nlm.nih.gov/pmc/articles/PMC2235215/.

Edwards, T. M., B. C. Moore, and L. J. Guillette Jr. "Reproductive dysgenesis in wildlife: A comparative view." *International Journal of Andrology* 29（1）(2006): 109-21. https://onlinelibrary.wiley.com/doi/full/10.1111/j.1365-2605.2005.00631.x.

Elliott, J. E., D. A. Kirk, P. A. Martin, L. K. Wilson, G. Kardosi, S. Lee, T. McDaniel, K. D. Hughes, B. D. Smith, and A. M. Idrissi. "Effects of halogenated contaminants on reproductive development in wild mink (*Neovison vison*) from locations in Canada." *Ecotoxicology* 27（5）(July 2018): 539-55. https://www.ncbi.nlm.nih.gov/pubmed/29623614.

Emerson, S. "Human waste is contaminating Australian wildlife with more than 60 pharmaceuticals." Vice.com, November 6, 2018. https://www.vice.com/en_us/article/a3mzve/human-waste-is-contaminating-australian-wildlife-with-more-than-60-pharmaceuticals.

E. O. Wilson Biodiversity Foundation Partners with Art.Science.Gallery. for "Year of the Salamander." Exhibition, March 10, 2014. https://eowilsonfoundation.org/e-o-wilson-biodiversity-foundation-partners-with-art-science-gallery-for-year-of-the-salamander-exhibition/.

EPA. "Persistent organic pollutants: A global issue, a global response." Updated in December 2009. https://www.epa.gov/international-cooperation/persistent-organic-pollutants-global-issue-global-response.

Frederick, P., and N. Jayasena. "Altered pairing behaviour and reproductive success in white ibises exposed to environmentally relevant concentrations of methylmercury." *Proceedings of the Royal Society B: Biological Sciences* 278（1713）(June 22, 2011): 1851-57. https://www.ncbi.nlm.nih.gov/pmc/articles/PMC3097836/.

Georgiou, A. "Mediterranean garbage patch: Huge new 'island' of plastic waste discovered floating in sea." *Newsweek*, May 21, 2019. https://www.newsweek.com/mediterra-

nean-garbage-patch-island-plastic-waste-sea-1431722.
Gibbs, P. E., and G. W. Bryan. "Reproductive failure in populations of the dogwhelk, *Nucella lapillus*, caused by imposex induced by tributyltin from antifouling paints." *Journal of the Marine Biological Association of the United Kingdom* 66 (4) (November 1986): 767-77. https://www.cambridge.org/core/journals/journal-of-the-marine-biological-association-of-the-united-kingdom/article/reproductive-failure-in-populations-of-the-dogwhelk-nucella-lapillus-caused-by-imposex-induced-by-tributyltin-from-antifouling-paints/0917651683417422l9A70A9C87FB496E.
Guillette, L. J., Jr., T. S. Gross, G. R. Masson, J. M. Matter, H. Franklin Percival, and A. R. Woodward. "Developmental abnormalities of the gonad and abnormal sex hormone concentrations in juvenile alligators from contaminated and control lakes in Florida." *Environmental Health Perspectives* 102 (8) (August 1994): 680-88. https://www.ncbi.nlm.nih.gov/pmc/articles/PMC1567320/.
Hallmann, C. A., M. Sorg, E. Jongejans, H. Siepel, N. Hofland, H. Schwan, W. Stenmans et al. "More than 75 percent decline over 27 years in total flying insect biomass in protected areas." *PLoS One* 12 (10) (October 18, 2017): e0185809. https://journals.plos.org/plosone/article?id=10.1371/journal.pone.0185809.
Hui, D. "Food web: Concept and applications." *Nature Education Knowledge* 3 (12) (2012): 6. https://www.nature.com/scitable/knowledge/library/food-web-concept-and-applications-84077181/.
Iavicoli, I., L. Fontana, and A. Bergamaschi. "The effects of metals as endocrine disruptors." *Journal of Toxicology and Environmental Health. Part B. Critical Reviews* 12 (3) (March 2009): 206-23. https://www.ncbi.nlm.nih.gov/pubmed/19466673.
Jarvis, B. "The insect apocalypse is here." *New York Times Magazine*, November 27, 2018. https://www.nytimes.com/2018/11/27/magazine/insect-apocalypse.html.
Jenssen, B. M. "Effects of anthropogenic endocrine disrupters on responses and adaptations to climate change." In *Endocrine Disrupters*, edited by T. Grotmol, A. Bernhoft, G. S. Eriksen, and T. P. Flaten. Oslo: Norwegian Academy of Science and Letters, 2006. https://pdfs.semanticscholar.org/6211/a40bb3b72ca48c1d0f160575fd5291627e1e.pdf.
Katz, C. "Iceland's seabird colonies are vanishing, with 'massive' chick deaths." *National Geographic*, August 28, 2014. https://www.nationalgeographic.com/news/2014/8/140827-seabird-puffin-tern-iceland-ocean-climate-change-science-winged-warning/.
Kover, P. "Insect 'Armageddon': 5 crucial questions answered." *Scientific American*, October 30, 2017. https://www.scientificamerican.com/article/insect-ldquo-armageddon-rdquo-5-crucial-questions-answered/.
"Let's stop the manipulation of science." *Le Monde*, November 29, 2016. https://www.lemonde.fr/idees/article/2016/11/29/let-s-stop-the-manipulation-of-science_5039867_

3232.html.
Lister, B. C., and A. Garcia. "Climate-driven declines in arthropod abundance restructure a rainforest food web." *Proceedings of the National Academy of Sciences* 115 (44) (October 30, 2018): E10397-E10406. https://www.pnas.org/content/115/44/E10397.
Montanari, S. "Plastic garbage patch bigger than Mexico found in Pacific." *National Geographic*, July 25, 2017. https://www.nationalgeographic.com/news/2017/07/ocean-plastic-patch-south-pacific-spd/.
Nace, T. "Idyllic Caribbean island covered in a tide of plastic trash along coastline." *Forbes*, October 27, 2017. https://www.forbes.com/sites/trevornace/2017/10/27/idyllic-caribbean-island-covered-in-a-tide-of-plastic-trash-along-coastline/#6785f46b2524.
Oskam, I. C., E. Ropstad, E. Dahl, E. Lie, A. E. Derocher, O. Wiig, S. Larsen, R. Wiger, and J. U. Skaare. "Organochlorines affect the major androgenic hormone, testosterone, in male polar bears (*Ursus maritimus*) at Svalbard." *Journal of Toxicology and Environmental Health. Part A.* 66 (22) (November 28, 2003): 2119-39. https://www.ncbi.nlm.nih.gov/pubmed/14710596.
Parr, M. "We're losing birds at an alarming rate. We can do something about it." *Washington Post*, September 29, 2019. https://www.washingtonpost.com/opinions/were-losing-birds-at-an-alarming-rate-we-can-do-something-about-it/2019/09/19/0c25f520-d980-11e9-a688-303693fb4b0b_story.html.
Pelton, E. "Early Thanksgiving counts show a critically low monarch population in California." Xerces Society for Invertebrate Conservation, November 29, 2018. https://xerces.org/2018/11/29/critically-low-monarch-population-in-california/.
Renner, R. "Trash islands are still taking over the oceans at an alarming rate." *Pacific Standard*, March 8, 2018. https://psmag.com/environment/trash-islands-taking-over-oceans.
Rosenberg, M. "Marine life shows disturbing signs of pharmaceutical drug effects." Center for Health Journalism, July 11, 2016. https://www.centerforhealthjournalism.org/2016/07/16/marine-life-show-disturbing-signs-pharmaceutical-drug-effects.
Schoyen, M., N. W. Green, D. O. Hjermann, L. Tveiten, B. Beylich, S. Oxnevad, and J. Beyer. "Levels and trends of tributyltin (TBT) and imposex in dogwhelk (*Nucella lapillus*) along the Norwegian coastline from 1991 to 2017." *Marine Environmental Research* 144 (February 2019): 1-8. https://www.ncbi.nlm.nih.gov/pubmed/30497665.
"Scientists confirm the existence of another ocean garbage patch." ResearchGate, July 19, 2017. https://www.researchgate.net/blog/post/scientists-confirm-the-existence-of-another-ocean-garbage-patch.
Stokstad, E. "Zombie endocrine disruptors may threaten aquatic life." *Science* 341 (6153) (September 27, 2013): 1441. https://science.sciencemag.org/content/341/6153/1441.

Tomkins, P., M. Saaristo, M. Allinson, and B. B. M. Wong. "Exposure to an agricultural contaminant, 17s-trenbolone, impairs female mate choice in a freshwater fish." *Aquatic Toxicology* 170 (January 2016): 365-70. https://www.ncbi.nlm.nih.gov/pubmed/26466515.

第10章　差し迫る社会的不安定——人口動態の偏りと文化的諸制度の破綻

Batuman, E. "Japan's rent-a-family industry." *New Yorker*, April 23, 2018. https://www.newyorker.com/magazine/2018/04/30/japans-rent-a-family-industry.

" 'The best role for women is at home.' Is this the solution to Singapore's falling birth rate?" *Asian Parent*, July 17, 2019. https://sg.theasianparent.com/singapores_falling_birth_rates.

Bricker, D., and J. Ibbitson. *Empty Planet.* New York: Crown, 2019. United Nations: Department of Economics and Social Affairs. [『2050年世界人口大減少』ダリル・ブリッカー，ジョン・イビットソン著／倉田幸信訳／文藝春秋／2020年]

Bruckner, T. A., R. Catalano, and J. Ahern. "Male fetal loss in the U.S. following the terrorist attacks of September 11, 2001." *BMC Public Health* 10 (2010): 273. https://www.ncbi.nlm.nih.gov/pmc/articles/PMC2889867/.

Bui, Q., and C. C. Miller. "The age that women have babies: How a gap divides America." *New York Times*, August 4, 2018. https://www.nytimes.com/interactive/2018/08/04/upshot/up-birth-age-gap.html.

del Rio Gomez, I., T. Marshall, P. Tsai, Y. S. Shao, and Y. L. Guo. "Number of boys born to men exposed to polychlorinated biphenyls." *Lancet* 360 (9327) (July 13, 2002): 143-44. https://www.ncbi.nlm.nih.gov/pubmed/12126828.

Fukuda, M., K. Fukuda, T. Shimizu, and H. Moller. "Decline in sex ratio at birth after Kobe earthquake." *Human Reproduction* 13 (8) (August 1998): 2321-22. https://www.ncbi.nlm.nih.gov/pubmed/9756319.

Fukuda, M., K. Fukuda, T. Shimizu, M. Nobunaga, L. S. Mamsen, and A. C. Yding. "Climate change is associated with male:female ratios of fetal deaths and newborn infants in Japan." *Fertility and Sterility* 102 (5) (November 2014): 1364-70. e2. https://www.ncbi.nlm.nih.gov/pubmed/25226855.

GBD 2017 Population and Fertility Collaborators. "Population and fertility by age and sex for 195 countries and territories, 1950-2017." *Lancet* 392 (November 10, 2018): 1995-2051. https://www.thelancet.com/journals/lancet/article/PIIS0140-6736 (18) 32278-5/fulltext.

Hamilton, B. E., J. A. Martin, M. J. K. Osterman, and L. M. Rossen. "Births: Provisional data for 2018." Report No. 007, May 2019. US Department of Health and Human Services, Centers for Disease Control and Prevention, National Center for Health Statistics, National Vital Statistics System. https://www.cdc.gov/nchs/data/vsrr/vs-

rr-007-508.pdf.
Hay, M. "Why are the Japanese still not fucking?" Vice.com, January 22, 2015. https://www.vice.com/da/article/7b7y8x/why-arent-the-japanese-fucking-361.
"Japan's problem with celibacy and sexlessness." Breaking Asia, March 19, 2019. https://www.breakingasia.com/360/japans-problem-with-celibacy-and-sexlessness/.
Jozuka, E. "Inside the Japanese town that pays cash for kids." CNN Health, February 3, 2019. https://www.cnn.com/2018/12/27/health/japan-fertility-birth-rate-children-intl/index.html.
Lutz, W., V. Skirbekk, and M. R. Testa. "The low-fertility trap hypothesis: Forces that may lead to further postponement and fewer births in Europe." International Institute for Applied Systems Analysis, RP-07-001, March 2007. http://pure.iiasa.ac.at/id/eprint/8465/1/RP-07-001.pdf.
Mather, M., L. A. Jacobsen, and K. M. Pollard. "Aging in the United States." *Population Bulletin* 70（2）(December 2015). Population Reference Bureau. https://www.prb.org/wp-content/uploads/2016/01/aging-us-population-bulletin-1.pdf.
Meola, A. "The aging population in the US is causing problems for our healthcare costs." *Business Insider*, July 18, 2019. https://www.businessinsider.com/aging-population-healthcare.
Moore, C. "The village of the dolls: Artist creates mannequins and leaves them around her village in Japan as the local population dwindles." DailyMail .com, April 22, 2016. https://www.dailymail.co.uk/news/article-3553992/The-village-dolls-Artist-creates-mannequins-leaves-village-Japan-local-population-dwindles.html.
National Institute of Population and Social Security Research. "Population Projections for Japan（2016-2065）." [『日本の将来推計人口（平成29年推計）』国立社会保障・人口問題研究所／2017年] http://www.ipss.go.jp/pp-zenkoku/e/zenkoku_e2017/pp_zenkoku2017e_gaiyou.html.
Obel, C., T. B. Henriksen, N. J. Secher, B. Eskenazi, and M. Hedegaard. "Psychological distress during early gestation and offspring sex ratio." *Human Reproduction* 22（11）（November 2007）: 3009-12. https://www.ncbi.nlm.nih.gov/pubmed/17768170.
Parker, K., J. M. Horowitz, A. Brown, R. Fry, D. V. Cohn, and R. Igielnik. "Demographic and economic trends in urban, suburban and rural communities." Pew Research Center, May 22, 2018. https://www.pewsocialtrends.org/2018/05/22/demographic-and-economic-trends-in-urban-suburban-and-rural-communities/.
Pavic, D. "A review of environmental and occupational toxins in relation to sex ratio at birth." *Early Human Development* 141（February 2020）: 104873. https://www.ncbi.nlm.nih.gov/pubmed/31506206.
Perlberg, S. "World population will peak in 2055 unless we discover the 'elixir of immortality.' " *Business Insider*, September 9, 2013. https://www.businessinsider.com/deutsche-

population-will-peak-in-2055-2013-9.
Pettit, C. “Countries where people have the most and least sex.” Weekly Gravy, May 20, 2014. https://weeklygravy.com/lifestyle/countries-where-people-have-the-most-and-least-sex/.
Pew Research Center. “Population change in the US and the world from 1950 to 2015.” January 30, 2014. https://www.pewresearch.org/global/2014/01/30/chapter-4-population-change-in-the-u-s-and-the-world-from-1950-to-2050/.
Pradhan, E. “Female education and childbearing: A closer look at the data.” *World Bank Blogs*, November 24, 2015. https://blogs.worldbank.org/health/female-education-and-childbearing-closer-look-data.
Prosser, M. “Searching for a cure for Japan's loneliness epidemic.” HuffPost, August 15, 2018. https://www.huffpost.com/entry/japan-loneliness-aging-robots-technology_n_5b72873ae4b0530743cd04aa.
Randers, *Earth in 2052*. TEDxTrondheimSalon, 2014. https://www.youtube.com/watch?v=gPEVfXVyNMM.
Sin, Y. “Govt aid alone not enough to raise birth rate: Minister.” *Straits Times*, March 2, 2018. https://www.straitstimes.com/singapore/govt-aid-alone-not-enough-to-raise-birth-rate-minister.
“6 reasons why the Japanese aren't having babies.” YouTube. https://www.youtube.com/watch?v=4pXSJ35_v2M.
Stritof, S. “Estimated median age of first marriage by gender: 1890 to 2018.” The Spruce, December 1, 2019. https://www.thespruce.com/estimated-median-age-marriage-2303878.
“The 2017 annual report of the Board of Trustees of the Federal Old-Age and Survivors Insurance and Federal Disability Insurance Trust Funds.” July 13, 2017. https://www.ssa.gov/oact/TR/2017/tr2017.pdf.
United States Census Bureau. “Older people projected to outnumber children for first time in U.S. history.” October 8, 2019. https://www.census.gov/newsroom/press-releases/2018/cb18-41-population-projections.html.
University of Melbourne. “Women's choice drives more sustainable global birth rate.” Futurity, November 1, 2018. https://www.futurity.org/global-fertility-rates-1901352/.
Waldman, K. “The XX factor: Young people in Japan have given up on sex.” Slate, October 22, 2013. https://slate.com/human-interest/2013/10/celibacy-syndrome-in-japan-why-aren-t-young-people-interested-in-sex-or-relationships.html.
Wee, S-L., and S. L. Myers. “China's birthrate hits historic low, in looming crisis for Beijing.” *New York Times*, January 16, 2020. https://www.nytimes.com/2020/01/16/business/china-birth-rate-2019.html.
World Bank. “Fertility rate, total (births per woman).” 2019. https://data.worldbank.org/

indicator/SP.DYN.TFRT.IN."World Population Prospects 2019." https://population.un.org/wpp/Graphs/Probabilistic/POP/TOT/900.

第11章　個人でできる対策――有害な習慣を改める

Al-Jaroudi, D., N. Al-Banyan, N. J. Aljohani, O. Kaddour, and M. Al-Tannir. "Vitamin D deficiency among subfertile women: Case-control study." *Gynecological Endocrinology* 32（4）（December 11, 2016）: 272-75. https://www.ncbi.nlm.nih.gov/pubmed/?term=26573125.

Bae, J., S. Park, and J-W. Kwon. "Factors associated with menstrual cycle irregularity and menopause." *BMC Women's Health* 18（February 6, 2018）: 36. https://www.ncbi.nlm.nih.gov/pmc/articles/PMC5801702/.

Best, D., A. Avenell, and S. Bhattacharya. "How effective are weight-loss interventions for improving fertility in women and men who are overweight or obese? A systematic review and meta-analysis of the evidence." *Human Reproduction Update* 23（6）（November 1, 2017）: 681-705. https://www.ncbi.nlm.nih.gov/pubmed/28961722.

Cito, G., A. Cocci, E. Micelli, A. Gabutti, G. I. Russo, M. E. Coccia, G. Franco, S. Serni, M. Carini, and A. Natali. "Vitamin D and male fertility: An updated review." *World Journal of Men's Health* 38（2）（May 17, 2019）: 164-77. https://wjmh.org/DOIx.php?id=10.5534/wjmh.190057.

Efrat, M., A. Stein, H. Pinkas, R. Unger, and R. Birk. "Dietary patterns are positively associated with semen quality." *Fertility and Sterility* 109（5）（May 2018）: 809-16. https://www.fertstert.org/article/S0015-0282（18）30010-4/fulltext.

"EWG's Consumer guide to seafood." https://www.ewg.org/research/ewgs-good-seafood-guide/executive-summary.

Gaskins, A. J., J. Mendiola, M. Afeiche, N. Jorgensen, S. H. Swan, and J. E. Chavarro. "Physical activity and television watching in relation to semen quality in young men." *British Journal of Sports Medicine* 49（4）（February 4, 2013）: 265-70. https://www.ncbi.nlm.nih.gov/pmc/articles/PMC3868632/.

Gudmundsdottir, S. L., W. D. Flanders, and L. B. Augestad. "Physical activity and fertility in women: The North-Trondelag Health Study." *Human Reproduction* 24（12）（October 3, 2009）: 3196-204. https://academic.oup.com/humrep/article/24/12/3196/647657.

Jalali-Chimeh, F., A. Gholamrezaei, M. Vafa, M. Nasiri, B. Abiri, T. Darooneh, and G. Ozgoli. "Effect of vitamin D therapy on sexual function in women with sexual dysfunction and vitamin D deficiency: A randomized, double-blind, placebo controlled clinical trial." *Journal of Urology* 201（5）（May 2019）: 987-93. https://www.auajournals.org/doi/10.1016/j.juro.2018.10.019.

Jensen, T. K., L. Priskorn, S. A. Holmboe, F. L. Nassan, A-M. Andersson, C. Dalgard, J.

Holm Petersen, J. E. Chavarro, and N. Jorgensen. "Associations of fish oil supplement use with testicular function in young men." *JAMA Network Open* 3 (1) (January 17, 2020). https://jamanetwork.com/journals/jamanetworkopen/fullarticle/2758861?widget=personalizedcontent&previousaticle=2758855#editorial-comment-tab.

Karayiannis, D., M. D. Kontogianni, C. Mendorou, L. Douka, M. Mastrominas, and N. Yiannakouris. "Association between adherence to the Mediterranean diet and semen quality parameters in male partners of couples attempting fertility." *Human Reproduction* 32 (1) (January 1, 2017): 215-22. https://academic.oup.com/humrep/article/32/1/215/2513723.

Li, J., L. Long, Y. Liu, W. He, and M. Li. "Effects of a mindfulness-based intervention on fertility quality of life and pregnancy rates among women subjected to first in vitro fertilization treatment." *Behaviour Research Therapy* 77 (February 2016): 96-104. https://www.sciencedirect.com/science/article/abs/pii/S0005796715300747.

Luque, E. M., A. Tissera, M. P. Gaggino, R. I. Molina, A. Mangeaud, L. M. Vincenti, F. Beltramone et al. "Body mass index and human sperm quality: Neither one extreme nor the other." *Reproduction, Fertility and Development* 29 (4) (December 18, 2015): 731-39. https://www.publish.csiro.au/rd/RD15351.

Natt, D., U. Kugelberg, E. Casas, E. Nedstrand, S. Zalavary, P. Henriksson, C. Nijm et al. "Human sperm displays rapid responses to diet." *PLoS Biology* 17 (12) (December 26, 2019). https://www.ncbi.nlm.nih.gov/pmc/articles/PMC6932762/pdf/pbio.3000559.pdf.

Orio, F., G. Muscogiuri, A. Ascione, F. Marciano, A. Volpe, G. La Sala, S. Savastano, A. Colao, S. Palomba, and S. Minerva. "Effects of physical exercise on the female reproductive system." *Endocrinology* 38 (3) (September 2013): 305-19. https://www.ncbi.nlm.nih.gov/pubmed/24126551.

Park, J., J. B. Stanford, C. A. Porucznik, K. Christensen, and K. C. Schliep. "Daily perceived stress and time to pregnancy: A prospective cohort study of women trying to conceive." *Psychoneuroendocrinology* 110 (December 2019): 104446. https://www.sciencedirect.com/science/article/abs/pii/S0306453019303932.

Ramaraju, G. A., S. Teppala, K. Prathigudupu, M. Kalagara, S. Thota, and R. Cheemakurthi. "Association between obesity and sperm quality." *Andrologia* 50 (3) (September 19, 2017). https://onlinelibrary.wiley.com/doi/abs/10.1111/and.12888.

Rampton, J. "20 Quotes from Jim Rohn putting success and life into perspective." *Entrepreneur*, March 4, 2016. https://www.entrepreneur.com/article/271873.

Ricci, E., S. Noli, S. Ferrari, I. La Vecchia, M. Castiglioni, S. Cipriani, F. Parazzini, and C. Agostoni. "Fatty acids, food groups and semen variables in men referring to an Italian fertility clinic: Cross-sectional analysis of a prospective cohort study." *Andrologia* 52 (3) (January 8, 2020): e13505. https://www.ncbi.nlm.nih.gov/pubmed/31912922.

Rosety, M. A., A. J. Diaz, J. M. Rosety, M. T. Pery, F. Brenes-Martin, M. Bernardi, N. Garcia, M. Rosety-Rodriguez, F. J. Ordonez, and I. Rosety. "Exercise improved semen quality and reproductive hormone levels in sedentary obese adults." *Nutricion Hospitalaria* 34 (3) (June 5, 2017): 603-7. https://www.ncbi.nlm.nih.gov/pubmed/28627195.

Russo, L. M., B. W. Whitcomb, L. Sunni, L. Mumford, M. Hawkins, R. G. Radin, K. C. Schliep et al. "A prospective study of physical activity and fecundability in women with a history of pregnancy loss." *Human Reproduction*. 33 (7) (April 10, 2018): 1291-98. https://www.ncbi.nlm.nih.gov/pmc/articles/PMC6012250/pdf/dey086.pdf.

Salas-Huetos, A., M. Bullo, and J. Salas-Salvado. "Dietary patterns, foods and nutrients in male fertility parameters and fecundability: A systematic review of observational studies." *Human Reproduction Update* 23 (4) (July 1, 2017): 371-89. https://www.ncbi.nlm.nih.gov/pubmed/28333357.

Silvestris, E., D. Lovero, and R. Palmirotta. "Nutrition and female fertility: An interdependent correlation." *Frontiers in Endocrinology* (Lausanne, Switzerland) 10 (June 7, 2019): 346. https://www.ncbi.nlm.nih.gov/pmc/articles/PMC6568019/."Smoking and infertility." Fact sheet. *American Society for Reproductive Medicine*, 2014. https://www.reproductivefacts.org/globalassets/rf/news-and-publications/bookletsfact-sheets/english-fact-sheets-and-info-booklets/smoking_and_infertility_factsheet.pdf.

Sun, B., C. Messerlian, Z. H. Sun, P. Duan, H. G. Chen, Y. J. Chen, P. Wang et al. "Physical activity and sedentary time in relation to semen quality in healthy men screened as potential sperm donors." *Human Reproduction* 34 (12) (December 1, 2019): 2330-39. https://www.ncbi.nlm.nih.gov/pubmed/31858122.

Toledo, E., C. Lopez-del Burgo, A. Ruiz-Zambrana, M. Donazar, I. Navarro-Blasco, M. A. Martinez-Gonzalez, and J. de Irala. "Dietary patterns and difficulty conceiving: A nested case-control study." *Fertility and Sterility* 96 (2011): 1149-53. https://www.sciencedirect.com/science/article/abs/pii/S001502821102485X.

Vujkovic, M., J. H. de Vries, J. Lindemans, N. S. Macklon, P. J. van der Spek, E. A. Steegers, and R. P. Steegers-Theunissen. "The preconception Mediterranean dietary pattern in couples undergoing in vitro fertilization/intracytoplasmic sperm injection treatment increases the chance of pregnancy." *Fertility and Sterility* 94 (6) (November 2010): 2096-101. https://www.ncbi.nlm.nih.gov/pubmed/?term=20189169.

Wells, D. "Sauna and pregnancy: Safety and risks." *Healthline: Parenthood*, July 21, 2016. https://www.healthline.com/health/pregnancy/sauna.

第12章　家庭内のケミカルフットプリントを減らす——安息の場をより安全に

American Chemical Society. "Keep off the grass and take off your shoes! Common sense can stop pesticides from being tracked into the house." ScienceDaily, April 27, 1999. https://www.sciencedaily.com/releases/1999/04/990427045111.htm.

"Cosmetics, body care products, and personal care products." National Organic Program, April 2008. https://www.ams.usda.gov/sites/default/files/media/OrganicCosmetics-FactSheet.pdf.

Food and Water Watch. "Understanding food labels." July 12, 2018. https://www.foodan-dwaterwatch.org/about/live-healthy/consumer-labels.

Hagen, L. "Natural method to get rid of common garden weeds." *Garden Design*. https://www.gardendesign.com/how-to/weeds.html.

Harley, K. G., K. Kogut, D. S. Madrigal, M. Cardenas, I. A. Vera, G. Meza-Alfaro, J. She, Q. Gavin, R. Zahedi, A. Bradman, B. Eskenazi, and K. L. Parra. "Reducing phthalate, paraben, and phenol exposure from personal care products in adolescent girls: Findings from the HERMOSA Intervention Study." *Environmental Health Perspectives* 124 (10) (October 2016): 1600-1607. https://www.ncbi.nlm.nih.gov/pmc/articles/PMC5047791/.

Healthy Stuff. "New study rates best and worst garden hoses: Lead, phthalates & hazardous flame retardants in garden hoses." Ecology Center, June 20, 2016.

https://www.ecocenter.org/healthy-stuff/new-study-rates-best-and-worst-garden-hoses-lead-phthalates-hazardous-flame-retardants-garden-hoses.

Hyland, C., A. Bradman, R. Gerona, S. Patton, I. Zakharevich, R. B. Gunier, and K. Klein. "Organic diet intervention significantly reduces urinary pesticide levels in U.S. children and adults." *Environmental Research* 171 (April 2019): 568-75. https://www.sciencedirect.com/science/article/pii/S0013935119300246.

"Inert ingredients of pesticide products." Environmental Protection Agency, October 10, 1989. https://www.epa.gov/sites/production/files/2015-10/documents/fr54.pdf.

Kinch, C. D., K. Ibhazehiebo, J. H. Jeong, H. R. Habib, and D. M. Kurrasch. "Lowdose exposure to bisphenol A and replacement bisphenol S induces precocious hypothalamic neurogenesis in embryonic zebrafish." *Proceedings of the National Academy of Sciences USA* 112 (5) (February 3, 2015): 1475-80. https://www.ncbi.nlm.nih.gov/pubmed/25583509.

Koch, H. M., M. Lorber, K. L. Christensen, C. Palmke, S. Koslitz, and T. Bruning. "Identifying sources of phthalate exposure with human biomonitoring: Results of a 48h fasting study with urine collection and personal activity patterns." *International Journal of Hygiene and Environmental Health* 216 (6) (November 2013): 672-81. https://www.sciencedirect.com/science/article/abs/pii/S1438463912001381.

Mitro, S. D., R. E. Dodson, V. Singla, G. Adamkiewicz, A. F. Elmi, M. K. Tilly, A. R. Zota. "Consumer product chemicals in indoor dust: A quantitative metaanalysis of U.S. studies." *Environmental Science & Technology* 50 (19) (October 4, 2016): 10661-72. https://www.ncbi.nlm.nih.gov/pmc/articles/PMC5052660/.

"Naphthalene: Technical fact sheet." National Pesticide Information Center, Oregon State

University. http://npic.orst.edu/factsheets/archive/naphtech.html.
Stoiber, T. "What are parabens, and why don't they belong in cosmetics?" Environmental Working Group, April 9, 2019. https://www.ewg.org/californiacosmetics/parabens.
US Food and Drug Administration. "Where and how to dispose of unused medicines." March 11, 2020. https://www.fda.gov/consumers/consumer-updates/where-and-how-dispose-unused-medicines.
Varshavsky, J. R., R. Morello-Frosch, T. J. Woodruff, and A. R. Zota. "Dietary sources of cumulative phthalate exposure among the U.S. general population in NHANES 2005-2014." *Environment International* 115 (June 2018): 417-29. https://www.ncbi.nlm.nih.gov/pmc/articles/PMC5970069/.

第13章　より健康な未来を思い描く――何をなす必要があるのか

Allen, J. "Stop playing whack-a-mole with hazardous chemicals." *Washington Post*, December 15, 2016. https://www.washingtonpost.com/opinions/stop-playing-whack-a-mole-with-hazardous-chemicals/2016/12/15/9a357090-bb36-11e6-91ee-1adddfe36cbe_story.html.
Bornehag, C. G., F. Carlstedt, B. A. G. Jonsson, C. H. Lindh, T. K. Jensen, A. Bodin, C. Jonsson, S. Janson, and S. H. Swan. "Prenatal phthalate exposures and anogenital distance in Swedish boys." *Environmental Health Perspectives* 123 (1) (January 2015): 101-7. https://www.ncbi.nlm.nih.gov/pmc/articles/PMC4286276/.
Constable, P. "Pakistan moves to ban single-use plastic bags: 'The health of 200 million people is at stake.' " *Washington Post*, August 13, 2019. https://www.washingtonpost.com/world/asia_pacific/pakistan-moves-to-ban-single-use-plastic-bags-the-health-of-200-million-people-is-at-stake/2019/08/12/6c7641ca-bc23-11e9-b873-63ace636af08_story.html.
"CPSC prohibits certain phthalates in children's toys and child care products." US Consumer Product Safety Commission, October 20, 2017. https://www.cpsc.gov/Newsroom/News-Releases/2018/CPSC-Prohibits-Certain-Phthalates-in-Childrens-Toys-and-Child-Care-Products.
Editor. "Endangered animals saved from extinction." All About Wildlife, May 16, 2011.
"Enhancing sustainability." Walmart.org, 2020. https://walmart.org/what-we-do/enhancing-sustainability.
"Green chemistry." Wikipedia. https://en.wikipedia.org/wiki/Green_chemistry.
"The Home Depot announces to stop selling carpets treated with toxic stain-resistant PFAS chemicals." Environmental Defence and Safer Chemicals, Healthy Families, September 18, 2019. https://environmentaldefence.ca/2019/09/18/home-depot-announces-stop-selling-carpets-treated-toxic-stain-resistant-pfas-chemicals/.
"Is oxybenzone contributing to the death of coral reefs?" SunscreenSafety.info. https://www.

sunscreensafety.info/oxybenzone-coral-reefs/.

Li, D-K., Z. Zhou, M. Miao, Y. He, J-T. Wang, J. Ferber, L. J. Herrinton, E-S. Gao, and W. Yuan. "Urine bisphenol-A (BPA) level in relation to semen quality." *Fertility and Sterility* 95 (2) (February 2011): 625-30.e1-4. https://pubmed.ncbi.nlm.nih.gov/21035116/.

Perara, F., J. Vishnevetsky, J. B. Herbstman, A. M. Calafat, W. Xiong, V. Rauh, and S. Wang, "Prenatal bisphenol A exposure and child behavior in an inner-city cohort." *Environmental Health Perspectives* 120 (8) (August 2012): 1190-94. https://pubmed.ncbi.nlm.nih.gov/22543054/.

REACH. European Commission, July 8, 2019. https://ec.europa.eu/environment/chemicals/reach/reach_en.htm.

"Species directory." World Wildlife Fund. https://www.worldwildlife.org/species/directory?sort=extinction_status&direction=desc.

Stanton, R. L., C. A. Morrissey, and R. G. Clark. "Analysis of trends and agricultural drivers of farmland bird declines in North America: A review." *Agriculture, Ecosystems & Environment* 254 (February 15, 2018): 244-54. https://www.sciencedirect.com/science/article/abs/pii/S016788091730525X.

Steffen, A. D. "Australia came up with a way to save the oceans from plastic pollution and garbage." *Intelligent Living*, February 10, 2019. https://www.intelligentliving.co/australia-plastic-ocean/.

Steffen, L. "Costa Rica set to become the world's first plastic-free and carbon-free country by 2021." *Intelligent Living*, May 10, 2019. https://www.intelligentliving.co/costa-rica-plastic-carbon-free-2021/.

Vandenbergh, L. N. "Non-monotonic dose responses in studies of endocrine disrupting chemicals: Bisphenol A as a case study." *Dose Response* 12 (2) (May 2014): 259-76. https://www.ncbi.nlm.nih.gov/pmc/articles/PMC4036398/.

Vandenberg, L. N., T. Colborn, T. B. Hayes, J. J. Heindel, D. R. Jacobs Jr., D-H. Lee, T. Shioda et al. "Hormones and endocrine-disrupting chemicals: Low-dose effects and nonmonotonic dose responses." *Endocrine Reviews* 33 (3) (June 2012): 378-455. https://www.ncbi.nlm.nih.gov/pmc/articles/PMC3365860/.

"Walmart releases high priority chemical list." ChemicalWatch, 2020. https://chemicalwatch.com/48724/walmart-releases-high-priority-chemical-list.

Watson, A. "Companies putting public health at risk by replacing one harmful chemical with similar, potentially toxic, alternatives." CHEM Trust, March 27, 2018. https://chemtrust.org/toxicsoup/.

"Wingspread Conference on the Precautionary Principle." Science & Environmental Health Network, January 26, 1998. https://www.sehn.org/sehn/wingspread-conference-on-the-precautionary-principle.

結論

Anonymous. "Thirty years of a smallpox-free world." College of Physicians of Philadelphia, May 8, 2010. https://www.historyofvaccines.org/content/blog/thirty-years-smallpox-free-world.

"Clean Air Act overview." US Environmental Protection Agency. https://www.epa.gov/clean-air-act-overview/progress-cleaning-air-and-improving-peoples-health.

"Diseases you almost forgot about (thanks to vaccines)." Centers for Disease Control and Prevention, January 3, 2020. https://www.cdc.gov/vaccines/parents/diseases/forgot-14-diseases.html.

Pirkle, J. L., D. J. Brody, E. W. Gunther et al. "The decline in blood lead levels in the United States." *JAMA*, July 27, 1994. https://jamanetwork.com/journals/jama/article-abstract/376894.

"Report: Cleaning up Great Lakes boosts economic development," *Grand Rapids Business Journal*, August 13, 2019.

Whorton, M. D., and T. H. Milby. "Recovery of testicular function among DBCP workers." *Journal of Occupational Medicine* 22 (3) (March 1980): 177-79. https://pubmed.ncbi.nlm.nih.gov/7365555/.

用語集

2,3,7,8-テトラクロロジベンゾパラダイオキシン（TCDD）**2,3,7,8-tetrachlorodibenzo-p-dioxin**　化学物質ダイオキシンのうち最も毒性の強いもの。脂肪，胎盤，母乳中に蓄積する。TCDD曝露は男性の低精子数および女性の子宮内膜症と関連づけられている。

PFOA，PFOS，PFAS **PFOA, PFOS, and PFASs**　ペルフルオロオクタン酸（PFOA）とペルフルオロオクタンスルホン酸（PFOS）は，ペルフルオロアルキル化合物（PFAS）と呼ばれる大きな化合物群に含まれる。これらの合成化合物は耐水性，耐脂肪性があり，焦げ付き防止コーティングのされた調理器具，汚れがつきにくい処理がされたカーペット，耐水性のある衣類，消火剤の泡に含まれている。環境中に出ると，そこにいつまでもとどまる。

WHO **WHO**　世界保健機関。40年にわたり精液の分析法として一般的に認められる基準を定めている。

アンドロゲン **androgens**　男性と女性のいずれでも成長と生殖に不可欠なホルモン類。テストステロン（主要アンドロゲン）は男性では精巣で，女性では卵巣で（ごく少量）作り出される。（抗アンドロゲン作用を持つ化学物質はアンドロゲン，通常はテストステロンの量を減少させる。）

インヒビンB **inhibin B**　女性の卵巣で作られるホルモン。排卵前に検出でき，卵巣に残る卵胞数（卵巣予備能）を反映する。男性では精巣で作られ，生殖能力が正常な男性では比較的高値を示す。

エストロゲン **estrogens**　エストロゲン（エストロン，エストラジオール，エストリオール）は主に女性の卵巣で作られるホルモンである。「女性ホルモン」と考えられているが，はるかに量は少ないものの，男性でも副腎と精巣で作られる。

エピジェネティック的変化 **epigenetic changes**　「エピジェネティクス」は文字通りには遺伝学の「上」を意味する。エピジェネティック的変化とは，遺伝子を「オン」または「オフ」にするDNAに対する外的変化のことをいう。このような変化はDNAの配列自体を変化させることはなく，代わりに細胞が遺伝子をどのように「読む」かに影響を与える。

カンナビジオール（CBD）**cannabidiol**　大麻（マリファナ）に含まれる100種以上のカンナビノイド（化合物）の一種。軽い精神活性があるが，CBDだけでは（テトラヒドロカンナビノール〔THC〕なしでは）酩酊性がなく，ハイな気分を生じない。

急速発症性性別違和（ROGD）**rapid-onset gender dysphoria**　子供が突然——一見出し抜けに——自身を強く異性として自認するようになる場合をいう。

抗ミュラー管ホルモン（AMH）**anti-Mullerian hormone**　女性の卵胞で作り出され

るホルモン。成熟した女性では，卵巣予備能を反映し，PCOSのマーカーとして用いることができる。このホルモンがない状態では体の構造は卵巣，子宮，膣上部へと発達するが，男児胎児は妊娠早期に精巣でAMHを作り出してその発達を止める。

肛門生殖突起間距離（AGD）**anogenital distance**　肛門から生殖器までの距離。乳児が妊娠早期にどれほどの量のアンドロゲンに曝露されたかを示す指標のひとつ。男児では女児より通常50〜100パーセント長い。

骨盤内炎症性疾患（PID）**pelvic inflammatory disease**　性的感染症を原因とする疾患で，女性の膣から子宮，卵管，または卵巣まで広がる。しばしば女性の不妊の原因となる。

コルチゾール **cortisol**　身体がストレスに反応するのを助けるステロイドホルモン――「ストレスホルモン」の一種。身体の闘争逃避反応の一環として，ストレスのある時期に放出され，身体のエネルギーを高める。

残留性有機汚染物質（POPs）**persistent organic pollutants**　この種の有機化合物は「永遠の化学物質」として知られる。きわめて長期間にわたって姿を変えずにとどまり，環境中に広範に拡散して，人を含む生物の脂肪組織内に蓄積し，人と野生生物にとって有害となる。（このグループにはDDTなどの駆除剤，PCB，PFAS，ダイオキシン類などが含まれる。）

ジェンダー・ノンコンフォーミング **gender nonconforming**　ある人のジェンダーの表現が従来の男性性や女性性の概念と一致しないことを意味する用語。

子宮内精子注入法（IUI）**intrauterine insemination**　細い管を子宮頸を通じて子宮内に挿入し，洗浄済みの精子を直接注入する生殖補助医療の手法。

子宮内膜症 **endometriosis**　子宮の内側をなす組織が子宮外で増殖する疾患。月経や性交に痛みが生じたり，妊娠しにくくなったりすることがある。

ジクロロジフェニルトリクロロエタン（DDT）**dichloro-diphenyl-trichloroethane**　1940年代に開発され，昆虫が媒介するヒトの病気（マラリアなど）を駆除するための初めての現代的殺虫剤となった。広く使用されたためにDDT耐性，また環境とヒトの健康への悪影響が生じた。レイチェル・カーソンが『沈黙の春』でこのようなリスクを明るみに出すことで，使用が大幅に制限されることになった。

死産 **stillbirth**　胎内死亡とも呼ばれ，妊娠20週［日本では22週］以降に生じる。

思春期 **puberty**　子供の身体に，有性生殖の可能な成人の身体へと成熟する変化が生じる時期。

シスジェンダー **cisgender**　ジェンダーアイデンティティが出生時の性別と一致している人々を指す用語。

自然流産 **spontaneous abortion**　受精から妊娠20週［日本では22週］までのあらゆる時点で妊娠が意図せずして失われること。

ジブロモクロロプロパン（DBCP）**dibromochloropropane**　過去に土壌くん蒸剤や駆除剤として用いられた化学物質で，米国では，曝露された労働者で無精子症（精

子が存在しない状態）を引き起こすことが判明したために1970年代に禁止された。

自閉症スペクトラム症（ASD）**autism spectrum disorders**　自閉症やアスペルガー症候群などの，重大な社会的，またコミュニケーション上，行動上の問題を引き起こす一群の発達障害。

精索静脈瘤（せいさくじょうみゃくりゅう）**varicocele**　陰嚢内の静脈が（静脈瘤のように）肥大した状態。男性の生殖能力を低下させることがある。

精子DNA断片化指数（DFI）**sperm DNA fragmentation index**　DNAに損傷がある精子の割合。DFIが高いと胚の状態が悪くなり，子宮への着床に失敗したり，流産につながったりすることがある。

精子数（総精子数TSCとも呼ばれる）**sperm count (also called total sperm count, or TSC)**　男性が出した精液サンプル中の精子の総数。数学好き向けの式は次の通り　総精子数＝精子濃度×精液サンプルの容積。

精子濃度 **sperm concentration**　精液1ミリリットルあたりの精子数（顕微鏡での観察による正方形の区画内の精子数——単位は100万）。

精子の運動性 **sperm motility**　精子の動きと泳ぐ能力のこと。力強くくねったり，まっすぐ動けなかったりすると，精子は目標までたどり着くことができない。

精子の形態 **sperm morphology**　男性の精子の形で，頭部，中片部，尾部からなる。

生殖補助医療（ART）**assisted reproductive technology**　排卵誘発剤，体外受精，代理母などの，妊娠を得るために使用されるあらゆる医療技術を広く指す用語。

精巣形成不全症候群（TDS）**testicular dysgenesis syndrome**　出生時に以下のひとつ以上の男性生殖障害がみられる状態をいう。尿道下裂，停留精巣，精液の質の低さ，短いAGD。精巣がんや不妊のリスク増加との関連性がある。

性発達障害（DSD）**disorders of sex development**　以前は間性（かんせい）と呼ばれていた障害で，生殖器官の発達異常や外性器異常（男性か女性化がはっきりしない生殖器）につながる広範な疾患が含まれる。

性別違和 **gender dysphoria**　男性または女性としての感情的，心理的アイデンティティが出生時の性別と一致しない感覚をいう。

選択的セロトニン再取り込み阻害薬（SSRI）**selective serotonin reuptake inhibitors**　脳内のセロトニン値（「安心」ホルモン）を増やす抗うつ薬。

先天性副腎過形成（CAH）**congenital adrenal hyperplasia**　両性において，ホルモンのコルチゾール値を低下させ，男性ホルモン（アンドロゲン）を増加させる一群の遺伝障害。女児では性器が男性化し，男児的遊びを好むようになることがある。

体外受精（IVF）**in vitro fertilization**　試験管内で卵子を精子により受精させる医学的手法。（重要点：受精は女性の体外で生じる。in vitroは「ガラスの中で」の意味）。

多嚢胞性卵巣症候群（たのうほうせいらんそうしょうこうぐん）（PCOS）**polycystic ovary syndrome**　妊娠，出産のできる年齢の女性によくみられるホルモン障害。

PCOSの女性は月経が来にくかったり，長引いたりしたりし，男性ホルモン（アンドロゲン）値が高く，男性的な体毛の分布を生じることがある。

低妊孕性（ていにんようせい）**subfertility**　妊娠の遅れをもたらす状態。不妊は一年間妊娠に努めても自然に妊娠できない状態であるのに対し，低妊孕性は，カップルは自然に妊娠するものの，平均より時間がかかる場合をいう。

停留精巣 **cryptorchidism**　精巣が正しい位置まで下がっていない状態で，通常は軽度な男児の出生異常。（精巣は陰嚢内を上がったり下がったりすることがあり，生後一年間はその位置が頻繁に変わる。）

デオキシリボ核酸（DNA）**deoxyribonucleic acid**　ほぼすべての生物の染色体に含まれる大きな分子（高分子）。DNAには生物が発達し，生き，生殖するのに必要な指令が含まれている。

デシスタンス **desistance (or desistence)**　性別違和を感じている人が，最終的に自らのジェンダーアイデンティティを変更しないことを選ぶ現象を指す用語。犯罪学の分野では，攻撃的行動や反社会的行動を取らなくなることを意味する。

トランスジェンダー **transgender**　ジェンダーアイデンティティが出生時の性別と異なる人。

内分泌かく乱化学物質（EDC）**endocrine-disrupting chemicals**　通常は人工の化学物質で，身体の内分泌系のホルモンの作用を模倣したり，遮断したり，妨害したりする。

尿道下裂 **hypospadias**　（まれな）男性器の先天異常で，尿管がペニスの下側（先端ではなく）で開口する。（精巣形成不全症候群のひとつ。）

ビスフェノールA（BPA）**bisphenol A**　ポリカーボネート製のプラスチックを軽く，透明に，硬くする（水ボトルなど）ために添加される化学物質。また食品の缶詰の内側のコーティング，レジのレシート，ピザの箱にも含まれている。最も重要な点は，BPAがホルモンのエストロゲンを模倣する内分泌かく乱物質だということである。

ヒト絨毛性（じゅうもうせい）ゴナドトロピン（hCG）**human chorionic gonadotropin**　妊娠早期に重要なホルモンで，成長中の胎児の周囲の細胞により作られる。受精後一週間という早期に検出されることがある。男性や妊娠していない女性でも脳下垂体で少量作られる。

フタル酸ジ-2-エチルヘキシル（DEHP）**di-2-ethylhexyl phthalate**　DBPと同じく内分泌かく乱物質であり，強力な抗アンドロゲン作用を持つフタル酸エステル類のひとつである。やはりプラスチックを軟らかく柔軟にし，食品，食品容器，幅広い家庭用品中に含まれている。

フタル酸ジブチル（DBP）**dibutyl phthalate**　ポリ塩化ビニル（PVC）に添加してよく用いられる化学物質で，多くの家庭用品やパーソナルケア製品に含まれている。内分泌かく乱物質であり，抗アンドロゲン作用（テストステロン値を低下させる）の強いフタル酸エステル類のひとつである。

不妊 infertility　一年間にわたり避妊をしないセックスを行っても妊娠できないこと。(紛らわしいことに，単純に妊娠，出産できる能力である妊孕性の反対を意味するわけではない。)

プロゲステロン progesterone　主として女性ホルモンとして知られ，卵巣で作られ，月経周期において重要な役割を果たし，受精卵を受け入れるように子宮を整える。男性では副腎や精巣で作られ，テストステロンを作るのに必要となる。

勃起障害（ED）erectile dysfunction　しばしばインポテンスとも呼ばれ，性交できるほどの硬さの勃起を生じ，維持することができない状態をいう。

ポリ塩化ビフェニル類（PCB）polychlorinated biphenyls　PCBはいまでは米国では製造されていないが，なおも環境中に存在し，健康問題の原因となることがある。1977年以前に作られ，PCBを含む可能性のある製品にはPCBコンデンサーを搭載した旧式の蛍光灯器具や電気製品，旧式の顕微鏡や油圧オイルなどがある。魚の汚染物質としてもよくみられる。

ポリ臭素化化合物 polybrominated compounds　ポリ臭素化ジフェニルエーテル類（PBDE）とポリ臭素化ビフェニル類（PBB）は工業製品（家具，フォームパッド，電線絶縁材，小型の敷物，厚手のカーテン，室内装飾品など）に添加され，その製品を燃えにくくする化学物質である。このような化学物質が空気，水，土壌中に入り込むことがあり，魚や哺乳類が汚染されたエサを食べたり，水を飲んだりすることでその体内に蓄積する。

ポリ塩化ビニル（PVC）polyvinyl chloride　世界で3番目に広範に製造されている合成ポリマープラスチック。硬質のものはパイプ，ボトル，食品保存容器，銀行のカードに用いられている。可塑剤（最も広く使用されているのはフタル酸エステル類）を加えることで，軟らかく，柔軟性のあるものにできる（そして，例えばチューブやラップフィルムに使用されている）。

無精子症 azoospermia　男性の射精液中に精子がまったく含まれていない状態をいう。

卵細胞内精子注入法（ICSI）intracytoplasmic sperm injection　ひとつの精細胞を卵子の細胞質内に直接注入する体外受精の手法。

卵巣予備能低下（DOR）diminished ovarian reserve　女性の卵子の数と質が，本人の生物学的年齢から期待されるより低い状態をいう。早発卵巣老化（POA）や早期卵巣機能不全（POF）とも呼ばれる。

卵胞刺激ホルモン（FSH）follicle-stimulating hormone　女性の卵胞の成長をつかさどるホルモン。男性では精子産生において一定の役割を果たしている。

冷凍銀行 cryobanking　細胞（卵子や精子など），組織，臓器を，将来使用するために低温または凍結温で保存すること。冷凍保存とも呼ばれる。

シャナ・H・スワン（Shanna H. Swan, PhD）
米国ニューヨーク市のマウントサイナイ・アイカーン医科大学の環境医学・公衆衛生学教授。専門は環境・生殖疫学。科学者として数々の受賞歴があり，フタル酸エステル類やビスフェノールAなどの化学物質を含む環境曝露が男性・女性のリプロダクティブ・ヘルスまた子どもの神経発生に及ぼす影響を専門とする。20年以上にわたり，世界的な精子数の激減および生殖器系の発生と神経発生に対する環境化学物質および医薬品の影響を研究。アメリカを中心にテレビ，新聞，雑誌等での解説も積極的に行う。

ステイシー・コリーノ（Stacey Colino）
科学一般，健康，心理学等を専門とするライター。「USニューズ&ワールドレポート」やAARP.orgのレギュラー寄稿者。「ワシントンポスト」「ニューズウィーク」「コスモポリタン」等にも記事を提供。著書多数。

野口正雄（のぐち・まさお）
1968年，京都市生まれ。同志社大学法学部卒業。医薬関係をはじめ，自然科学系の文献の翻訳に従事している。訳書に，『自然は脈動する――ヴィクトル・シャウベルガーの驚くべき洞察』（日本教文社），『50の名機とアイテムで知る図説カメラの歴史』，『地球の自然と環境大百科』，『ヴィジュアル版 感染症の歴史』（いずれも原書房）等。京都市在住。

生殖危機《せいしょくきき》
化学物質《かがくぶっしつ》がヒトの生殖能力《せいしょくのうりょく》を奪う

●

2022年1月28日　第1刷

著者………シャナ・H・スワン、ステイシー・コリーノ
訳者………野口正雄《のぐちまさお》
装幀………佐々木正見
発行者………成瀬雅人
発行所………株式会社原書房

〒160-0022　東京都新宿区新宿1-25-13
電話・代表03(3354)0685
振替・00150-6-151594
http://www.harashobo.co.jp

印刷………新灯印刷株式会社
製本………東京美術紙工協業組合

ISBN978-4-562-05992-8 Printed in Japan